JN170707

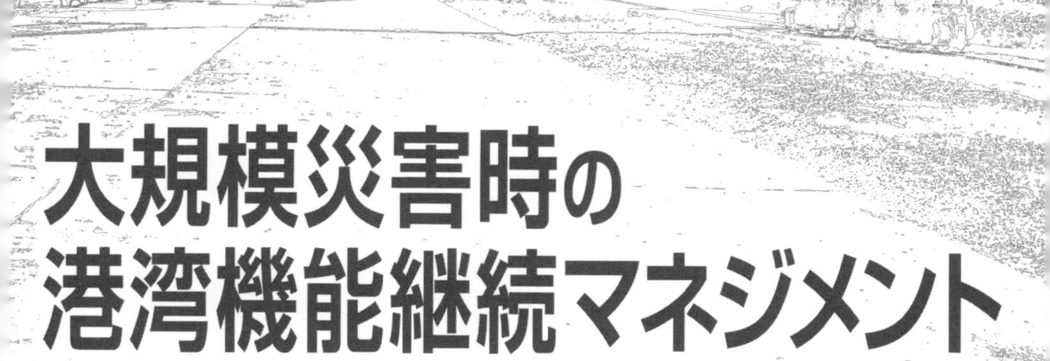

大規模災害時の港湾機能継続マネジメント

BCP作成の理論と実践

監修：池田龍彦
編著：小野憲司
著者：赤倉康寛
角　浩美

公益社団法人日本港湾協会

目次

まえがき …… 6
本書の構成 …… 8
本書の要旨　Executive Summary …… 10

第一章　港湾における事業継続マネジメント …… 14
第1節 港湾物流の特徴 …… 14
1.1.1 港湾の重要性
1.1.2 国際物流の拡大とSCM
1.1.3 経済社会の脆弱性の拡大
第2節 過去の災害のインパクトと教訓 …… 20
1.2.1 阪神・淡路大震災のインパクト
1.2.2 東日本大震災のインパクト
第3節 港湾物流における事業継続マネジメントの意義 …… 43
1.3.1 港湾におけるBCP策定の意義
1.3.2 港湾BCPの基本的な考え方とこれまでの研究
1.3.3 港湾BCP策定の現状と課題

第二章　港湾におけるBCP作成の手順と考え方 …… 52
第1節 BCP作成の一般的手順 …… 52
2.1.1 BCP作成のための国際的な枠組み
2.1.2 我が国におけるBCP作成の指針
第2節　港湾における現下のBCP作成手順 …… 57
2.2.1 背景
2.2.2 港湾BCPガイドラインの全体構成
2.2.3 影響度分析等
2.2.4 目標復旧時間・目標復旧レベルの検討
2.2.5 必要資源の把握とボトルネックの抽出
2.2.6 リスクの分析・評価
第3節 港湾BCPの果たす役割 …… 66
第4節 港湾BCP作成のための分析の手順と考え方 …… 70
2.4.1 分析の手順
2.4.2 港湾BCMの基本的な方針
2.4.3 BIAとRA
2.4.4 分析結果のBCPへの反映
第5節 まとめ …… 75

第三章　事業影響度分析 …… 78
第1節 概要 …… 78
第2節 重要機能の特定 …… 81

第3節 顧客の受忍限度の評価 …… 83
3.3.1 評価の考え方
3.3.2 評価の手順と方法論
3.3.3 港湾利用需要に基づくMTPDの推定
第4節 港湾運営に必要なリソースのマネジメント …… 91
3.4.1 重要機能のプロセス分析
3.4.2 リソースの抽出、整理
3.4.3 リソースの他資源への依存性の分析
第5節 BIA実施上の留意点 …… 103
第四章　リスクアセスメント …… 106
第1節 概要 …… 106
第2節 港湾におけるRAの手順 …… 108
第3節 リスクの特定 …… 112
第4節 リスク分析の手順と内容 …… 113
4.4.1 概要
4.4.2 リスク分析の手順
4.4.3 機能継続目標の達成に必要なリソースの選定
4.4.4 リソースの脆弱性分析の考え方
4.4.5 リソースのレジリエンシー評価の考え方
4.4.6 リソースの隘路の発見
第5節 脆弱性分析とレジリエンシー評価の具体の手法 …… 131
4.5.1 概要
4.5.2 港湾施設の脆弱性分析
4.5.3 その他のリソースの脆弱性分析
第6節 リスク評価 …… 147
第7節 港湾利用者の被害と復旧 …… 151
第8節 リスクアセスメント実施上の留意点 …… 155
第五章　リスク対応戦略 …… 158
第1節 概要 …… 158
第2節 リスク対応計画の策定 …… 159
第3節 リスク対応の戦略的思考 …… 162
5.3.1 概要
5.3.2 耐震強化等による強靭性強化
5.3.3 復旧の迅速化
5.3.4 広域的な港湾の連携と代替
5.3.5 リスク対応戦略
第4節 リスク対応の留意点 …… 174

第六章　事業継続マネジメントシステムの構築 …… 176
第1節 概論 …… 176
第2節 BCP協議会の設置 …… 178
第3節 対応計画の策定 …… 180
6.3.1 対応計画策定の基本的な考え方
6.3.2 重要機能の継続・早期復旧
6.3.3 情報の共有と発信
6.3.4 情報及び情報システムの保持
6.3.5 人員・資機材の確保
第4節 マネジメント計画の策定 …… 186
6.4.1 事前準備計画
6.4.2 教育・訓練計画
6.4.3 見直し・改善の実施計画
第5節 BCM実行のための組織作り …… 194
6.5.1 リーダーシップ
6.5.2 BCMの実施体制の整備
第6節 港湾BCPの文書化 …… 197
6.6.1 文書化の意義
6.6.2 文書化の範囲と内容
6.6.3 他の計画との関係
第7節 留意事項 …… 199

第七章　ケーススタディ …… 201
第1節 ケーススタディの狙い …… 201
第2節 BCMのための組織作り—高松港の事例— …… 202
7.2.1 概要
7.2.2 高松港の機能継続のための対応指針
第3節 BCMのための広域連携—大阪湾BCP及び東北広域港湾BCPの事例— …… 208
7.3.1 大阪湾BCP
7.3.2 東北広域港湾BCP
第4節 BCP検討のための分析—大阪港夢洲コンテナターミナルの分析事例— … 221
7.4.1. 概要
7.4.2. 事業影響度分析
7.4.3. リスクアセスメント

あとがき …… 236
用語集 …… 239
付録 …… 245
Ⅰ. BCP検討のための作業シートテンプレート
Ⅱ. 業務フロー図の作成事例
Ⅲ. 資源抽出時に有用なその他のデータ
Ⅳ. 災害時図上訓練DIGの実施例

まえがき

2011年3月11日に発生した東日本大震災は、日本の港湾における災害リスクの管理と物流機能の継続に関して大きな教訓を与えた。東北太平洋岸から東関東に至る多くの港湾が地震動と津波によってその機能を停止し、これまでの港湾防災の念頭にあった岸壁の被災やガントリークレーン等の損壊による荷役障害ばかりではなく、瓦礫による航路泊地の埋没や浮遊瓦礫による船舶の航行障害、防波堤の倒壊による静穏度の低下等が港湾物流機能の継続上の大きな問題となる場合があることが判明した。この教訓を踏まえて全国の港湾で、ある一定規模以上の災害時にあっても港湾物流の機能を継続的に維持していくための計画や指針（ここでは一括して「港湾BCP」と言う）が検討されている。また東日本大震災を契機として制定された国土強靱化基本法に基づき作成された国土強靱化計画及びアクションプログラムでは、重要港湾以上において港湾BCPを策定することとされている。

一方、港湾BCPの策定における課題も表面化している。港湾BCPは港湾における物流及び人流輸送サービスの機能継続の実現を目指すものであるが、民間BCPと違い港湾には税関、動植物検疫、入国管理、海上保安や港湾管理等の関係官署から、船社や荷主企業等の港湾利用者、港湾荷役や倉庫等の港湾関連サービスを担務する民間事業者がそれぞれの事業を行っており、それぞれが異なる事業目的を有するだけではなく、民間事業者相互には利害の衝突があるなど、ビジネス上の「同床異夢」が存在する。また、これらの関係者は独立したマネジメントシステムを有する団体であることから、一企業のみを対象に検討すればよい企業BCMのような危機対応のための単一マネジメントシステムがそもそも存在しない。

さらに、我が国の社会には、そもそも危機管理意識が欠如しているという見方がある。日本人の危機管理対応上の根源には、

①農村村落共同体から発達した社会の特性からくるリスクに対する感度の鈍さやリスク感度の高い者の排除、

②個人攻撃に繋がりかねない徹底的な原因究明の姿勢の欠如からくる再発防止への取り組みの弱さ、

があるとの指摘がある[1)]。

また、東日本大震災後にマスコミ等に頻繁に登場した「想定外」と言う言葉の中身についても、

「発生が予測されたが、その事態に対する対策に本気で取り組むと、設計が大がか

りになり投資額が巨大になるので、そんなことは当面起こらないだろうと楽観論を掲げて、想定の上限を線引きしてしまったケース」があり、真に問題のある「想定外は」このケースであるとされている[2)]。この指摘からも、日本社会の特性としてリスクと向き合う姿勢の弱さが透けて見える。

このような指摘にすべての読者が賛同するか否かは別にして、日本社会が自然の脅威に対して受容性が高くややもすると受け身に回りかねないため、東日本大震災以降、さまざまなリスクが顕在化しつつある今、リスクに正面から向き合うための方法論が必要となってきている。

港湾BCP作成の現場においても、危機対応のための単一マネジメントシステムが存在しないとの課題を背景として、これまでは明確な分析手法論が提示されないまま手探りの作業が進められてきたと言える。そこで最も必要とされているのは、BCP作成のための明確な手順と手法論、効率的、効果的な分析手法を駆使したシステムズアプローチである。

現下の状況では、阪神・淡路大震災や東日本大震災の経験から港湾物流機能の継続の在り方を探るいくつかの考え方が示されるに至ってはいるが、ISO22301（社会セキュリティー事業継続マネジメントシステム-要求事項）に沿った事業継続マネジメントシステム（BCMS）構築の手続きの全体像が見えない中、東日本大震災の大災害を被った東北地方の港湾や、近い将来に発生可能性を有する南海トラフの巨大地震のリスクに直面する東海から四国、九州に至る地方の港湾においても港湾BCPの検討が進んできたといえる。これらの動きをサポートするため、国土交通省では、ISO22301を参考にした港湾BCPガイドラインを2015年3月に示したが、このような努力をさらに一歩後押しするため、本書では、日本の港における港湾BCPの策定をめぐる昨今の動きをレビューし、その課題、今後のあり方についての考えを述べた上で、市場や顧客重視の企業BCPの考え方も踏まえた港湾BCP作成のための分析の手順と手法について解説することを目標としたい。

本書が、各港における港湾BCPの策定に際し参考にしていただくことは幸甚であるが、その策定過程において、当該港湾の関係者がその港の実体を普段から熟知しておくことが大切であり、さらにこれら関係者間の円滑な意思疎通と情報共有を図り、不断の共同作業により港湾BCPを港湾社会の中で当たり前のこととして認識していることが最重要であることを忘れてはならない。

2015年12月　池田龍彦

本書の構成

本書は、港湾における事業継続計画（BCP）の作成から実行までの実務に係わる関係者に向けたBCPに関する手法論の解説書である。本書において繰り返し述べるように、港湾における物流、人流活動には国の関係官署や地方自治体（港湾管理者）、港湾運営会社や港湾運送事業者等の民間事業者、船社、荷主企業等の様々な民間企業が係っており、国や地域の経済と社会の厚生、国民の安全と安心、環境の保全と創造などの様々な公的な枠組みから、港湾を場とする様々なビジネスまでの幅広い活動が繰り広げられている。いったん大規模な災害が起こると、これらにかかわるトップマネジメントから現場を預かる実務者までの様々な責任を負った関係者が、それぞれの専門と経験に基づいて自らが属する組織、団体、企業の存続をかけた復旧、復興を行うこととなる。本書ではこのような災害時における港湾の事業継続に向けたマネジメントをより効率的、効果的に行うための評価・分析手法について、2015年3月に国土交通省より発表された港湾の事業継続計画策定ガイドライン（港湾BCPガイドライン）を踏まえて、論じ解説しようとするものである。

本書の第一章では現代の港湾物流の特徴とその課題の所在を確認するとともに、阪神・淡路大震災及び東日本大震災から得られた港湾の事業継続上の教訓を述べる。また、これらを踏まえて、港湾においてBCPを策定し、事業継続マネジメント（BCM）を実施する意義について論じる。

第二章では、過去の企業BCPの発展の経緯を紹介するとともにBCPの国際標準であるISO 22301に基づくBCP作成のあり方やこれまでに日本国内で作成されたガイドライン類の特徴や考え方に触れる。特に港湾BCPガイドラインについてはその内容の重要部分の解説を試みる。また、これらを踏まえつつ、ISO 22301に準拠した港湾BCP作成のための詳細な分析の手順と考え方を提案する。

第三章では、港湾における事業影響度分析（BIA）の手順と分析の手法について詳述する。特にBIAの重要な手続きとなる重要機能の特定や顧客の受忍限度の評価、港湾運営に必要な資源（リソース）のマネジメントについては、企業向けや他のインフラ運営に用いられたBIA実施事例を参考として、港湾におけるBIA実施のために筆者らが開発した方法論について解説を行った。

第四章では、港湾におけるリスクアセスメント（RA）の手順と分析の手法について詳述する。RAの各要素であるリスクの特定、リスクの分析、リスクの評価の各段階について、これらを港湾で行う場合の手法論を明らかにするとともに、港湾運営に必要なリソースの脆弱性の分析や復旧速度の予想（本書ではレジリエンシー評価と呼んでいる）について具体の方法について述べる他、脆弱性曲線などの実務上の活用が期待されるツールを併せて紹介することとした。ここではまた、災害時の需要の変化がBCM上重要な要素となることを勘案して、港湾利用者の被害と復旧の予測方法についても紹介する。

第五章では、第三章及び第四章のBIAとRAの結果を用い、BCMを通じて顧客の満足度を維持し、事業継続を可能とするための事業継続のための戦略（リスク対応）の検討方法について述べる。その際、港湾におけるリスク対応の方法論としての、港湾の強靭化、港湾機能の復旧の迅速化、広域的な港湾連携と機能代替の３つのオプションについて、それぞれの検討のあり方を紹介する。

さらに第六章では、上記の分析手法による検討結果のBCPとしての文書化の方法や文書の管理、BCPに基づく対応計画や事前の準備計画（マネジメント計画）の作成方法と実施のための組織論、訓練、評価とそのフィードバックの方法論などから成る事業継続マネジメントシステムの構築について述べる。

最後に第七章において、上記の手法論を具体の形で示し補足する目的で、これまでの間に作成または検討されたBCPの一部をケーススタディとして示す。ケーススタディはBCMのための組織作りの事例として高松港の事例を、また、BCMのための広域連携の事例として大阪湾における港湾の相互補完や東北広域港湾BCPにおける代替輸送計画の内容を示した。さらにBCP検討のための分析の事例として筆者らが大阪港夢洲コンテナターミナルで行ったBIAの分析事例を紹介した。

なお本書の各節には必要に応じてコラム欄を設けた。コラムには本書の記述内容の補足説明や関連する話題、データ等を記載し、より幅広い視点から読者の理解の助けとなるような情報を盛り込むように努めた。特に東日本大震災勃発時に国土交通省東北地方整備局副局長として初動対応の陣頭指揮にあたった宮本卓次郎氏には貴重な体験談をお寄せいただいた。

本書にはまたBCP検討のための作業シートのテンプレートや業務フロー図の作成事例、港湾における典型的な図上訓練の実施事例等を付録として掲載した。実務のなお一層の助けとなれば幸甚である。

小野 憲司

本書の要旨　Executive Summary

本書は、港湾における重要機能の継続に関する方法論を解説することを目標とする。企業等向けの一般的な事業継続計画（BCP）、事業継続マネジメント（BCM）、事業継続マネジメントシステム（BCMS）の解説を目的としたテキストはこれまでも数多く出版されてきたが、港湾のような国や地方の関係官庁、港湾サービスや港湾における輸送・生産活動に係わる様々な企業が関与する場においては、単一の企業体の事業継続とは異なったアプローチが必要となる。そこで本書では、港湾の事業継続にかかる方法論について、特に以下の5項目に焦点を当てて論じた。

1. 事業継続のマネジメントからガバナンスへ：

上述したように港湾の運営の担い手は国の官庁、地方自治体から民間事業者に至る様々な組織体であり、これらの業務内容や責務、ビジネス上の関心事は大きく異なる。このようなことから港湾においては、港湾の存続と持続性を共通の関心事として共有する者による、①港湾の事業継続上果たすべきミッション、②事業継続を脅かす危機的事象の発見等の脅威の在り処に関する情報、③港湾機能の維持、復旧上のターゲット、の共有と、④事業継続のための協働の方向性を確認し、行動を起こす枠組みの確立が必要となる。単一の企業体が行うような事業継続のための行動を「マネジメント」であるとすれば、港湾の事業継続を目指した集団的な行動の枠組みは、「ガバナンス（統治）」と呼ばれるべきものである。

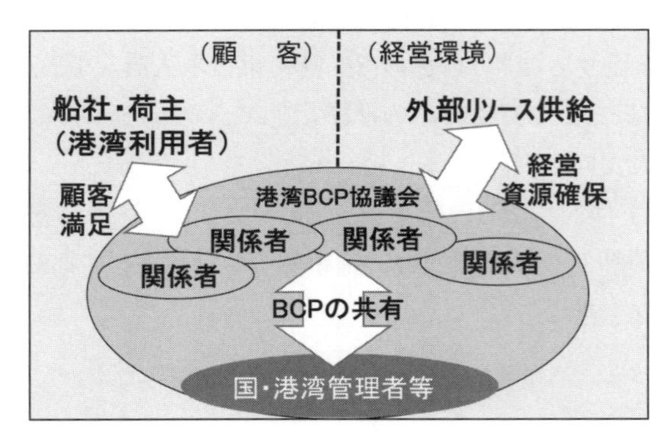

図1　事業継続のコミュニティとガバナンス

海外における日系企業団地や国内の生産・サプライチェーンを共有する組織体のグループは、供給処理や交通等のインフラ機能の継続確保、社員の帰宅困難の緩和などに向け、災害時に地域ぐるみで事業継続をはかるエリアBCPやDCP（District Continuity Plan：緊急時地域活動継続計画）の検討をすすめており、これらと同様のインフラの事業継続の枠組みとして港湾におけるBCPを位置づけることができる。（第二章第3節、第六章第2節及び第5節、第七章第2節）

2. 顧客目線にたった事業継続：

大規模な自然災害等に見舞われても引き続き事業の継続性を維持していくためには、平時より顧客の欲求を的確に理解し、災害時における顧客のビジネス上の欲求を災害対応にいかに織り込んで顧客の不利益、不満を最小化するかということが重要となる。それが、災害後にあっても顧客を繋ぎ止め、市場での存在を維持してゆく最良の道だからである。そのため、BCMSの国際標準であるISO22301において事業影響度分析（BIA）の実施が推奨されている。BIAでは、事業中断に対する顧客の受忍の限度（MTPD）を評価し、港湾機能（サービス）の復旧に求められる水準（目標復旧水準）と復旧に費やすことを許される時間（目標復旧時間）を求めることを重要な使命とする。目標復旧水準及び目標復旧時間は顧客満足の視点から設定されるため、必ずしもそのとおりの港湾機能の復旧が実行可能であることは保障されていない。BIAでは、リスク

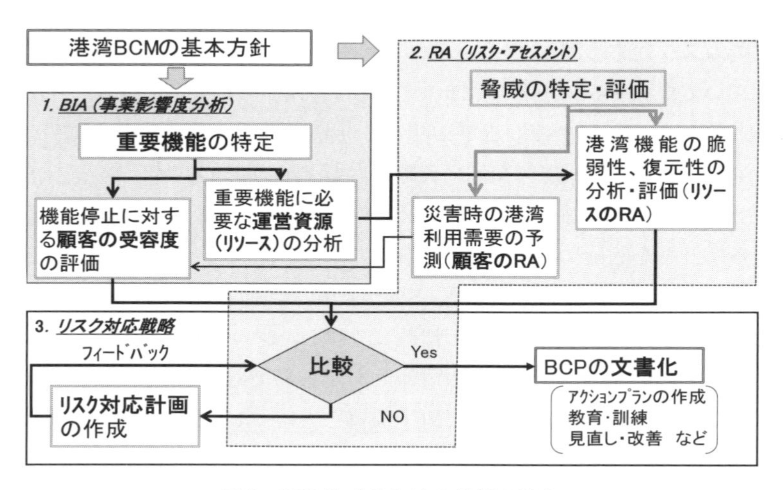

図2　BCP作成のための分析の流れ

の大小を問わず、また対応可能か否かによらず、港湾機能の停止に対する顧客の受容性を純粋に評価する。その上でBCPの作成においては、目標復旧水準及び目標復旧時間を達成し顧客を繋ぎとめるための戦略（リスク対応戦略）を準備することが求められる。（第一章第3節、第二章第4節、第三章第1節及び第5節、第五章）

3. 災害時のリソースマネジメント：

災害とは資源（リソース）を失うことであるため、事業継続とは災害時にいかに的確にリソースの供給を保持しまたは復旧するかに他ならない。しかしながらここで言うリソースは港湾の運営に必要なヒト、モノ、情報等の多岐にわたり、これらを的確に把握することには多大な困難が伴う。本書では、事業継続に関するこれまでの研究を踏まえ、①事業継続の対象となる重要機能を仕事カードとIDEF0法を用いて個々の業務活動に分解し業務フロー図を作成、②作業シートを用いて業務フロー図からシステマティックにリソースを発見、分類、③リソース間の依存関係を抽出するとともに、リソース間の依存関係の波及を追跡、④重要機能の実行上隘路となるリソースを明確化、する手順と方法を提案している。これらの分析結果から災害時に事業継続に支障をきたす恐れのあるリソースをあらかじめ明らかとすることができ、それらに備えて事前の措置を講じる「災害時リソースマネジメント」が可能となる。（第一章第3節、第三章第1節及び第5節、第五章）

4. 合理的なリスク対応戦略：

本書において提案するBCP作成にかかる分析の方法論は、①BIAから得られた港湾機能の目標復旧時間、目標復旧水準に関する港湾利用者の要請とリスクアセスメント（RA）から得られる港湾機能の復旧に実際に必要と予想される時間及び達成可能な復旧水準を比較、②両者の乖離を埋めるための対処方策（リスク対応計画）を企画立案、③リスク対応計画を的確に実行するため事前の準備計画及び事中・事後の対応計画等からなるリスク対応戦略の作成と実行、という分析、企画立案、戦略決定過程を含む。

これらの分析手法は、データや現場情報に立脚したシステマティックな手続きであり客観性が高いことから、関係者間での情報共有が容易であるばかりではなく、トップマネジメントが経営判断を下す際や港湾BCP協議会といったBCPの準備、実施のための議論の場をより的確で合理的なものとする効果が期待できる。（第二章第4節、第三章）

5. 分析過程の見える化：

本書が提案するBIAやRAの実施プロセスでは、業務フロー図や作業シートを用いて検討過程の「見える化」を図ることとしている。分析過程の見える化を図ることによって、トレーサビリティ（追跡可能性）の向上が図れることから、関係者間での情報共有が容易となり、港湾BCPを共有する関係者間の協調した災害対処行動が可能となる他、PDCAサイクルを通じてBCPの見直しを行う際にも過去の分析の過程を的確に継承し、作業の効率化と的確化を図ることが可能となる。また一方でトップマネジメントから現場責任者までが幅広く事業継続のための取り組みに参画することを通じて、トップの経営判断と現場の実務ノウハウに裏打ちされた事業継続の取り組みが行われることが期待される。（第三章）

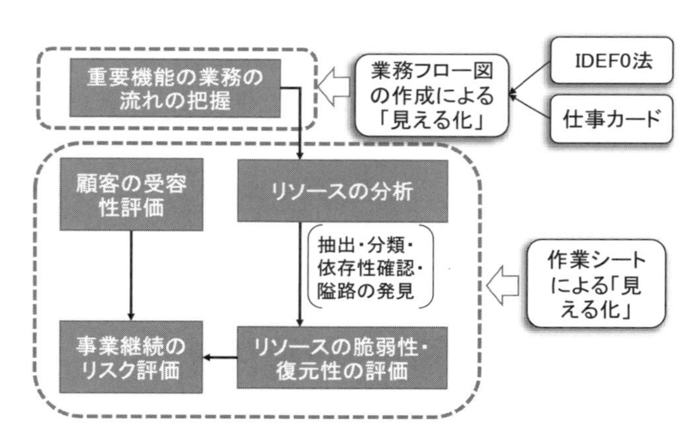

図3　分析手続きの「見える化」

第一章　港湾における事業継続マネジメント

第1節　港湾物流の特徴

1.1.1 港湾の重要性

資源に乏しく四方を海に囲まれたわが国は、第2次世界大戦後の経済復興や高度経済成長の時代から、原油、石炭、鉄鉱石などのエネルギー資源を海外に依存し、古くは臨海部に立地した重化学工業の発展や、近年の家電製品や自動車などの欧米市場への供給、また現在でも中国や東南アジアの生産拠点向けの高純度・高品質の素材やハイテク・デバイス等の中間製品の輸出を港湾物流に頼ってきた。このように港湾を核とする国際物流は我が国の経済を支える貿易立国の要であると言っても過言ではない。

例えば我が国の貿易額の74.1%は、港を経由する資源や穀物などのバルク貨物及び海上コンテナ貨物によって占められているが、重量ベースで言うと総貿易量の99.7%が海上輸送によって運ばれている。特に鉄鉱石及びトウモロコシはそのすべてを、また石炭は99.3%、大豆は93.6%が船によって我が国の港湾に運び込まれる[3)]。身の廻りの製品の輸入依存度に関しても中国、東南アジアからの輸入が急激に増加し、例えば国内市場に出回っている電子レンジの92%、DVDレコーダーの86%、掃除機の71%、洗濯機の62%が輸入品（2009年時点）となっている[4)]。このように、我が国の経済活動や民生消費は港湾に支えられた国際物流機能なしには成立しない状況に至っていると言えよう。

また、国際物流機能の進化がもたらした経済のグローバル化は、経済発展を先行させた我が国に加えて韓国、台湾等からの中間製品の供給と資金・技術に支えられた中国などのアジア諸国の勃興を生みだし、アジアにおけるモノづくりの国際分業とアジアから欧米に至る地球規模で膨大な財の交易をもたらした。1995年に国際貿易機関（WTO）が創設され、物品貿易のみでなく金融や情報、知的財産、サービスも含めた包括的な国際通商ルール保持の場が確立すると、わが国のものづくり産業にとっても、世界に展開した生産ネットワークを駆使して世界市場に財を供給する国境を越えたロジスティクスの効率性と安定性が存亡をかけるものとなっており、その一端を担う港湾物流に対してもなお一層の効率性と信頼性が求められている。すなわち年間13億トンを超えるエネルギー資源やコンテナが行きかうわが国の港湾は、日本の国際物流ネットワークにとって不可欠な結節点であり、その機能の断絶は日本の国民経済にとって大きな損失を生むリスクをひめていると言える。

1.1.2 国際物流の拡大とSCM

1987年に中国が開放政策に転じ、また1985年のプラザ合意に端を発した円高によって日本の直接投資が拡大すると、アジアにおける日本の製造業の生産拠点は当初は中国を核とした東アジア国際分業ネットワークに沿って展開し、また近年では、中国一極集中から生じる様々なリスク回避の観点から、東南アジアへの分散化を進めた。その結果、日・韓、日・台、日・タイ等の間において半製品や素材等の中間投入財を中心とする双方向の国際物流が発展すると共に、中国を中心としタイやベトナム等の東南アジア諸国に展開する組み立てラインに中間財を集めるジャストインタイム型の物流が拡大し、それぞれの生産計画に応じたサプライチェーンの構築がビジネス競争力上重要な経営要素となっている。（図1.1-1参照）

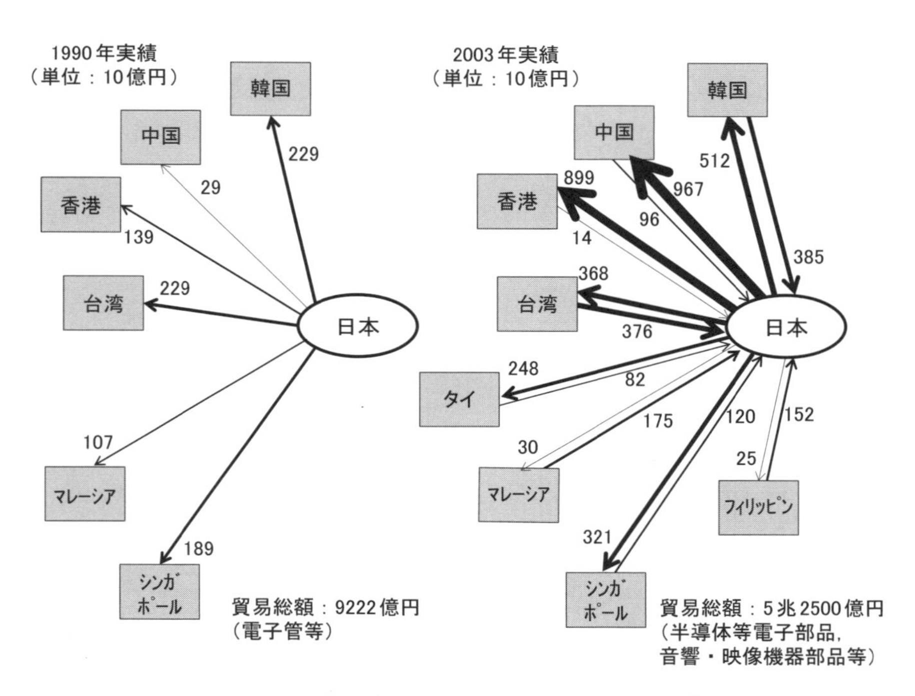

図 1.1-1 東アジアにおける電子部品貿易の変化[5)]

このような国際分業ネットワークの中にあって日本企業は、高純度、高品質な素材、部品等と産業機械や金型等の製造ライン設備の供給者としての役割を担っている。日本からの中間財の供給を受けて東アジアの組立工場で製品化された財が、日本や欧米等の市場に出荷されるという世界規模のサプライチェーンが形成されていることから、グローバル市場において厳しい競争を余儀なくされている日本企業にとって、情報通信技術（ICT）を駆使した複雑な市場予測や輸送・在庫管理などによって輸送や保管、配送に要するコストと製品の在庫ロスを最小化するサプライチェーンマネジメント（Supply Chain Management：SCM）と呼ばれる物流管理手法が今や企業経営に欠かせないものとなっている。

特にトヨタ自動車のカンバン方式に端を発するわが国のSCMは、ぎりぎりまで在庫を切り詰め、販売ロスを最小化するための手法として、今やわが国のものづくり産業の価格競争力の有力な源泉のひとつであるといっても過言ではない。

1.1.3 経済社会の脆弱性の拡大

上述の高度に発達した現代のSCMは、一方で現代社会が抱える災害脆弱性を如実に語る一例と言える。東日本大震災時の大津波による浸水被害を受けた沿岸部では、都市のみにとどまらず産業施設が深刻な打撃を受けた。経済産業省の推計[6)]によると、被災以降8月前半までの5ヶ月間の津波浸水地域からの工業出荷額は、対前年同月比で10パーセント以下と壊滅的な打撃を受けた。（図1.1-2参照）

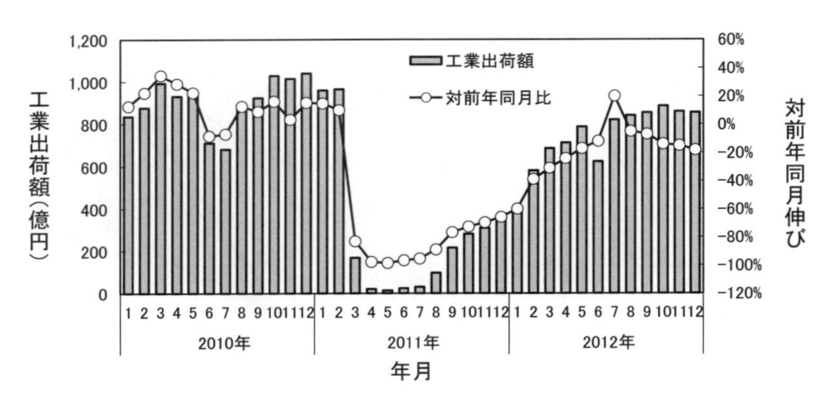

図1.1-2　津波浸水区域企業の出荷額

これらの地区ではかつて、東北における産業振興政策の下に重厚長大型産業の立地が進んだが、1974年の石油危機等のその後の国際経済情勢の変化の下で、その生産構造は高純度、高品質な素材（ファイン・マテリアル）産業へと転換した。現在では顧客ニーズに合わせた特殊なファイン・マテリアルを内陸部のハイテクディバイスメーカーや自動車部品サプライヤーに供給する役割を担っている。また、1990年代以降日本の製造業が追及してきた製品の差別化とコストの削減が進む中で限られた数の素材サプライヤーがサプライチェーンの最上流を担う構図が形成されていたことから、東日本大震災では東北地方のモノ作り産業を最上流で支える素材供給の一端が災害によって停止するとそのインパクトが海外にも及ぶと言う現象が発生した。

図1.1-3は東北地方における素材メーカーに始まり自動車組み立て工場や産業機械、家電エレクトロニクスメーカーに連なるサプライチェーンの一部を切り出したものである。

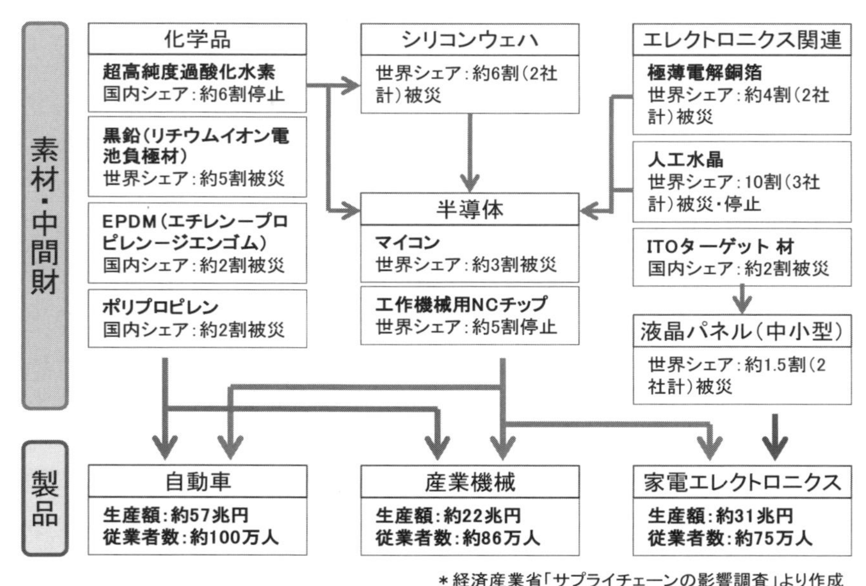

図 1.1-3　被災企業のサプライチェーンへの影響例

素材・中間財の最上流に位置する超高純度過酸化水素水や黒鉛、エチレン-プロピレン-ジエンゴム、ポリプロピレン等は北関東以北の石油化学コンビナートが蓄積した技術力を背景として国内外で高い市場占有率を有する素材である。また、極薄電解銅箔や人工水晶は、鉱業が盛んであった東北地方に発展した非鉄金属メーカーならではの製品であるが、これらのどれが欠けても半導体の生産は困難になり、ひいては自動車等の日本が世界に誇る製品の提供を妨げる。これらの素材は、例えばトヨタの「カンバン方式」の下で工場側での余分な部品在庫を発生させることなく、工場の操業に合わせて部品等を1日数回、必要なときに必要な量だけを納入する「ジャストインタイム方式」に対応する部品サプライヤーにとって欠くべからざるものである。そのため、一旦これらの素材の供給が止まると、東日本大震災において露呈した様に自動車関連素材、部品や半製品の供給がたちどころに途絶え、最低限しか在庫を持たない自動車工場はあっという間に操業停止に追い込まれるという結果となった。通常のガソリンエンジン車の場合、組み立てラインを維持するために供給される部品数は2〜3万点と言われ、そのうちの1点の部品の供給が止まっただけで組み立てラインは停止するわけである。

1997年にアイシン精機刈谷工場で発生した火災事故では、当該工場が、トヨタ車向けPV（プロポーショニング・バルブ）の約90%に相当する生産を担っていたことから、PVの供給停止によってトヨタの生産ラインが3日以上停止し、少なくとも7万台分の減産が生じた。しかしながら、このような教訓にもかかわらず東日本大震災によって製造業のさまざまな分野でサプライチェーンの寸断が生じたことは、中国や韓国、東南アジア諸国の追い上げを受けるわが国製造業が生き残りをかけて生産・物流コストの削減を図るあまり、SCMにおけるリスク管理を軽視した表れと考えられる。東日本大震災の教訓を踏まえ、自動車メーカーをはじめとする各種製造事業者は、企業の事業継続計画（BCP）の見直し・強化の検討を開始し、部品等の在庫の積み増しや川上側サプライチェーンの供給体制の可視化、部品供給者の分散化を図ろうとしているが、これらの製造事業者の動きは一方で、部品等を供給する下請け事業者の負担を増大させる。特に部品等調達の海外への分散化は、高品質な素材・部品を中心として発展してきた日本のものづくり産業に大きな打撃を与え、国内雇用の一層の減少にもつながる重大な問題をはらむものと懸念される。

また、我が国経済の命綱とも言えるエネルギーや食糧資源の供給は、世界海運ネットワークをなくして語ることはできないが、近年、国際社会の多極化の進展に従って、国際海運ネットワークのはらむリスクにも注目が集まっている。

2001年9月11日に発生した米国同時多発テロに端を発し2002年に改正されたSOLAS条約（1974年の海上における人命の安全のための国際条約）に基づく港湾におけるテロ対策への備えが世界的な枠組みのもとで開始され、港湾は国際貿易上欠かせないインフラであるとの認識が強まった。一方、これらの港湾を結ぶ海上輸送ルートには、近年、様々なリスク要因が存在するようになった。

例えば、わが国の海上輸送の生命線といわれるマラッカ・シンガポール海峡は、我が国のコンテナ船や大型の原油タンカー、鉄鉱石船等の大型バルク船の重要な通過路であるが、最も狭隘な場所で航路幅員2,800メートル、水深は最も浅いところでは25メートルしかない。昔から船舶の衝突、座礁等の事故が多発してきた最大の隘路であったが、近年では、これに海賊問題が加わった。世界的なリスクへの対処を目的として設立された国際リスクガバナンス協議会（IRGC）が京都大学防災研究所と共同で実施した世界海運の基盤脆弱性（マリタイム・グローバル・クリティカル・インフラストラクチャー）に関するプロジェクト研究では、シンガポール臨海工業地帯の石油コンビナートの火災による交通遮断や海上交通管制システムへのサーバーアタック等の様々なリスクシナリオが新たに抽出され、それらに対処するうえで、今後、海峡沿岸諸国や航行船舶旗国、その他の海事関係者や利害関係者による協力体制の整備が必要であるとの提言がなされている[7]。

上記にとどまらず日本の貿易ルート上には、パナマやスエズ等の国際運河やホルムズ海峡等の物理的な海上輸送ボトルネックの存在と国際紛争や海賊対策、テロ等の人為的リスクが重なる様々なリスクシナリオが存在する。（図1.1-4参照）

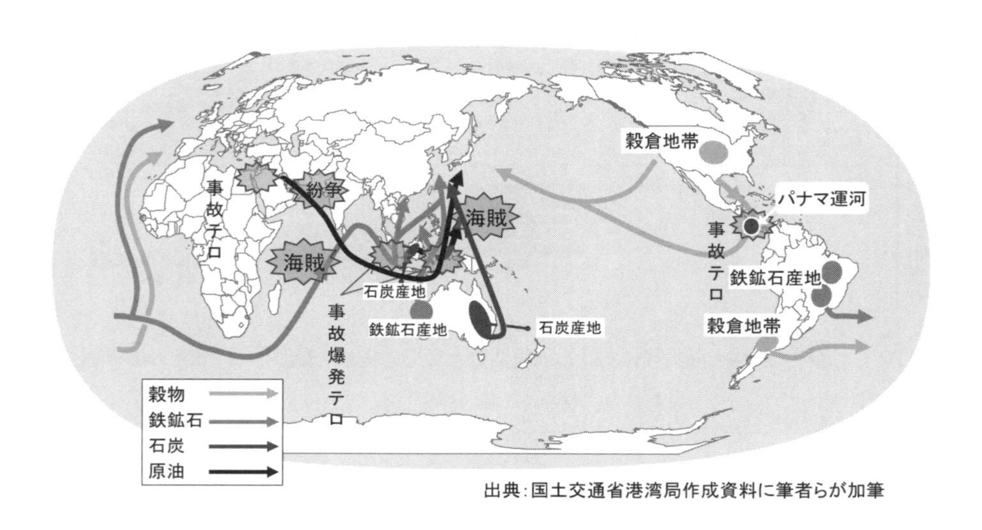

図 1.1-4　国際海上輸送に関するグローバルリスク

第2節　過去の災害のインパクトと教訓

1.2.1 阪神・淡路大震災のインパクト

阪神・淡路大震災は、1995年1月17日午前5時46分に発生した兵庫県南部地震による大規模地震災害である。兵庫県南部地震が、六甲・淡路島断層帯の一部である野島断層を震源とするマグニチュード7.3の直下型地震であったことから、阪神間及び淡路島の一部に震度7の激震を記録し、神戸港にも大きな被害が発生した。

阪神・淡路大震災後の神戸港及び背後圏経済活動の復旧の経緯は、安部が取りまとめた資料[8)]を参照すると全体像が理解し易い（図1.2-1）。

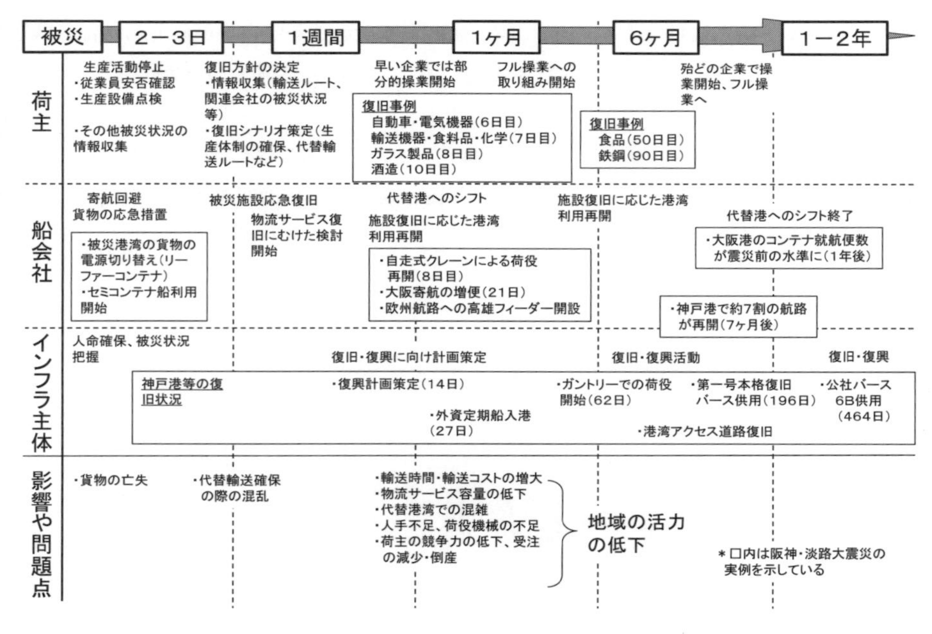

図1.2-1　阪神・淡路大震災後における港湾活動と復旧の実態（安部[8)]）　（出典：国総研調べ）

神戸港の岸壁は、摩耶ふ頭の耐震強化岸壁を除き、主流の岸壁構造体であるケーソンが大きく海側にせり出し、また比較的初期に整備されたブロック式岸壁は崩壊して海中に没する等大きな被害を受け、ガントリークレーンも倒壊した（写真1-1）。

写真1-1　神戸港岸壁被災状況
（国土交通省中部地方整備局清水港湾事務所提供）

工場等が被災を受けた荷主は、2～3日程度をかけて被害状況調査や従業員の安否確認を行った後、3日から1週間程度の間に輸送経路を含む事業活動の復旧方針を検討し、7日間～1ヶ月で操業を再開したと報告されている。当時の新聞情報等に基づく記録によると、早い荷主で、自動車・電気機器メーカーが6日目に、輸送機器・食料品・化学メーカーが7日目、ガラス製造業が8日目、酒造業者が10日目に操業再開し、遅いものでは食品加工の50日目、鉄鋼の90日目という記録が残されている[8)]。

この間に船会社は、輸送途上の貨物の状況確認や応急的に利用可能な岸壁の有無等の情報収集を行うとともに代替輸送経路の確保等の輸送サービス再開の検討を行い、その後7日間～1ヶ月の期間に、荷主企業の操業再開の状況を見ながら、輸送業務を再開した。外航定期船航路の大型船が27日目には入港し、国際定期フェリーの再開は120日目、外国客船の寄港は159日目と報告されている。この間、21日目に大阪港への寄港が増やされた他、欧州航路の高雄港フィーダーが開設される等代替輸送ルートの確保がなされた。210日後には約7割の航路が再開された。

一方で、インフラの復旧には時間を要した。自走式（モバイル）クレーンによる荷揚げは8日目に行われたものの、摩耶ふ頭においてガントリークレーンによるコンテナ荷役が開始されたのは62日目であった。以後、4月30日には神戸港埠頭公社のコンテナバースが6バース運用を再開するなど順次、暫定供用開始した後、「打手替え」方式によって本格復旧工事を進めたが、本格復旧された最初の岸壁が供用開始されるまでには196日を要した。ガントリークレーンの復旧が震災前の50%に達するまでに約半年、完全復旧には2年2ヶ月かかっている。（図1.2-2参照）

これらのハードの復旧の遅れによって、輸送時間・輸送コストの増大や物流サービス容量の減少、代替港湾での埠頭混雑、人手・荷役機械の不足、荷主の競争力低下、受注の減少などの港湾物流や地域経済に対する様々な負のインパクトが報告されている[8)]。

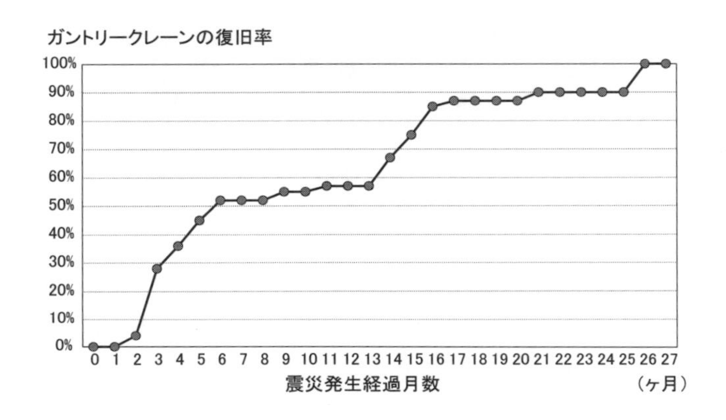

図1.2-2　被災後のガントリークレーンの復旧率（阪神・淡路大震災の事例）

上記のようなことから神戸港のコンテナ貨物量は、7月には対前年比で75%程度の水準まで回復するが、翌年の1996年以降も暫時この水準のままで推移する。（図1.2-3参照）

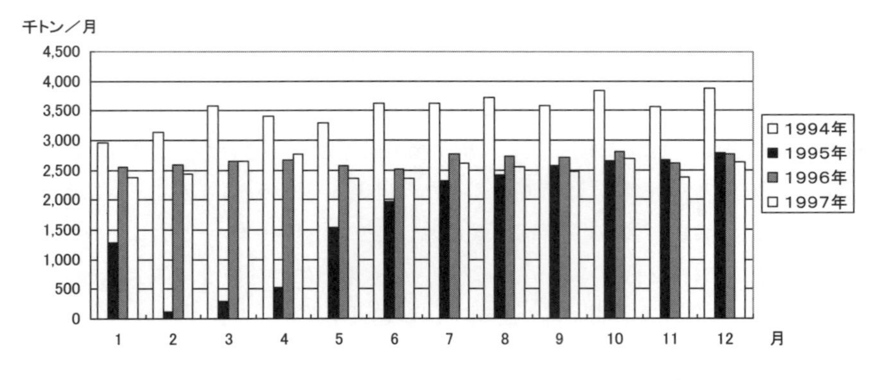

図1.2-3　神戸港のコンテナ貨物量復旧状況（安部[9)]）

神戸港のコンテナ取扱機能が失われた間、国内では大阪港、横浜港、名古屋港等が代替港湾として機能したと推定され、これらの貨物の一部は復旧後も神戸港に戻ら

なかったものと考えられる。（図1.2-4参照）

また震災が発生した1995年を境として、コンテナ貨物量のうち特に国際トランシップ貨物が急激に減少した。（図1.2-5参照）国外では震災をきっかけとした国際トランシップ貨物の釜山港等へのシフトが始まったものと考えられている。

このような現象が生じた原因として安部は、神戸港の荷主のビジネス再開時期に比べて国際コンテナ輸送機能の復旧に要した時間が長かったため、荷主の港湾利用ニーズと港湾サービスの供給にミスマッチ（需給ギャップ）が生じた結果、神戸港の荷主離れが生じたとの見方を示した[8]。

神戸港におけるこのようなコンテナ貨物の減少は、一時的な現象に留まらなかった。

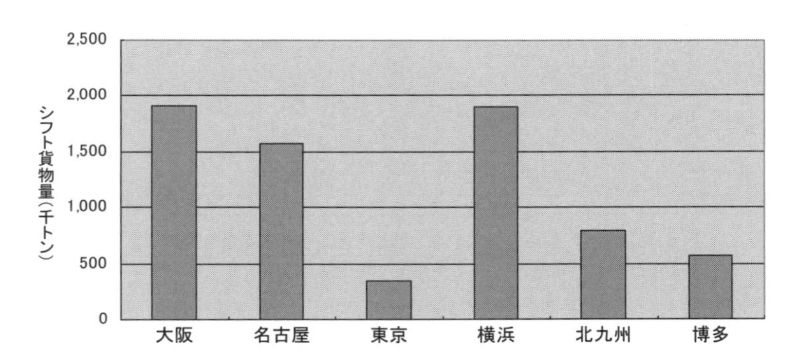

図1.2-4　神戸港からのコンテナ貨物のシフト量（発災月間）　（出典：国総研調べ）

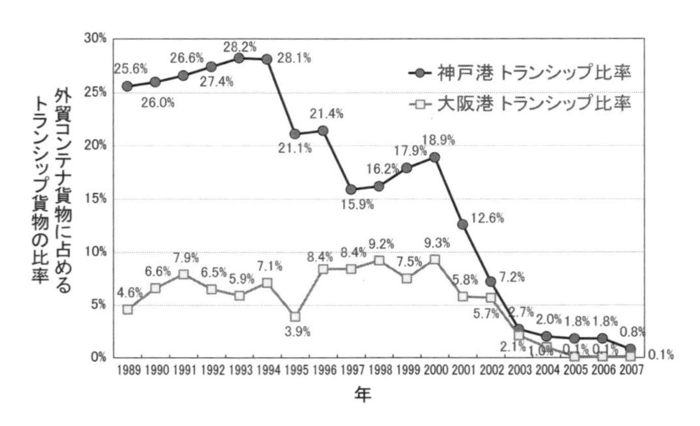

図1.2-5　神戸港及び大阪港の国際トランシップ貨物取扱量の推移
（出典：近畿地方整備局港湾空港部提供データに基づく）

図1.2-6は、神戸港を含む主な日本のコンテナ港湾について、震災前後の貨物取扱量を比較したものである。阪神・淡路大震災以前の神戸港は、他港と同様にコンテナ貨物取扱量を伸ばしてきたが、震災以降は一転して、神戸港のみが取扱い貨物量を停滞させている。

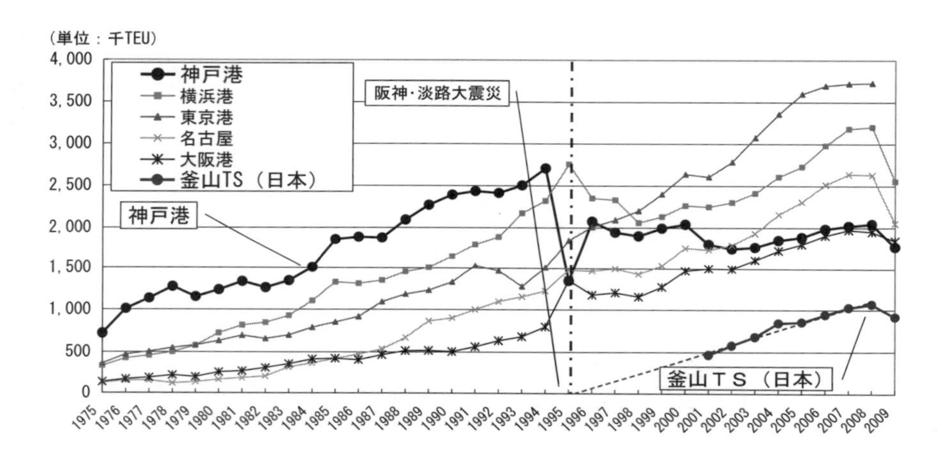

図1.2-6　神戸港他日本の5大港のコンテナ貨物取扱量の推移
（近畿地方整備局港湾空港部提供データに基づく）

1.2.2 東日本大震災のインパクト

(1) 地域産業の被災と海運需要

2011年3月11日に東北及び北関東を襲った東日本大震災は、14時46分のマグニチュード9の地震にはじまる40分間に、東北から関東に至る東日本太平洋沖で連続して発生したM9～M7級の4地震から構成される広域災害である。我が国の災害史上例を見ないこの地震によって、青森から千葉にいたる東北、関東の6県は最大震度7の大きな揺れと津波に見舞われ、中でも岩手県、宮城県、福島県、茨城県の津波被害は著しい。沿岸域で記録された津波の最大遡上高さは約40mに達し、岩手、宮城、福島の3県だけで沿岸地域497㎢が津波による浸水被害にあった。

一方東北地方においては、1990年代初頭にトヨタが国内の第三の生産拠点に位置付けて以来、自動車組立工場や部品・素材工場、半導体企業等から構成される自動車産業クラスターの形成が進んできた。東北地方の自動車産業クラスターは、国内にとどまらず、欧米や中国・東南アジアの日本の自動車産業にとって重要な部品供給源となっていたことから、これらの生産拠点が東日本大震災によって大きな影響を受け操業停止に追い込まれると、その影響は世界に広まった。

その結果、自動車部品供給量の大幅な減少によって、4月後半から5月末にかけて北米の日系大手自動車メーカーの製造ラインの生産水準が平常時の20%程度まで低下した他、他の製造業でも、大手カメラメーカーのデジタルカメラの国内生産拠点である九州大分工場及び長崎工場が、東北地方からのコンデンサーなどの電子部品の供給が滞ったため約一ヶ月弱操業を停止したこと等が報告されている[10]。

東北経済産業局が管内123社を対象として実施した東北地域の主要製造業の操業再開状況調査の結果を図1.2-7に示す。2011年3月末時点では63%の事業所が完全に操業を停止した状態であったが、4月末までには一部再開を含めた生産再開事業所が69%にのぼり、5月末に78%、6月末には85%に達した[11]。換言すれば、東日本大震災後の3ヶ月間に東北地方の80%〜90%の製造業が生産活動を再開したと考えられる。

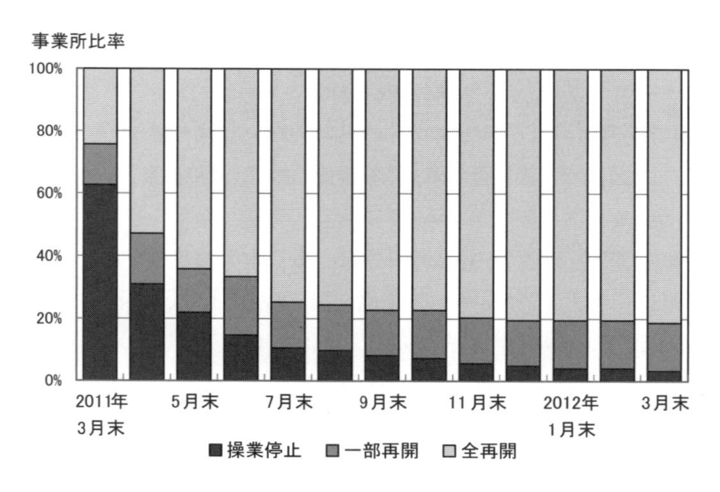

図1.2-7　東日本大震災後の復旧事業所数

また経済産業省が震災直後の2011年4月初旬に製造業55社、小売り・サービス業25社を対象として実施した緊急調査では、発災後1ヶ月の時点で約9割の製造事業者が3ヶ月程度を目途に操業再開を目指していたこと等が報告されている[12]。

このように、東日本大震災のような広域的な大災害にあっても、東北地域の多くの製造事業者が、生産ラインの早期再開を目指して事業所の施設や設備等の復旧作業を行い、概ね3ヶ月のうちに操業再開を果たしたことを勘案すると、通信、電気、ガス、水道といったライフラインや海陸空の輸送インフラにも3ヶ月程度を目標とする機能復旧が求められていることが伺い知れる。

図1.2-8〜1.2-10に、全国の資本金10億円以上の製造業及び流通業を対象として、震災直後に国土交通省近畿地方整備局港湾空港部が実施したアンケート調査の結果を示す[13)]。

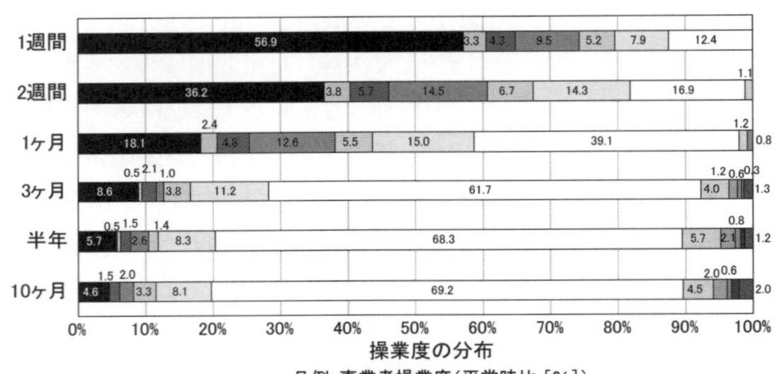

図1.2-8　震災後の事業所操業度の推移（直接被害あり）

国土交通省近畿地方整備局のアンケートは、東日本大震災による生産、流通活動への影響を把握し、サプライチェーンの変化を捉えるとともに、港湾の役割・課題に対する意見を収集するために行われたもので、資本金10億円以上の製造業約2,300件、及び流通業（運輸、卸売、小売）約260社が対象とされた。（図1.2-8）

アンケートから、地震動や液状化、津波等による直接被害を受けた事業者については、発災後3ヶ月で約7割が平常並みかそれ以上の復旧を果たしており、アンケート調査時点の2012年1月（10ヶ月後）にはその割合が8割に達していることが分かる。興味深いことは、3ヶ月後以降、10%程度の事業者が平常時より生産高を増しており、震災によって失われた生産をこれら事業所で代替生産したことが伺える。

原材料・部品の調達先や製品の販売先、物流拠点の被災などのサプライチェーンに支障が生じる等の間接的な被害によって影響を受けた場合にあっては、発災後1〜2週間で概ね三分の二の事業者が平常通りか、平常時の80%以上の復旧を果たし、3ヶ月目にはその数字が90%に達する。これらの事業者では事業所の設備に被害がなかったことから、失われたサプライチェーンの機能修復を急いだ結果、早期の復旧が実現したものと考えられる。また、被災地向けの物資等の供給が要請されたことから、災害直後から5～10%の事業者が増産を行っており平常時の2倍を越える生産を行った事例も見られる。(図1.2-9)

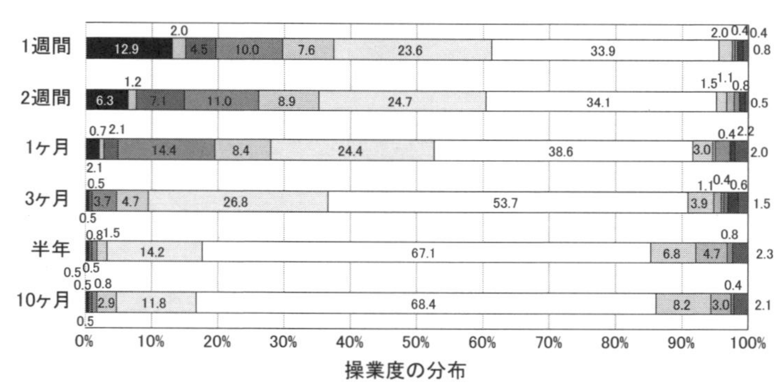

資料：近畿地方整備局実施アンケート（2012年1月，N=381）

凡例：事業者操業度（平常時比［%］）
■0　□1～20　■20～40　■40～60　□60～80　□80～100　□100
□100～120　□120～140　■140～160　■160～180　■180～200　■200以上

図1.2-9　震災後の事業所操業度の推移（間接被害あり）

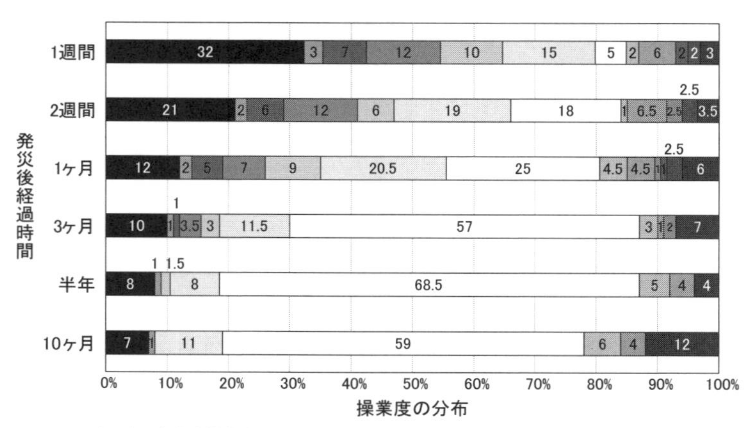

凡例：流通事業者操業度（平常時比［%］）
■完全停止　■10～20%　■20～40%　■40～60%　□60～80%　□80% 以上　□平常操業
□0～20% 増　■20～40% 増　■40～60% 増　■60～80% 増　■80～100% 増　■倍増以上

出典：平成23年度災害に強い生産・物流チェーン構築戦略検討業務，近畿地方整備局

図1.2-10　震災後の流通業の操業度の推移

同様のことは流通業の復旧の状況にもみられ、むしろ発災後の1ヶ月間に平常時並みもしくはそれ以上の物流需要への対処を迫られたことが分かる。特に発災直後は輸送インフラの被災等もあって一部の事業者に業務が集中したことが分かる。(図1.2-10)

このように、東日本大震災のような大規模・広域災害後であっても、早急に生産活動を再開し、生産者の被災によって供給不足が懸念される一部の生産財や被災地域への消費財等を速やかに供給することが求められるため、港湾をはじめとする物流インフラにも機能の完全停止や長期間にわたる機能の低下を的確に防止する工夫が求められる。

なお、図1.2-7～1.2-10に基づく分析は、これらの事業所を平均的に俯瞰した場合であることに留意する必要がある。前出の図1.1-2からは、一旦津波に襲われると、その地域の製造業の復旧には多大な困難が伴うことが分かる。前出の図1.1-2に示された津波浸水域に所在する鉱工業事業所(59事業所)の生産額(経済産業省試算値)は、発災後4ヶ月間はそれまでの5%にも満たず、5ヶ月後にやっと10%を超えた後も、半年後が23%、9ヶ月後で34%、1年後に69%まで回復している。このように、多量の懸濁物や瓦礫を巻き込んだ津波によって浸水することは製造業の事業所にとって回復がきわめて困難な損害につながるものであり、その程度は地震動による被害をはるかに上回る。特に港湾の利用者は、臨海部にあって津波被害のリスクを有する事業者が太宗を占めることから、港湾の機能継続を検討するに当たっては、様々な観点から津波リスクに対する十分な考察を行うことが重要である。

図1.2-11は東日本大震災後の自動車産業の復旧過程として、推定したものである。具体的には、東京証券取引所開示情報その他の企業公表資料に基づき、国内外の自動車工場における東日本大震災後の生産水準の推移を推定した一例である[14)]。

東日本大震災直後トヨタの国内事業所は、職員等の安否確認や被害状況の確認のため、操業を一旦停止し、3月中旬頃からまず自社内の部品製造ラインを復旧し、3月末には直接被害の無かった完成車組み立てラインの操業を再開した。一方、海外事業所においては、日本からの一部の部品供給が滞ったため、4月後半頃から北米工場等において組み立てラインの維持が困難になり、操業度が大幅に低下した。

このように国境を越えて展開する日本の製造業のサプライチェーン停止が地球規模での生産障害を生じさせることから、自動車産業をはじめとする日本の製造業は今後サプライチェーンのリスク管理を強化することが想定される。港湾BCPの検討に際しても十分な留意が必要であろう。

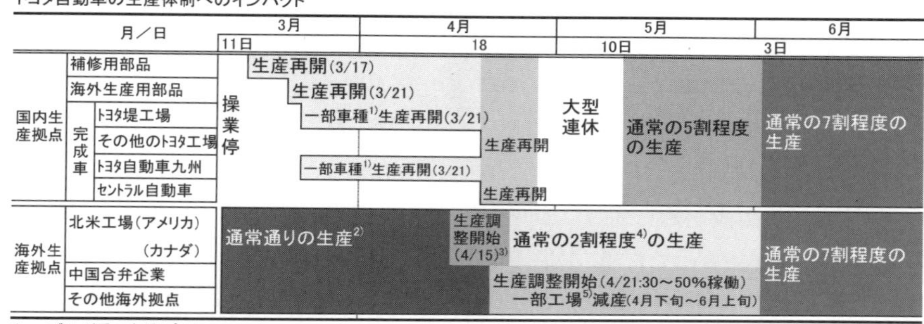

1)ハイブリッド系の車種(プリウス、レクサスHS250h、レクサスCT200h)に限定
2)残業なし、休日出勤なしが基本
3)4月15日～25日の月-金(7日間)の内5日間(15, 18, 21, 22, 25日)を稼働休止。但し、4月21日は米国トヨタ・ケンタッキー工場は稼働。
4)4月26日～6月3日の間、月金は休止、火水木は5割稼働、またカナダでは5月23日(月)の週、米国では5月30日(月)の週、それぞれ稼動を休止。
5)英国、フランス、トルコの車両工場と、英国、ポーランドのエンジン工場で、4月下旬から5月初旬にかけて複数日の稼動を休止(詳細は未公表)

出典：トヨタホームページに基づき筆者が推計し作成。

図1.2-11　東日本大震災後の自動車産業の復旧過程

(2) 地域の交通インフラの被災[10)]

図1.2-12　東北・北関東の交通ネットワーク

前節で述べたように、北関東から東北地方に至る東日本地域は自動車産業等を支える日本の素材、部品産業の集積地である。この地域の交通ネットワークは、首都圏から青森に至る東北縦貫自動車及び国道4号線を陸上交通網の背骨に例えると、国道6号及び45号が胸骨を、また両者を東西に結ぶ県管理国道が肋骨を形成している。国道45号線沿いには東北地方唯一の国際拠点港湾である仙台塩釜港及び重要港湾10港があり、北米航路やアジア・近海航路を通じた国際コンテナ輸送、東京湾との内航コンテナフィーダー輸送、北海道から仙台、東京、名古屋を結ぶフェリー航路が開かれている他、鹿島港等においては臨海部に立地した素材型産業やエネルギー産業向けに海外から大型のバルク船が入港している。

東日本大震災が発生すると、東日本大震災の地震動や津波によって、内陸では東北縦貫自動車道の15区間が、また一級国道69区間、2級国道102区間、県道540区間が直ちに閉鎖された。特に青森県から岩手県、宮城県に至る海岸沿いの国道45号線は津波による橋梁等の流出によって寸断された。幸いなことに東北縦貫自動車道路と一級国道4号線最は迅速に復旧することができ、発災の翌日には自衛隊や消防、警察等の救援輸送用車両が通行することが可能となった。沿岸部を通る国道45号線は津波による被害が大きかったため、内陸部の国道4号線から北上山地を縦断して沿岸部に至る2級国道の啓開が優先された結果、翌日12日の夕刻までには太平洋沿岸の主要都市に至る横断ルートが確保された。

一方港湾においても大きな揺れと大津波が発生した。港湾における最大震度は6強、津波高さは岩手県大船渡港で9.5mに達した。図1.2-13は、東日本大震災時の東北から北関東に至る主要港湾において観測された震度と津波高さを図示したものである。

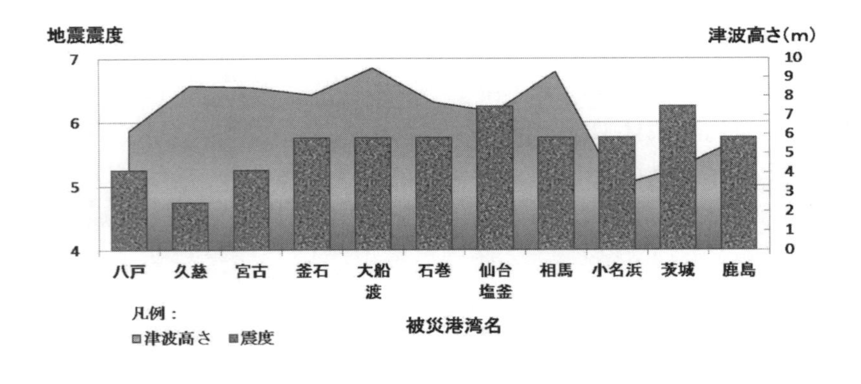

図1.2-13　東北・北関東の主要港湾における震度と津波高さ

出典：気象庁報告書（災害時地震・津波速報―平成23年（2011年）東北地方太平洋沖地震，平成23年8月17日発行），海岸工学委員会調査結果，国土交通省港湾局資料より筆者作成。

相馬港以北の港湾では大きな津波高さを記録し、津波によって防波堤や海岸堤防が破壊される等の被害がもたらされた。一方、相馬港以南の港では比較的大きな震度が記録され、港湾構造物に被害を与えやすいとされる0.3ヘルツ～1ヘルツの揺れが卓越したため、揺れによる岸壁等の被害が発生した。（写真1-2参照）

これらの地震動と津波によって、青森県の八戸港から茨城県の鹿島港に至る重要港湾では、防波堤や岸壁等の基本施設が損壊したほか、荷役機械、上屋、倉庫の埠頭機能施設が被害を受け、また、航路や泊地等の水域施設も津波によって押し流された瓦礫等によって覆われ、船舶の入港が不可能となった。

写真1-2（左上）は八戸港において発生した岸壁エプロンの陥没である。岸壁背後の裏込め材が液状化し、津波の引き波時に海側に吸い出されたため空洞が生じ陥没したものと考えられており、液状化と津波の複合的な作用による被災事例である。写真左下は小名浜港の岸壁背後のエプロン舗装に生じた変状である。岸壁本体のケーソンが地震動で海側にせり出したため埋め立て地盤が変形し、エプロンにひび割れと沈下が生じている。写真右上は仙台塩釜港の国際コンテナターミナルの被災状況である。クレーンの脱輪、脚部の破損、地盤の液状化によるヤード舗装の破壊、津波によるコンテナの散乱等が見て取れる。写真右下は、津波によって破壊された釜石港の上屋である。開口部から津波が流入し上屋の壁面一部が崩落している様子が分かる。

写真1-2　東日本大震災による港湾施設の被災（国土交通省東北地方整備局港湾空港部提供）

写真1-3　レーンの被災
（国土交通省東北地方整備局提供）

特に岸壁クレーンについては、水平地震力によるクレーン脚部の走行装置の破損や岸壁構造の継ぎ目部におけるクレーンレールの変形、駆動装置の浸水等により復旧に長期間を要する場合が生じ、コンテナ定期船航路の維持に支障をきたす事態も発生した。（写真1-3参照）

このように、岸壁等の港湾の基本施設からクレーンや上屋といった機能施設に至るまでの様々な施設類が地震動と津波によって被害を受けたことが分かる。

しかしながらこれらの東北沿岸域の被災港湾においては、発災後51時間続いた大津波警報・津波警報・津波注意報の間は、基本施設及び埠頭機能施設の被災状況や水域施設の埋塞状況を調査するために現地に立ち入ることができず、また作業船による航路・泊地の啓開作業（瓦礫等の撤去作業）も開始できなかった。その結果、水域施設の啓開は発災後３日たった３月14日にようやく本格的な作業が開始された。

図1.2-14に宮城県の仙台塩釜港（仙台港区）を事例として、航路啓開に際して潜水

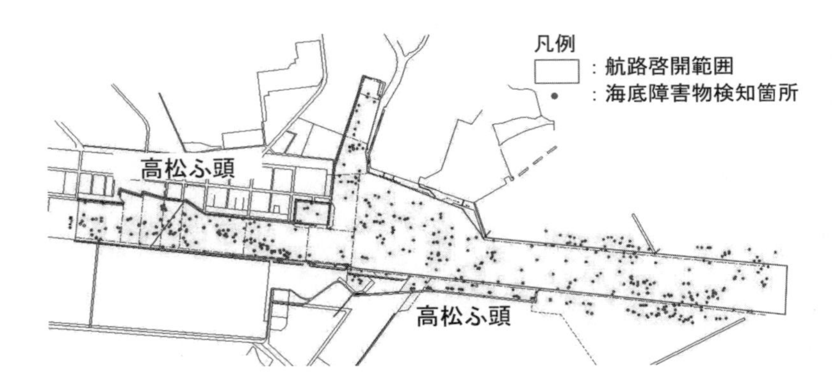

図1.2-14　仙台塩釜港（仙台港区）の航路泊地の閉塞状況（国土交通省東北地方整備局提供）

士による水中作業や起重機船、ガット船等による海底の障害物除去が必要な異常点の分布を示す。仙台港区では3月15日に音探深浅測量及びナローマルチビームによる航路泊地の海域地形測量を開始し、531地点において海底面に障害物が発見された。これらの障害物は、津波によって押し流されたコンテナや車両、瓦礫類と考えられ、一地点毎に潜水士が確認した上で引き上げられた。発災後1週間が経過した3月18日には緊急支援物資搬入のために優先的に啓開作業が行われた高松ふ頭-12m岸壁が接岸可能となったが、-10～-12m級の公共岸壁が一般商船向けに供用されるのは4月1日以降であった。

これらの障害物の撤去には多大な時間を要し、仙台港区において揚収作業が終了したのは発災後72日後の5月21日となった。揚収物の内訳はコンテナ335個、自動車26台、その他瓦礫類74個と報告されている。（写真1-4参照）

写真1-4　仙台塩釜港における揚収物
（国土交通省東北地方整備局提供）

なお、同港の塩釜港区では230地点において障害物が見つかり、啓開作業の終了は4月18日となっている。このように、仙台塩釜港における海底障害物の除去作業は、潜水士による確認作業等を伴ったことから6～7ヶ所/日の速度で行われており、航路啓開作業がいち早い港湾機能復旧上の隘路の一つであることが判明した。

各港湾の主要な水域施設の啓開作業は、最も早かった茨城港常陸那珂港区で約1日、釜石港及び小名浜港で約2日、宮古港は約3日で終了し、3月16日に釜石港及び宮古港の災害対応用埠頭に緊急支援物資運搬船が入港することができた。

一方、養殖いかだ等の流出浮遊物が多かった大船渡港や石巻港、茨城港大洗港区ではこのような主要航路・泊地の啓開作業に7～9日を要した。主要な港湾について発災後の航路等啓開の経緯を時系列で整理したものを図1.2-15に示す。

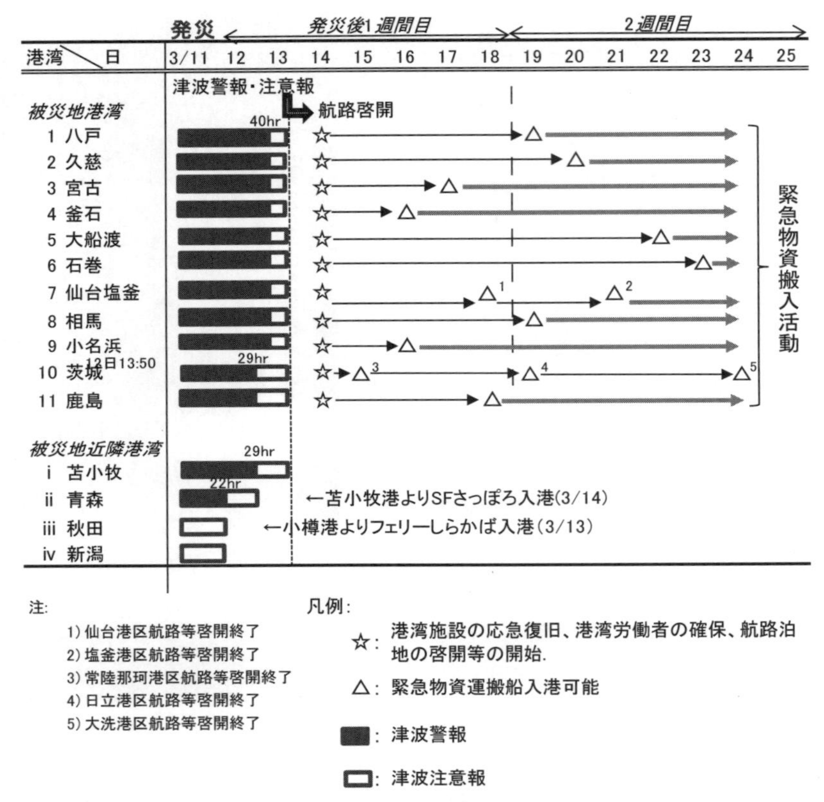

図1.2-15　東日本大震災後の航路等啓開の経緯　（出典：国土交通省東北地方整備局提供）

これらの港湾では、部分的に啓開作業が終了し一部の埠頭への入港が可能になると、まず緊急支援物資運搬船や重油、ガソリン等の緊急輸送船が優先的受け入れられた。その後、航路泊地の啓開が進むと順次一般商船の入港が許可された。

被災港湾のバースの復旧状況をみると、青森県の八戸港から茨城県鹿島港の間にある地方港湾を含む21港の水深-4.5m（1,000DWT級貨物船対応）以上の岸壁373バースの内、応急復旧により暫定利用可能となったバースは2012年5月7日時点で291

バース（78%）に達したが、瓦礫等の堆積による入港船舶の吃水制限や荷役時の荷重制限が残存している施設も多く、本格復旧に向けた工事が続けられた。東北地方整備局が管轄する重要港湾8港において暫定復旧により使用が可能となったバース数の時間推移を図1.2-16（左側）に示す。図の凡例の右側には、各港が震災前に有した水深-4.5m以上の公共バースの数を併せて記した。なおここで言う公共バースとは、「一般の商船の停泊を目的として港湾管理者が運営する埠頭であって、対象船舶が1隻着岸することができる岸壁及びその全面水域の1単位（1バース：船席）」である。

公共バースの数が最も多い小名浜港は72バースを有し、これに次いで八戸港の44バース、国際拠点港湾（特定重要港湾）仙台塩釜港が44バースとなっている。最も公共バースが少ないのは釜石港の7バース、次いで大船渡港の10バースである。

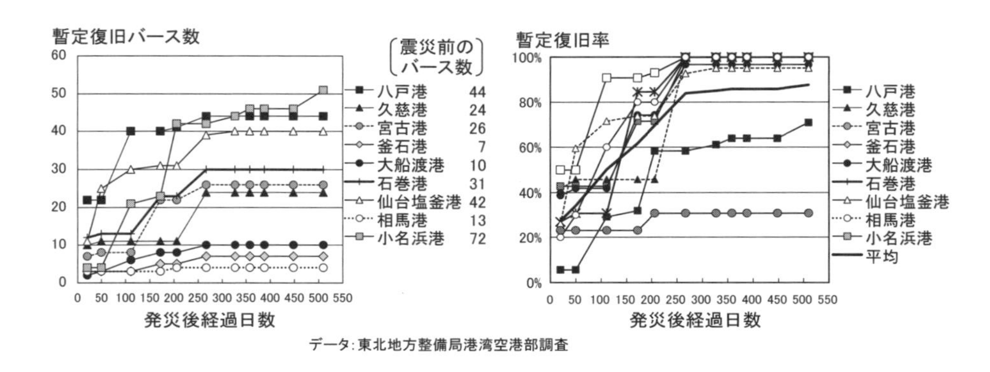

図1.2-16　東日本大震災後の公共ふ頭の暫定機能復旧の実績

また図1.2-16（右側）には、各港の暫定復旧バース数の震災前バース数に対する比率（暫定復旧率）を示す。発災後9ヶ月で9港平均の暫定普及率は84%に達したが、各港湾別にみると、揺れによる被害の大きかった小名浜港と相馬港の復旧率が低い一方で、宮城県の石巻港、仙台塩釜港で90%台、岩手県以北の5港では100%に達した。

最も復旧が早い八戸港では4ヶ月弱の間で90%の公共バースが使用可能となった。また仙台塩釜港、釜石港、大船渡港、宮古港、石巻港も震災後半年で70～80%の公共ふ頭が使用可能となっている。一方、東北地方で最大のバース数を有する小名浜港は震災後1年が経過しても60%の水準を推移し、津波によって防波堤に大きな被害があった相馬港では三分の二の公共ふ頭が使用できない状態が続いた。

これらの復旧速度の違いは、防波堤等の外郭施設の被災の程度や工事資材の調達、港湾復旧要員の不足、国と港湾管理者の調整・連携の遅れなどが復旧工事の進捗に影響を及ぼしたためであると考えられた。

(3) 海運輸送活動の復活[10)]

主要企業の生産活動の再開にあわせて、応急復旧された港湾における貨物取扱需要も高まった。しかしながら被災した港湾の基本施設の応急復旧や啓開が終わっても、すぐに一般商船の入港が許可されたわけではなく、また船会社も埠頭機能の回復やトラック等陸上輸送サービスの提供の状況、荷主の輸送需要回復状況を見ながら船の寄港を再開した。特に、津波によって上屋・倉庫が破壊されたり、トラクター・トレーラーが流されたり、フォークリフトが損壊するなどの荷役・保管機能にも大きな被害が生じた港湾では、水域施設や岸壁等が復旧しても荷役ができないため、定期船航路を中心として港湾への寄港サービスの再開に大きな遅れが生じた。

表1.2-1は仙台塩釜港及び石巻港における震災後の主要な船舶の初入港記録をまとめたものである。

仙台塩釜港及び石巻港では一般商船の入港制限が解除された4月1日以降、自動車航送船、フェリー、一般貨物船、大型バルク船、内航コンテナ船等が入港を再開した。

仙台塩釜港においては、4月1日に一般商船の入港が許可されると、4月8日には最初の自動車運搬船が完成車を搬入、4月16日には東北地方において完成車生産を行うセントラル自動車が船便による自動車の積み出しを行うなど、まず荷役クレーンが不要なRo-Ro船による海上輸送が再開された。

一方、荷役に大型の荷役クレーンであるガントリークレーンが必要とされるコンテナ定期船航路の再開には時間を要した。例えば仙台塩釜港仙台港区の高砂埠頭1号岸壁は、エプロン部の段差や沈下等の岸壁構造物本体が損傷し、またクレーンレールの蛇行や埠頭上には津波による瓦礫の散乱等が発生したため、応急復旧は難航した。同埠頭に寄港する内航コンテナ定期船航路は、応急復旧工事に約3ヶ月を費やした後、6月8日に再開された。

また、韓国・中国航路は、ガントリークレーンの稼働が再開された発災6ヶ月後の9月11日に、東北地方唯一の国際基幹航路である仙台塩釜港の北米航路は、高砂コンテナターミナルの2号バースの復旧・供用再開された発災10ヶ月後の2012年1月12日になってようやく再開された。

表1.2-1　仙台塩釜港及び石巻港における震災後の船舶の入港記録

	仙台塩釜港	石巻港
1.発災・津波警報発出	2011年3月11日14時56分	
2.津波警報解除	3月13日17時58分	
3.航路等啓開開始	3月14日	
4.暫定供用（緊急支援物資搬入向け）		
ｉ）緊急支援物資船入港	3月17日	
ii）石油運搬船入港	3月21日	
5.暫定供用（一般船舶向け）	4月1日 4月1日 （-10～-12m級：5バース） （-12m級以上：1バース）	4月2日 4月1日 （-10～-12m級：3バース） （-12m級以上：1バース）
（1）Ro-Ro船寄港		
ｉ）自動車航送船（搬入）入港開始	4月8日	
ii）フェリー航路再開	4月11日	
iii）自動車航送船（積出）入港開始	4月16日	
（2）一般貨物船・バルク船		
ｉ）内航貨物船入港		4月27日（3661GT船：建材搬入）
ii）大型バルク船入港	5月27日（3万トン級石炭船） H24年2月14日 （30万DWT級タンカー）	7月11日（53,000GT級穀物船） 11月30日 （47千DWT級チップ船）
（3）コンテナ船の寄港		
ｉ）内貿コンテナ航路再開	6月1日(空コン揚陸） 6月8日（内航フィーダー輸送）	
○ガントリークレーン供用再開	9月5日	
ii）中国・韓国コンテナフィーダー航路再開	9月30日	
iii）北米コンテナ航路再開	2012年1月22日	

出典：港湾管理者等発表資料に基づき筆者らが作成

図1.2-17は、東北地方整備局の調査結果や船会社の開示情報、ヒアリング結果等に基づいて筆者らが取りまとめた震災後の東北太平洋岸諸港におけるフェリー、Ro-Ro船、コンテナ船の定期航路の復旧の状況である。

図1.2-17の縦軸は震災前の運航便数を100%とする便数回復の割合を示す。内貿コンテナ定期船航路が震災前の状態に回復するまでには約5ヶ月（150日）かかり、外貿コンテナ定期船航路は14ヶ月を経過しても概ね80%の水準の便数しか回復できなかった。一方、北海道から関東に至る東日本太平洋側航路を航行する長距離フェリー等航路やRo-Ro定期船航路については、より迅速な復旧を遂げたことがわかる。

特にフェリー航路に注目されたい。図中のフェリー航路は、東日本太平洋沿岸域を航行海域とし東日本大震災時に運航停止した商船三井フェリー社の苫小牧～大洗航路、太平洋フェリー社の苫小牧～仙台～名古屋航路、川崎近海汽船の苫小牧～八戸

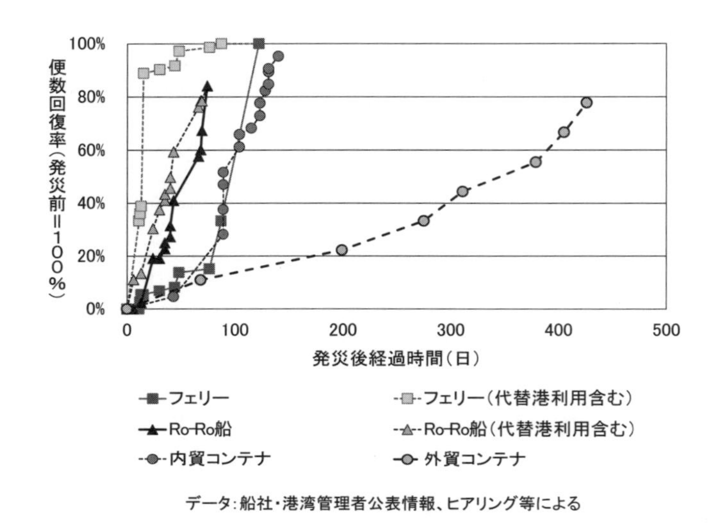

図1.2-17　海運輸送サービスの復旧過程

航路等から成る。商船三井フェリーは、茨城港（大洗地区）のフェリーターミナルが被災したため東京港を代替港として、また、八戸港が被災して使えなくなった川崎近海汽船は青森港に寄港地をシフトし、3月下旬には航路を再開しており、図中では点線の回復曲線で示されている。両社のフェリーには青森港や東京港への寄港実績があり、ターミナル用地の確保や入出港支援が得やすいなどの利点があったことが、円滑な代替寄港地の確保を容易にしたと言える。また、仙台塩釜港のフェリーターミナルが津波で被災した太平洋フェリーも、この時期に仙台を抜港して航路復活させたが、福島第一原発事故現場の沖合を航行することもあり、定期運航再開の当初は貨物輸送に限定した輸送がなされた。

このように代替港への寄港や被災港湾を抜港することによって、長距離フェリー等は10日〜2週間で航路を復活させたが、これは、コンテナガントリークレーンの損壊や液状化によるコンテナヤードの被災が航路復活の隘路となり、発災後3ヶ月が経過した6月にようやく航路の半分を復活させることができた内貿コンテナ定期航路と好対照を成す。

フェリー航路がいち早く復旧できた背景には、トラックやシャーシーなどの自走可能な積荷を本船が具備する可動式ランプによって積み降ろしすることから、埠頭側の荷役機能の制約を最小限度に抑えることができるというフェリーの強みが発揮されたためである。同様の機能を有するRo-Ro貨物船航路も概ね2ヶ月で全航路が復活するなど比較的迅速な回復力を示したと言える。

なお、これらのフェリー航路においても、本来の寄港地港湾への復帰には3～4ヶ月を要した。八戸港や仙台塩釜港では旅客搭乗用のボーディングブリッジや旅客待合室、チケット売り場等のターミナル施設が津波によって破壊され、また、コンピューターなどの事務用品が水につかったことから発券事務などが困難となった。また、茨城港（大洗地区）では津波の引き波によって航路埋没が発生した。これらの機能の復旧に時間を要したことが被災港湾へのフェリー航路の復帰に時間を要した原因である。

（4）港湾利用へのインパクト[10)]

前述したように、青森県の八戸港から茨城県の鹿島港に至る11の重要港湾の機能は、防波堤、岸壁、荷役機械、上屋・倉庫等の被災や瓦礫等による航路・泊地の埋没によって大幅に低下した。また、地震の揺れや津波によって事業所が被災したため、東北地方の自動車関連産業やIC産業の操業も停止した。その結果、港湾を通過する貨物量は2011年3月以降大幅に減少した。また、津波による浸水被害を蒙った臨海部立地企業の操業再開にも多大な困難が伴った。東日本大震災の被災を契機として他地区に生産を集約した企業や、操業は再開できたものの操業停止間のブランクが災いして元の市場シェアをなかなか回復できず業績が低迷する企業も現れ、震災後、いくつかの港湾では海運貨物輸送需要が低迷する事態に至った。

国土交通省が取りまとめる港湾統計によると、発災後3ヶ月間の全国の輸出貨物量は、コンテナが対前年同期比で-8.1%、非コンテナ貨物は-20.5%と大幅な減少となった。一方、輸入は、サプライチェーンの分断による国内製造業向け部品、半製品や生活用品の供給不足を補うための緊急輸入を反映して、コンテナ貨物量が対前年同期比で8.6%の増加、非コンテナ貨物量もほぼ横ばいとなった。福島第一原発事故の風評被害やLNG等のエネルギー資源の輸入量増大も、2011年度後半にかけての外貿貨物量の動向を大きく左右した。

東日本大震災前後の北関東、東北地方の港湾における外貿コンテナ貨物量を図1.2-18に示す。地震や津波によるガントリークレーンやコンテナヤードの被災によって、仙台塩釜港をはじめとする各港の外貿コンテナ貨物量は4月以降5ヶ月間にわたってほぼゼロとなっている。唯一、八戸港が5月にコンテナの取り扱いを回復させている。

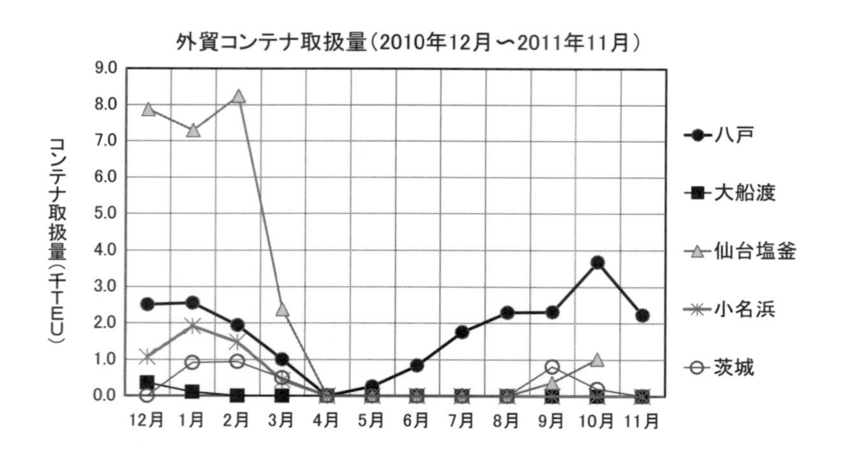

図1.2-18　東日本大震災による外貿コンテナ取扱量の減少　（出典：港湾統計）

それではこれらのコンテナ貨物はどこに行ったのであろうか？ 東京湾にトラック輸送され京浜港等から基幹航路に積み込まれるか、または、日本海側の港湾に横持ちされ釜山港フィーダーに積み替えられて釜山港で本船にスイッチされることも考えられる。また、災害によって荷主が被災するとコンテナ輸送需要自体が失われてしまうこともある。これらの可能性については第五章で詳細に議論することとするが、港湾統計から図1.2-19に示すようなデータが得られている。

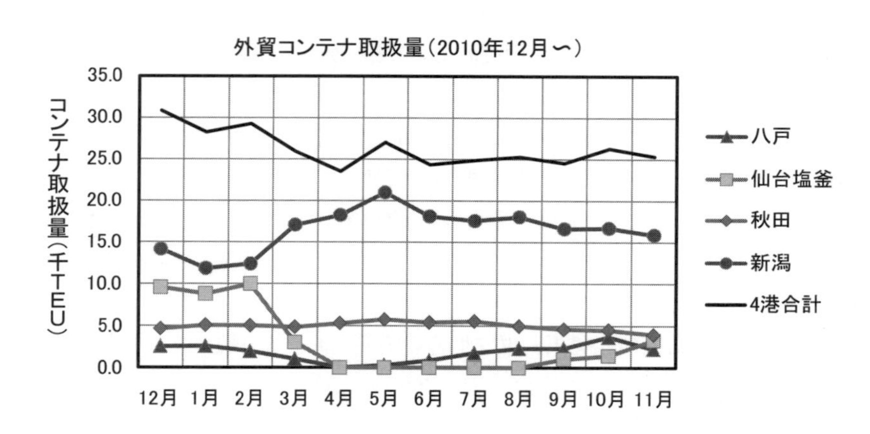

図1.2-19　震災前後の東日本地域港湾の外貿コンテナ取扱量　（出典：港湾統計）

図1.2-19で示したように、発災直後の2011年3月以降、仙台塩釜港及び八戸港の外貿コンテナ貨物量は急激に減少するが、一方で新潟港の取扱量が大きく増加している。被災港のコンテナ貨物量の減少分が新潟港の増分とほぼ等しくなっており、新潟港等の日本海側の港湾にコンテナ貨物のシフトが生じた可能性が示唆される。埠頭の混雑や福島第一原発事故による風評被害のせいもあり京浜港がシフト先として使いづらくなったため、東北港湾は日本海側と太平洋側において補完関係が生じたものと考えられる。

それでは、港湾の被災によって港湾利用者はどのような影響を受けたのであろうか？

図1.2-20は、前出の近畿地方整備局が実施したアンケート調査結果によるもので、資本金10億円以上の製造業及び流通業を対象に、「震災を受けて、港湾の利用について、どのような問題が生じたか？」という質問を投げかけたものである。総回答数625の内、280（45%）は港湾利用上特に支障なしと答えたが、55%が何らかの支障があったと答え、その内容として、利用港湾の被災や混雑、輸送車両用の燃料やコンテナシャーシー、空コンの不足等によって輸送活動に支障が生じたとの回答が寄せられた。東日本大震災後、東京港におけるコンテナ蔵置場所の不足や臨港道路の渋滞などが報告されており、港湾施設の被災による輸送障害に加えて代替輸送先として選定した港湾における混雑が課題として浮かび上がる。

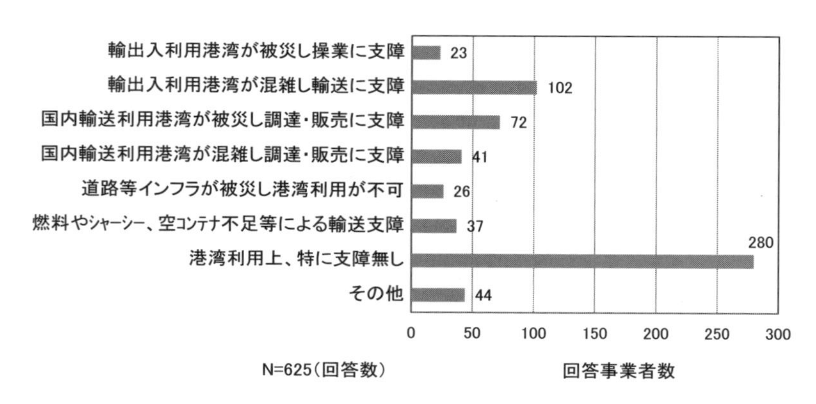

図1.2-20　震災による港湾利用への影響　（出典：近畿地方整備局港湾空港部アンケート調査結果）

図1.2-21は上記アンケート調査において代替港湾利用上の問題点を抽出した結果である。平時には選択されていない港湾をやむなく利用したわけであるので、「輸送コ

ストが高い」(35%)、「輸送所要時間が長い」(32%) という指摘は当然であるが、その他に、代替港湾利用上の道路事情 (12%) や代替港における寄港便数 (6%)、通関等 (5%) が課題にあがっており、災害時における代替港湾利用のための事前準備の必要性がうかがえる。

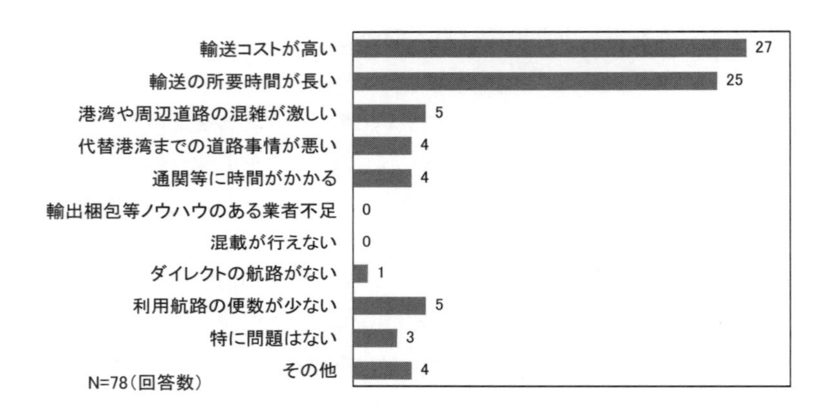

図1.2-21　代替港湾利用上の問題点
（出典：近畿地方整備局港湾空港部アンケート調査結果）

第3節　港湾物流における事業継続マネジメントの意義

BCPは、その作成主体が災害に遭っても存続できるようにあらかじめ災害に対する対応策を準備しておくための計画である。BCPの起こりは1960年代のアメリカで企業活動が次第にコンピューターに依存し始めた際に立てられた災害復旧計画にある。コンピューターの導入は業務の迅速化、効率化を生んだが、コンピューターが故障すると業務が停止してしまうことから、事前にその様な事態への備えが必要となったためである。

1970年代以降コンピューターの性能が著しく高度化すると、企業の業務のコンピューター依存はさらに著しくなった。一旦コンピューターシステムに異常をきたせば、顧客に大きな損害が発生し、企業は顧客や企業シェアを失い、著しい場合は倒産するといった事態が頻発した。この様な事を背景として、単なる復旧計画ではなく、災害後の顧客離れを最小限度にとどめて企業の存続を維持するための備えとしてBCPが生まれた。

前節で述べたように、1995年に発生した阪神・淡路大震災においては、神戸港の港湾機能が地震によって停止し、港湾管理者や国、その他の港湾関係者の懸命の努力によって被災した埠頭の機能復旧が図られたが、震災以前の機能水準への回復には2年間の期間を要した。その結果、神戸港取扱いのコンテナの多数が釜山港等の他港に流れ、震災前は年間300万TEU近くあった神戸港のコンテナ貨物取扱量は、長期にわたって200万TEUを大きく割り込み、今日の低迷につながったと考えられている。また、東日本大震災においても、港湾の復旧とその臨海部に立地する企業の生産の再開が遅れたことから、企業の市場シェアがなかなか回復せず、地域経済の衰退につながっている事例が見られる。このような状況を反映し、2014年の仙台塩釜港のコンテナ取扱量も、震災前の2010年と同程度の水準に留まっている。

上記の経験は、港湾のインフラサービスが災害時にあっても企業活動の要請に的確に対応することの重要性を明確にものがたるものであり、企業が行う市場競争力向上のための生産・物流コスト低減の努力を踏まえつつ、国民生活の安全・安心・安定、国内雇用の確保、中長期的な信頼性の高いものづくり産業の育成などの社会的、経済的な公益を追及するための港湾の事業継続マネジマントを国などの行政の主導と企業の社会的責任意識の下に進めていくことの必要性を示唆するものと考えられる。また、港湾における物流システムがさまざまな災害リスクの下でも的確に機能継続を果たしていくためには、港湾をビジネスの場とする企業がそれぞれの事業継続のための計画を準備し、国や地方自治体などの行政の主導の下で一元的に組織化していく必要がある。このような視点は、今後、わが国の産業が引き続き国際競争力を維持し、国民厚生の最大化のための経済政策を支えて行く上で欠かせないものとなりつつあると言える。

1.3.1 港湾におけるBCP策定の意義

一般に災害は、自然が引き起こす地震や津波に代表される「自然災害（Natural disaster)」とテロ行為などの人が引き起こす「人為災害（Man-made disaster)」にわかれる。このような災害は、地震や洪水、津波といった自然現象（ハザード）が社会の脆弱性と出会うことで起こる（Disasters occur when hazards meet vulnerability）とされ、概念的に災害とハザードは明確に区分されている。すなわち、発生したハザードに住民や財産等の価値の集積がさらされ（エクスポージャー)、これらがハザードに耐える力を持っていない、すなわち脆弱性があると災害が発生するという考え方がとられる。（図1.3-1参照）

換言すれば、自然現象であるハザードの発生は人間の力では回避できないが、災害リスクの高い地域に人口や資産を集積させない等のエクスポージャーの回避や施設の耐震化などの脆弱性の減少によって、災害は軽減できると考えられている。

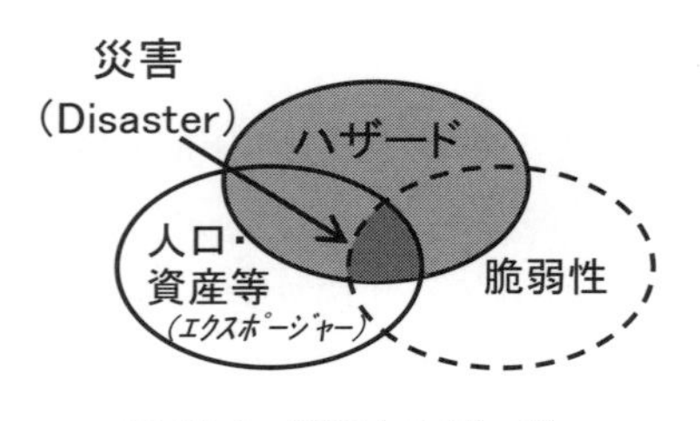

図1.3-1　災害とハザード

しかしながら、東日本大震災後に計画された津波を避けるための集落の高台移転などはなかなか進まない。経済活動上の利便性から、津波浸水区域に生産や生活の場が再建される例も多いことは、エクスポージャーの減少、回避が難しいことを物語っている。

港湾にとっては、臨海部に立地し財の大量輸送を必要とする企業が最大の顧客である。海上輸送と陸上交通網の結節点にあって、コンテナやエネルギー資源等の輸送拠点として、また、臨海部に立地した企業の生産活動を支える物流の基地として、船舶の入出港や荷役を行う都合上、港湾は地震の大きな揺れや津波のリスクが高い臨海部から離れることは不可能である。このため、港湾におけるこれまでの地震、津波リスク対策は、専ら、防波堤の建設や岸壁等物流施設の耐震強化、液状化対策の実施等のハードの災害脆弱性低減策に依拠してきた。しかしながら、大地震や大津波が発生すれば被災を免れることは困難であることから、港湾においては、施設等の被災を前提とした対策が求められる。万が一の自然災害等によって被災した場合にあっても、その影響を最小化し、復旧、復興を可能とする対策が港湾においては現実的であり、その答の一つが事業継続マネジメントの実施であり、BCP策定の意義であるといえる。

東日本大震災の教訓から我々は、一旦大地震や大津波が発生すれば港湾機能の大幅な低下を免れることは困難であることを再認識し、港湾施設等の被災による物流機能の低下を前提とした機能継続マネジメントに正面から向き合う必要性に迫られている。

東日本大震災後の2013年12月4日に制定された国土強靭化基本法の第10条に基づく国土強靭化計画及びアクションプログラムでは、災害時でも機能不全に陥らない経済社会システム確保策の一端として事業継続計画（BCP）作成の重要性が盛り込まれている。港湾物流の分野においても、国際戦略港湾・国際拠点港湾・重要港湾における港湾の事業継続計画（港湾BCP）の策定割合を2016年度中に100％とすることが決定された。(注1)

このようなことから、万一の大地震や大津波にあっても、最小限度の物流機能を保持し、いち早い復旧を成しとげるために、全国の港湾におけるBCPの作成が急がれた。

1.3.2 港湾BCPの基本的な考え方とこれまでの研究

BCPは、その作成主体が災害に遭っても存続できるようにあらかじめ災害に対する対応策を準備しておくための計画である。今日では、自然災害や事故災害等企業活動

(注1)「国土強靭化基本計画（2014年6月3日　閣議決定）」に基づいて国土強靭化推進本部が決定した「国土強靭化アクションプラン2014」では、①人命の保護、②国家・社会の重要機能の維持、③国民の財産及び公共施設に係る被害の最小化、④迅速な復旧復興を基本目標として、起きてはならない最悪の事態を回避するために45項目のプログラムを重点的に推進することとしている。これらプログラムの進捗管理に際しては重要業績指標（KPI）等による定量的評価を行うこととしており、その目標値の一つとして、「国際戦略港湾・国際拠点港湾・重要港湾における港湾の事業継続計画（港湾BCP）が策定されている港湾の割合」並びに「製油所が存在する港湾における関係者との連携による製油所を考慮した港湾の事業継続計画策定率」を2016年度末までに100％にすることが決定された。

をとりまく様々な経営リスクに対して、単なる復旧計画に留まらない、災害後の顧客離れを最小限度にとどめて企業の存続を維持するためのビジネス上のツールとして、BCPはますます重要視されている。2012年にはISO（International Organization for Standardization）が事業継続に関する国際規格（ISO22301）を策定し、第三者認証を行っている。

前節で述べたように港湾の分野では、阪神・淡路大震災が港湾機能継続の重要性を考える転機となった。阪神・淡路大震災では地域の交通インフラとともに港湾施設も大きな被害を受け、国際コンテナ港湾としての機能停止が数ヶ月間続いた結果、世界の海運網における神戸港の地位はこれ以降凋落の一途をたどった。

このことは、すでにコンテナ港湾としての魅力と競争力を失っていた神戸港が震災を引き金としてその衰退を顕在化させたと受け止められ、これ以降の日本の国際コンテナ港湾戦略を方向付ける契機となったが、一方で、前述の通り、安部[8)]は、神戸港における需給ギャップが主な原因との見方を示した。

また、2002年に北米西岸港湾において労使協定をめぐる対立から発生した港湾ロックアウト（港湾封鎖）では、港湾におけるコンテナ船の平均滞在時間が通常の5倍に達し、一部の日系企業では北米工場の操業停止を回避するため部品の空輸を行うなど、大きな影響が発生した[15)]。国土交通省が行った調査では、船舶輸送費・航空輸送費の高騰、滞船料、東岸・メキシコへの迂回輸送による経費の増大、一時保管のための倉庫料の発生などに加えて、トラック事業者・鉄道事業者の収益減、事業者収入の減少に伴う租税減少、船腹減少による一部生産調整、一部食料品の腐敗などによる販売機会の損失等によるロックアウト期間中における1日当り損害額は1.5億ドル（北米西岸港湾経由の貿易額の約15%）と見積られた[16)]。この港湾ロックアウトは、グローバルサプライチェーンにおける港湾機能継続性の重要性を広く認識さる結果となった。

これらを背景として安部[8)]は、国際物流インフラである港湾の事業継続マネジメントの方向性として、①最低限の機能確保、②提供可能な港湾サービス水準に関する情報開示、③代替輸送の提供、の3点をあげた。特に②の情報開示を前提として荷主企業は自らの事業継続計画の策定が可能となると指摘した。

また、宮本ら[17)]は、名古屋港を事例として、災害時における国際港湾物流サービスの維持のためのBCPの在り方について研究を行い、港湾物流サービスの需要と供給のボトルネックを、港湾機能の復旧時間を指標として抽出するとともに、その解消に向けた取り組みを港湾ロジスティクス維持計画として提案した。

安部[8]、宮本ら[17]の研究は、日本の港湾物流における機能継続計画検討の基本的な方向性を示すものであると位置づけられる。特に宮本らの研究で示された「港湾物流サービスの需給ギャップとボトルネック」の考え方は、2012年3月に東北地方整備局が発表した「東北地方における港湾物流の業務継続計画策定の手引き」[17]や2013年6月の「東北における大規模災害発生時の港湾機能継続の基本的な考え方」[18]に大きな影響を与えた。

これらの先行研究を踏まえると、現下の港湾BCPでは、①港湾施設の耐震強化等による物流機能の頑健性強化、②早期復旧体制の事前準備による早期機能回復、③代替港湾機能確保によるリダンダンシーの拡大、の3つの対策を組み合わせ、万一の災害時にあっても港湾利用者である荷主、船社等を繋ぎ止めることが目標となると考えられる。（図1.3-2参照）

上記の3つの対策を的確に講じることを通じて、災害による港湾物流機能の低下と回復のスピードが港湾利用者が不便を受忍できる範囲に収まれば、港湾は災害前と同様の港湾利用を回復することができる。再び、海運・港湾輸送市場に復帰し、地域経済及び社会の復興に寄与することとなることができるレジリエンシー（災害に対する復元力）を有する。一方で、港湾利用者の要請に対応できない場合は、市場からの退場につながる。この差を分けるのがBCPの作成等の事前準備の実施を通じたBCMS（Business Continuity Management System）の確立とそれに基づいた事業継続マネジメントの実行であると言える。

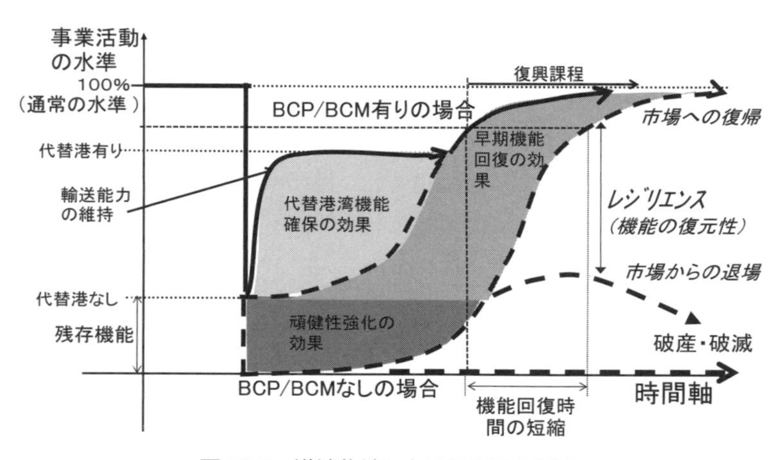

図1.3-2　港湾物流におけるBCPの概念

1.3.3 港湾BCP策定の現状と課題

これまでの港湾BCPでは、主たる事業の場である港湾が公共性の高い交通インフラであることから、一刻も早い港湾施設の復旧と輸送サービスの再開を念頭に置いた、いわばサービス供給側の視点に立った「施設復旧計画」の色合いが強いものとなっている。しかしながら、機能復旧の速さが必ずしも港湾利用者である荷主や船社の顧客満足度に直結するとは限らない。前述の安部[8)]、宮本ら[19)]の研究において指摘された港湾利用ニーズと港湾サービスの供給のミスマッチや需給ギャップが生じ、港湾ビジネスの継続性維持のボトルネックになる可能性も高く、国際コンテナ港湾としての神戸港の衰退の原因はまさにそこにあったのではないかと考えられる。

また、港湾機能の復旧を迅速に図るとしてもその作業に必要な資器材、労働力が本当に確保されるのだろうかと言う不安が払しょくできない方々は少なからずおられるのではないかと思われる。事業継続を巡る各地の港湾における議論の中でも、港湾機能の復旧時に直面しそうな様々な事態が指摘され、解決されない課題が山積の状態であると言っても過言ではなかろう。

林は、阪神・淡路大震災を振り返った著書「大災害の経済学」の中で、以下のように述べている[20)]。

「緊急時あるいは有事には、平時と異なる事情が出現する。その第一は、個人にとっても企業にとっても、緊急時には人命に関わるような想定外の不可欠需要が発生し、他方、利用可能な資源は被災によって減少するため、資金、物資、マンパワー、土地、空間、建物など、ほとんどの資源の希少性が劇的に高まる。これを『緊急時性希少性』と呼ぶことにしよう。第二に、希少資源の中で、最も厳しい制約となるのが『時間』である。……（中略）したがって、緊急時に起こる普通でないことは、突然発生する資源の希少性問題を、時間の制約の中でどのように解決していくかという課題である」

林の指摘は、現下の港湾BCPの課題を「言い得て妙」である。港湾機能継続のために平時に考えられた対応策が、時間もなく、資器材や人材に乏しい緊急時に本当に実行可能なのかと言う疑問が、BCPに携わるすべての人々の頭から消せないでいるというのが偽らざる現実であると言えよう。

前述の国際規格（ISO22301）では、BCMSの運用にあたって事業影響度評価（Business Impact Analysis：BIA）及びリスクアセスメント（Risk Assessment：RA）を実施することを求めている。

BIAにおいては、サービスの提供が中断した場合に、サービスの再開を顧客がどの程度待つことが可能かといった顧客の受忍の限度を評価する。このようにBIAは、上記の港湾利用ニーズと港湾サービス供給のミスマッチを防ぐための顧客目線の情報を与える分析手法として、BCPの検討上重要なものである。

BIAではまた、財、サービス等を提供する事業活動とそれらが依存する資源に注目して、万一、それらの資源が被災して事業活動が中断した場合の事業活動全般に対する影響を、リスクの大小にとらわれず評価し文書化する[21)]。

港湾において上記を具体的に述べれば、サービスの提供に必要な資源とは、基本的な港湾施設である航路・泊地や岸壁、荷役機械に加えて、情報通信システムや労働力、建物・オフィス、外部からの電力・燃料供給と言った様々な財、労働力、情報等を意味する。本書では港湾における事業活動に必要なこれらの資源の災害時におけるマネジメント（災害時リソースマネジメント）の重要性に着目することとする。

本書第七章で事例として紹介する大阪湾BCPでは、直下型地震に対して、被災港における緊急支援物資の受け入れを発災後3日目、国際コンテナ輸送の再開については2ヶ月後を目標に掲げ、必要な港湾機能の復旧を緊急的に行うこととしている。しかしながら、上町断層地震の様な激甚災害の直後にあっては、岸壁や荷役機械等のターミナル施設の復旧工事に必要な要員、資機材等を的確に確保することができるという確証はない。また、コンテナターミナルの施設の復旧が目標期間内に完了できたとしても、船舶の入出港に必要なタグボートや水先案内などの船舶航行支援サービス、港湾労働者による荷役体制、港湾入出港や税関・検疫・入管手続きの体制、背後道路網の通行機能等が確保されなければ、コンテナターミナルが機能することはできない。さらに、これらの港湾運営資源が相互に依存関係にある場合があり、災害によってある資源が失われることが、連鎖的に他の資源の供給を不可能とする場合がある。

例えば、岸壁に船舶の係留が可能であったとしても、船から貨物を下すためには埠頭クレーンが必要であるが、そのクレーンが動くためには電力、クレーン操縦士が必要であろうし、貨物を正確に積み降ろしするためにはターミナルオペレーションシステム経由で荷役に関する必要情報が得られなければならない。また、降ろした貨物を所要の蔵置場所まで移動させるためには、荷役作業員の助けやヤード・シャーシが確保されなければならない。これらの港湾運営に直接必要な資源の他の資源への依存関係を確認しておくこともBIAの重要な機能となっているが、現下の港湾BCPではそこまでの分析が行われていないのが実情である。

上記のように、港湾サービスを提供する相手である荷主や船社が災害後どのような港湾利用ニーズを有するか、港湾機能の復旧までどの程度待てるかといった利用者側の欲求を可能な限り正確に把握し、その欲求に的確に応えるためにはどうすればよいか、また、そのために必要な資源をいかに確保するかといった対応方策を事前に検討して港湾BCPに記載しておくことが、災害現場の現実と真に向き合いつつ、有効な事業継続マネジメントを実施する上で欠かせないものとして今後益々求められると考えられる。

出典・参考資料（まえがき、第一章関係）

1）白木渡：県民防災週間2011シンポジウム基調講演，香川県（財）消防科学総合センター，平成23年7月16日（主催者ウェブサイトより要約）
2）柳田邦男：「想定外」の罠―大震災と原発，文藝春秋，2014年3月
3）石炭は「エネルギー白書2010」（経済産業省）、鉄鉱石は「鉄鋼統計要覧2010」（日本鉄鋼連盟）、大豆・とうもろこしは「食料需給表（平成21年度概算値）」（農林水産省）による。
4）「家電産業ハンドブック2010」（（財）家電製品協会）より国土交通省港湾局が算出したもの。
5）黒田勝彦編著：日本の港湾政策，236頁，成山堂，平成26年2月（新しい国のかたち「二層の広域圏」を支える総合的な交通体系採取報告書，二層の広域圏の形成に資する総合的な交通体系に関する検討委員会，国土交通省政策統括官，26頁，2004年5月19日に基づく）
6）津波浸水域に所在する鉱工業事業所（59事業所）の生産額試算値について（経済産業省生産動態統計調査の特別集計に基づく試算値　平成24年12月確報）経済産業省調査統計グループ経済解析室，平成25年2月15日
7）Risk Governance of Maritime Global Critical Infrastructure: The example of the straits of Malacca and Singapore, International Risk Governance Council, Geneva, 2011
8）安部智久：事業継続支援のための国際物流インフラマネジメント方策に関する基礎的研究，国土技術政策総合研究所資料No.409，6～7頁，2007年7月
9）安部智久：港湾物流サービスの事業継続マネジメントの方向性，海運経済研究，第43号，2009年
10）小野憲司・赤倉康寛：東日本大震災における港湾物流へのインパクトと海運・港湾部門のレジリエンス機能，京都大学防災研究所年報第56号b0p03，平成25年9月
11）東日本大震災からの復旧・復興の現状と東北経済産業局の取組，経済産業省東北経済産業局，平成24年4月
12）東日本大震災後の産業実態緊急調査，経済産業省，平成23年4月
13）国土交通省近畿地方整備局港湾空港部：平成23年度災害に強い生産・物流チェーン構築戦略検討業務報告書，2012年
14）小野憲司，神田正美，赤倉康寛：自動車産業サプライチェーンにおける東日本大震災のインパクト分析，防災研究所年報57号B，sk14，平成25年9月
15）舟橋香，高橋宏直：世界コンテナ船動静分析（2003年版）-コンテナ船寄港実績データと北米西岸の港湾ロックアウト影響-，国土技術政策総合研究所資料第145号，2004.
16）Ono, K.: The further research topics to be focused by the participant, Discussion paper

for the 2nd international workshop on risk governance of the maritime global critical infrastructure, DPRI-KU, IRGC and GCOE-HSE, Kyoto, 2010
17）東北地方における港湾物流の業務継続計画策定の手引き，東北地方整備局，2012.
18）東北における大規模災害発生時の港湾機能継続の基本的な考え方，第2回東北広域港湾防災対策協議会資料，東北地方整備局，2013.
19）宮本卓次郎，新井洋一：地震災害に対応した港湾の国際物流サービス維持のための対策の提案，沿岸域学会誌，Vol.22，No.4，pp.93-104，2010.
20）林敏彦：大災害の経済学，pp.52-53，PHP新書，2011年
21）中島一郎，渡辺研司，櫻井三穂子，岡部紳一：ISO22301:2012事業継続マネジメントシステム要求事項の解説（Management System ISO SERIES），日本規格協会，2013.

第二章　港湾におけるBCP作成の手順と考え方

第1節　BCP作成の一般的手順

2006年～2007年にかけて英国規格協会（BSI）から発行されたBS25999は、事業継続マネジメントに関する国際標準に準じたものとして使用されるようになり、これを受け継ぐ形で2012年5月に国際標準化機構（ISO）より「ISO22301」が発行された。また日本国内においては、2005年に世界に先駆けて内閣府が「事業継続ガイドライン」を公表して以来、日本国政府としてISOでの国際標準作成に参画する一方で、経産省等が日本の企業向けの指針作りを進めてきた。

本章ではこれらの動きを背景として、2011年3月に発生した東日本大震災やこれを受けて制定された国土強靭化基本法に基づく港湾BCP作成の推進政策に対応して2015年3月に作成された港湾BCPガイドラインについて、その考え方や内容等について解説するとともに、その実行のプロセスについても議論することとしたい。

2.1.1 BCP作成のための国際的な枠組み

BCPの策定を含む事業継続マネジメントの国際規格は、国際標準化機構によって「ISO22301：社会セキュリティ-事業継続マネジメントシステム-要求事項」で定められ

序文
- 0.1 一般
- 0.2 PDCA（Plan-Do-Check-Act）モデル
- 0.3 この規格における PDCA の構成要素

1 適用範囲
2 引用規格
3 用語及び定義
4 組織の状況
- 4.1 組織及びその状況の理解
- 4.2 利害関係者のニーズ及び期待の理解
- 4.3 BCMS の適用範囲の決定
- 4.4 BCMS

5 リーダーシップ
- 5.1 リーダーシップ及びコミットメント
- 5.2 経営者のコミットメント
- 5.3 方針
- 5.4 組織の役割，責任及び権限

6 計画
- 6.1 リスク及び機会に対処する活動
- 6.2 事業継続目的及びそれを達成するための計画

7 支援
- 7.1 資源
- 7.2 力量
- 7.3 認識
- 7.4 コミュニケーション
- 7.5 文書化した情報

8 運用
- 8.1 運用の計画及び管理
- 8.2 事業影響度分析及びリスクアセスメント
- 8.3 事業継続戦略
- 8.4 事業継続手順の確立及び実施
- 8.5 演習及び試験の実施

9 パフォーマンス評価
- 9.1 監視，測定，分析及び評価
- 9.2 内部監査

図2.1-1　ISO22301の構成

ている。ISO22301は、BS25999をベースとしているが、それに加えて、「経営陣のリーダーシップやコミットメント」、「災害時のコミュニケーション」などの新たな観点を含んでおり、地震や火災、ITシステムの障害、新型インフルエンザの感染爆発（パンデミック）等の自然災害や事故などに備えて、企業や組織が事前に対策を講じ、また効率的かつ効果的に対処するための事業継続マネジメントシステム（BCMS）の国際標準として現在に至っている。ISO22301の構成は図2.1-1のようなものになっている[1)]。

ISO22301は、あらゆる組織を対象として、経営の意思に沿う形で事業継続能力を効率的・効果的に維持・向上させるためのマネジメント（事業継続マネジメント：BCM）を行うための枠組み（事業継続マネジメントシステム：BCMS）の提供を目的とする。BCMSは、BCMを実施するための組織体制、リーダーシップの在り方、危機に直面した際の行動計画、事前準備の具体の内容、BCP作成のための分析や戦略の策定、演習、さらにはBCMSの改善、見直しのためのPDCAサイクル[(注1)]の仕組みを含む。特に事前準備の内容については、BCM実行のために必要な資源、組織・個人の力量、状況認識力、危機管理コミュニケーションに加えて、BCMSの文書化、すなわち事業継続計画（BCP）の策定が重要であることを示す。BCP及びBCM並びにBCMSの包含関係は例えば図2.1-2のように表せる[2)]。

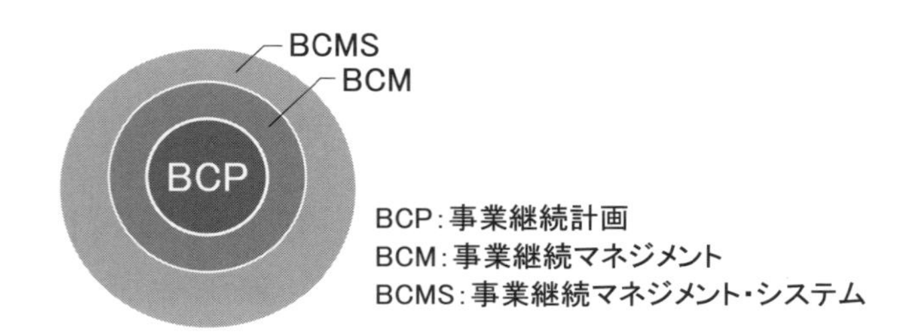

図2.1-2　BCP・BCM・BCMSの包含関係

またISOでは、BCMSの運用にあたって事業影響度評価（Business Impact Analysis：BIA）及びリスク・アセスメント（Risk Assessment：RA）を実施することを

（注1）PDCAサイクル（PDCA cycle：Plan-Do-Check-Act cycle）は、政策や事業活動の実施にあたって、実践から得られた経験をフィードバックすることによって政策等の進化を図る手法の一つ。Plan（計画）→Do（実行）→Check（評価）→Act（改善）の4段階を繰り返すことによって、政策等を継続的に改善。

求めている。

事業の実施にとって災害とは事業実施に必要な資源の全部もしくは一部が失われることを意味することから、BIAでは、事業の実施に必要な資源を抽出するとともに、その相互関係を確認し、災害が起こった時に事業活動の隘路となる可能性のある資源を明らかにすることをその使命としている。

またBIAは、万が一の大災害時に際しても、重要な顧客を失ってそれ以降の事業継続が困難とならないように、災害による一時的な事業中断に対する顧客の受忍の限度を「最大機能停止時間（MTPD：Maximum Tolerable Period of Disruption）」として評価し、その期間内に機能を回復するために必要な資源の復旧水準及び復旧にかけることが許される時間（RLO：Recovery Level Objective）及び（RTO：Recovery Time Objective）を求める。RLO及びRTOは顧客の意向に沿った事業の復旧目標であると言える。

このようにBIAは、財、サービス等を提供する事業活動とそれらが依存する資源に注目して、万一、それらの資源が被災して事業活動が中断した場合の影響を、リスクの大小にとらわれず評価し文書化することが特徴である[3)]。

一方RAは、事業の中断を引き起こすインシデントの発生の確からしさと資源の及ぶ被害の程度を評価するものである。ISO22301では、ISO31000に準拠してRAの内容を、①リスクの特定（Risk Identification）、②リスクの体系的な分析（Risk Analysis）、③対応を必要とするリスクの評価（Risk Evaluation）から成る一連のプロセスとしてとらえている[3)]。

具体的には、BIAによって抽出・分類され、依存関係が整理された上で隘路の明確化が行われた必要資源についてRAは、これらの事業の遂行に必要な資源の脆弱性評価を行うものである。RAが明らかにする資源の脆弱性は、BIAから得られる事業中断に関する顧客の受忍限度に照らしてBCPが目標とする事業遂行機能の回復戦略を発見するうえで重要な情報を与える。

2.1.2 我が国におけるBCP作成の指針

自然災害に対する我が国のBCP作成の指針としては、内閣府中央防災会議が「民間と市場の力を活かした防災戦略の基本的提言」（2004年10月）にBCP策定の重要性を盛り込んだことを受けて2005年に内閣府が公表した「事業継続ガイドライン」が挙げられる。

図2.1-3に最新の内閣府事業継続ガイドライン（第三版）の構成を示す。

目次
改定に当たって
はじめに
序文 本ガイドラインの概要
I 事業継続の取組の必要性と概要
1.1 事業継続マネジメント（BCM）の概要
1.2 企業における従来の防災活動とBCMの関係
1.3 事業継続マネジメント（BCM）の必要性
1.4 経営者に求められる事項
1.5 事業継続マネジメント（BCM）の全体プロセス
II 方針の策定
2.1 基本方針の策定
2.2 事業継続マネジメント（BCM）実施体制の構築
III 分析・検討
3.1 事業影響度分析
3.1.1 事業中断による影響度の評価
3.1.2 重要業務の決定と目標復旧時間・目標復旧レベルの検討
3.1.3 重要な要素の把握とボトルネックの抽出
3.2 リスクの分析・評価
IV 事業継続戦略・対策の検討と決定
4.1 事業継続戦略・対策の基本的考え方
4.2 事業継続戦略・対策の検討
4.2.1 重要製品・サービスの供給継続・早期復旧
4.2.2 企業・組織の中枢機能の確保
4.2.3 情報及び情報システムの維持
4.2.4 資金確保
4.2.5 法規制等への対応
4.2.6 行政・社会インフラ事業者の取組との整合性の確保
4.3 地域との共生と貢献
V 計画の策定
5.1 計画の立案・策定
5.1.1 事業継続計画（BCP）
5.1.2 事前 対策の実施計画
5.1.3 教育・訓練の実施計画
5.1.4 見直し・改善の実施計画
5.2 計画等の文書化
VI 事前対策及び教育・訓練の実施
6.1 事前 対策の実施
6.2 教育・訓練の実施
6.2.1 教育・訓練の必要性
6.2.2 教育・訓練の実施方法
VII 見直し・改善
7.1 点検・評価
7.1.1 事業継続計画（BCP）が本当に機能するかの確認
7.1.2 事業継続マネジメント（BCM）の点検・評価
7.2 経営者による見直し
7.3 是正・改善 32
7.4 継続的改善 3
VIII 経営者及び経済社会への提言
付録1. 用語の解説
付録2. 参考文献
（別添）事業継続ガイドライン チェックリスト

図2.1-3　内閣府事業継続ガイドライン事業継続ガイドライン第三版の構成

事業継続ガイドライン第三版は、まえがき、序文に続く、①事業継続の取組の必要性と概要、②事業継続の方針、③分析・検討、④事業継続戦略・対策、⑤BCP及びその実施計画、⑥事前対策及び教育・訓練の実施、⑦見直し・改善、⑧経営者及び経済社会への提言、と言った内容からなる８章構成となっている。

内閣府の事業継続ガイドラインは、その後発生した新型インフルエンザの流行に鑑み2009年に地震以外の様々な発生事象にも対応可能なアプローチを盛り込んで改訂された。また2013年には東日本大震災の教訓を踏まえた改訂が行われた。これらの結果、事業継続ガイドラインのさらなる実用性の向上に向けて、①平常時からの取組としてのBCMの必要性、②幅広いリスクへの対応やサプライチェーン等の観点を踏まえることの重要性及びそれらに対応し得る柔軟な事業継続戦略の必要性、③経営者が関与することの重要性等に関する記述が追加、強化されてきた[4)、5)、6)]。

また企業における情報セキュリティに係るBCPの指針としては、2005年に経済産業省が示した「事業継続計画策定ガイドライン」がある。このガイドラインは、IT事故を念頭においたBCPの構築を検討する企業に対して、考え方を提示し理解を促すためのものであり、基本的な考え方からビジネスインパクト分析を含む具体的な計画の構築手順を説明するために、①基本的考え方、②総論、③策定にあたっての検討項目、④個別計画、の4つの章と参考資料から構成されている。ガイドラインでは、BIAの実施によって事業継続上の隘路を明らかにした上で、隘路確保のための事業の優先付けと対策を経営判断として事業継続計画に定めることを推奨している[7]。

中小企業庁は、2006年からホームページ上に「中小企業BCP策定運用指針」を公開してきた。中小企業庁は、企業の業種・規模に関わらず、それぞれの事業実態に合ったBCPを、経営者自らが率先し、従業員等と一丸となって検討・策定し、実践することをつうじて、企業の危機管理能力を高めることができるとしている。指針では、初心者をも念頭に「入門・基本・中級・上級コース」別にBCP作成と運用の解説を行う他、各コースに沿ってBCPを作成する際に用いることができる様式（記入シート）を提供している。またBCPの作成は、大規模災害等の緊急時においても製品・サービス等の供給責任を果たすことで、顧客の維持・獲得、企業信用の向上が図れるほか、平常時においては、顧客管理、在庫管理、従業員管理等の経営の効率化、企業価値の向上に資すると位置づけている[8]。

上記を踏まえて、東日本大震災をきっかけとして日本物流団体連合会や日本港運協会といった物流関連業界においても、BCP作成のためのガイドラインや作成支援ツールの提供を通じて業界を挙げたBCP普及への取り組みが始まっている[9]、[10]。

コラム1◆ISOが求めるBCP像とは？

ISO22301は、事業継続を組織に導入、定着させ、継続的に改善することを目指して、事業継続にPDCAモデルを合体させた事業継続のためのマネジメントシステム（BCMS）の規格です。ISO22301では、BIAやRA等の精緻な分析に時間をかけて完成度の高いBCPを作成するよりも、組織が実施できる事業継続の取り組みが有効に機能する体制の構築や定着を優先し、PDCAサイクルで継続的に改善していくことを通じて事業継続の能力レベルを向上させていくことが重要とされています。このようなことから、ISO22301では、組織の有り様や関連する利害関係者のニーズ、リーダーシップのあり方等を規定した上で、事業継続の目的を明確化し、そのためのシステムの運用の中身としてBIAやRAの実施をうたっています。また、マネジメントシステムとしてのパフォーマンス評価はPDCAサイクルのための重要な手立てとして強調されています。これらの情報が、「組織のマネジメントシステムの一部として文書化」されるものがBCPであると言えましょう。

第2節　港湾における現下のBCP作成手順

2.2.1 背景

前節で述べたように、国際標準や政府が示す様々な指針の下で民間企業が自然災害やパンデミック、さらにはテロやIT障害と言った様々なビジネスリスクに備えるためのBCPの策定に取り組む中で、港湾の分野においても、2008年に変更された「港湾の開発、利用及び保全並びに開発保全航路の開発に関する基本方針」において、「大規模災害時に、緊急物資の輸送や危機管理対応等の優先業務を継続させ、低下した物流機能をできる限り早期に回復できるように、限られた人員や資機材の効率的な運用、災害発生時の対応等を規定する事業継続計画（以下「BCP」という。）の策定について、国の関係機関、港湾管理者、物流を担う事業者、荷主となる企業等の関係者が協働して取り組む。さらに、その他非常事態あるいは非常事態が予測される場合に適切な対処措置が講じられるように、関係機関と連携しつつ、常時からの情報共有、災害時における港湾施設の被災情報を迅速に共有するシステムの構築及び定期的な訓練の実施を進める。」と言う港湾BCP関連の記述が盛り込まれた[11)]。

また、東日本大震災以降、社会インフラの分野においてもその機能継続性を高めるための取り組みが強く要請されるところとなり、例えば東日本大震災時に地盤沈降と津波によって壊滅的な被害が発生した下水道施設では、従来は想定していなかった「津波によって汚水処理施設が大被害を受ける」事態を想定して、津波発生時に下水道機能をいかに回復し地域の衛生環境を保持するかと言う視点からのBCPの見直しを行っている[12)]。

東日本大震災を教訓として制定された国土強靭化基本法の下では、2014年6月に国土強靭化推進本部が国土強靭化アクションプラン2014を決定すると、その主要な重要業績指標（KPI）の目標値として「『国際戦略港湾・国際拠点港湾・重要港湾における港湾の事業継続計画（港湾BCP）が策定されている港湾の割合』を2012年度末時点の3%から2016年度末時点で100%に引き上げる」ことが盛り込まれ、これを契機として、全国の重要港湾以上の港格を有する港においてBCPの策定がなお一層本格化した。

上記のKPI目標の達成に向けて国土交通省は、国及び港湾管理者、関係者等の協働による港湾BCP策定を促進するため、港湾BCP策定の内容や留意事項等について体系的に整理して、「港湾における事業継続計画策定ガイドライン（港湾BCPガイドライン）」として2015年3月に公表しており、現下の港湾BCPの策定指針となっている[13)]。

本節では、上記の港湾BCPガイドラインの全体構成と分析・検討の内容を紹介するとともに、ガイドラインの意図するところについてISO22301を踏まえた解説を試みる。

2.2.2 港湾BCPガイドラインの全体構成

港湾BCPガイドラインでは、港湾機能の継続性確保に向け図2.2-1のようなBCPの体系を示している。

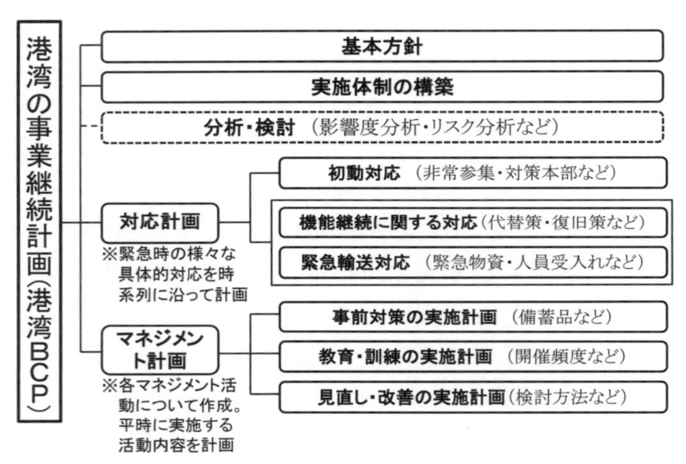

図2.2-1　港湾BCPの構成

港湾BCPガイドラインが示すBCP策定の主なポイントは以下の通りである。

①自然災害（地震・津波、台風・高潮）を対象とした港湾BCPを優先的に策定。

②港湾において活動を行う様々な関係者の合意が得られない限り港湾BCPの実効性が担保されないことに鑑み、様々な港湾関係者と関わりをもつ港湾管理者を中心とした港湾活動に係る関係者からなる協議会等（以下「港湾BCP協議会」という）を港湾BCPの策定主体及び同BCPに基づくマネジメント活動の実施主体として想定。

③港湾BCPには、災害に備えて平時に行うマネジメント活動（マネジメント計画）と、危機的事象の発生後に行う具体的な対応（対応計画）を示す。

④当初から完成度の高い港湾BCPを目指し検討に時間を要した結果、危機的事象に間に合わないといった事態を避けるため、出来る事から取り組みを開始し、その後の継続的改善により徐々に港湾BCPの質の向上を目指す。

上記のような考え方に立って港湾BCP策定ガイドラインでは、港湾BCPを文書化する際の構成項目を、i）分析・検討、ii）基本方針の策定、iii）対応計画の検討、iv）港湾BCPのとりまとめ、v）事前対策（マネジメント）及び教育・訓練の計画と実施、vi）見直し・改善の6つに大別し、それぞれの検討、記述の在り方を示しているが、中でも、

①資器材の備蓄等の事前対策や教育・訓練の実施計画、見直し・改善計画から構成される「マネジメント計画」、及び

②初動体制の整備や港湾機能継続のための代替策、復旧促進策、緊急支援物資受け入れのためのアクションプログラムなどの「対応計画」、

に重きを置いている。（図2.2-2参照）

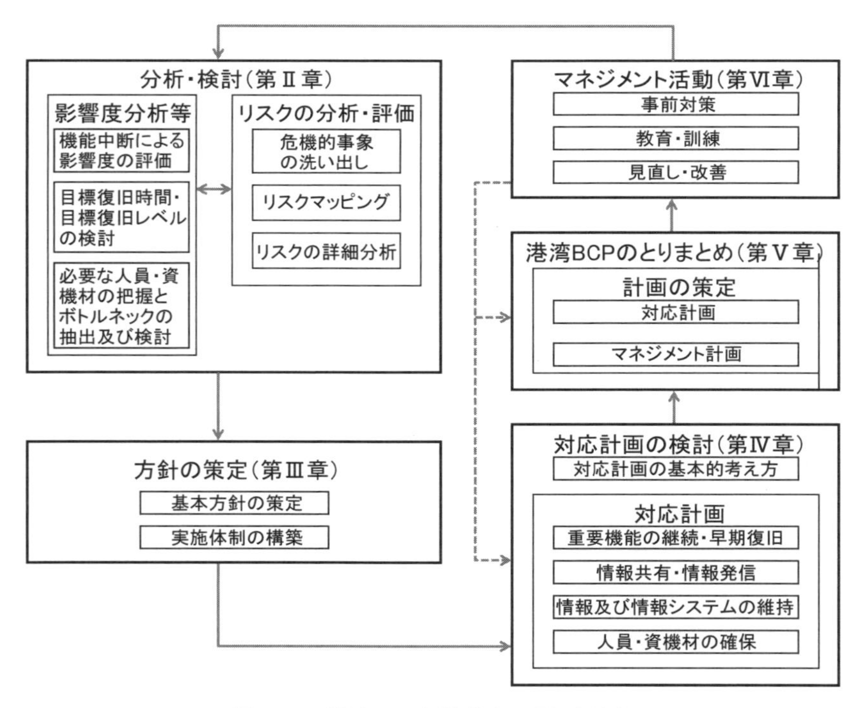

図2.2-2　港湾BCPを構成する項目と流れ

なお、ISO23001や我が国の民間企業BCP（注2）が実施を求めるBIA及びRAについ

（注2）民間企業向けの最新の事業継続ガイドラインとしては、2013年8月に内閣府が刊行した「事業継続ガイドライン－あらゆる危機的事象を乗り越えるための戦略と対応－（2013年8月改定）」がある。

て港湾BCPガイドラインでは、「影響度分析等」及び「リスク分析・評価」として記述されている。以下、港湾BCPガイドラインが示す分析・検討の内容について解説する。

2.2.3 影響度分析等

港湾BCPガイドラインでは、影響度分析について「港湾BCPを検討するにあたっては、当該港湾が有する機能を十分踏まえた上で、機能が中断した場合の影響を分析し、当該港湾における①重要機能を設定する。また、重要機能について、その②機能の中断が許容される時間や機能の中断がもたらす影響を勘案して、目標復旧時間、目標復旧レベルを設定するとともに、③重要機能を継続させるために不可欠な人員、資機材等を把握する」としている。具体的には、

①港湾の利用状況、貨物流動などの港湾特性を十分踏まえつつ、港湾機能（物流・人流サービス等）が停止した場合の影響の大きさ（影響度）の評価に基づき重要機能を設定し、港湾BCP協議会の関係者間において共通認識を形成しておく、

②抽出された重要機能の維持に向けた対応計画を策定する上で、当該機能をいつまでに、どの水準まで、復旧させるかと言う目標を設定する必要がある。そのため、各々の重要機能について、荷主等利用者のニーズを踏まえ、停止（または相当程度の機能低下）が許される限界と考えられる時間と必要機能を時系列上で推定し、時間的許容限界より早い目標復旧時間（RTO）と機能上の許容限界を上回るような目標復旧レベル（RLO）を設定する、

③上記RTO及びRLOを達成するための事前の対策を検討する上で必要不可欠な人的・物的資源を可能な限り把握・整理し、これらの中でその確保の可否が、当該重要機能の継続性を大きく左右するものを「ボトルネック」として事前に把握しておくことが港湾BCPの実効性を高める上で有意義とされている。

重要機能は当該機能が中断した場合の影響度を踏まえて設定することとなるが、影響度の評価は、評価者の主観に左右されるため、機能中断による影響に関して各々の関係者が有する情報の共有や影響度の評価・判断基準の関係者間における共通認識化が必要となる。また、重要機能の設定に向けた影響度評価の過程と結果は、様々な港湾関係者で構成される港湾BCP協議会において共通認識とされる必要がある。このような観点から、港湾BCPガイドラインでは、重要機能を設定するための表2.2-1のような分析表を事例として示している。

表2.2-1では、1事例として港湾管理者の立場から、岸壁が失われた場合の影響度を当該岸壁ごとにA、B、Cの3段階で評価している。具体の手順は第三章で解説することとするが、ここで重要なことは、あらかじめ設定した判断の視点や基準に基づき評価者が基準点を配分（合計で100点）し、協議会等における議論のために提示する点にある。このような方法論は、単純で、だれが見ても判り易いが、一方で分析としては大まかであいまいである。そのためガイドラインにおいては、「本例示のような分析手法を活用するにあたっては、配点や影響度の評価が、あくまでも分析者の主観によるものとなっていることに留意が必要である」としているが、その趣旨は、このような分析結果は協議会の様な場における議論を経て初めて意味を成すものであることに注意されたい。

表2.2-1　物流・人流サービス中断による影響度評価の作業イメージ（例）

機能中断による影響度の評価（例）

判断基準			岸壁A コンテナ		岸壁B 穀物バルク		岸壁C 鉱石バルク		岸壁D エネルギー		岸壁E 旅客	
視点	基準	基準点										
将来的な影響（脅威）	・取扱貨物／旅客の中断により影響が生じる対象者（とその重要度）を勘案してランク付け	30	A	30	A	30	B	24	A	30	C	15
収益性低下の影響（脅威）	・取扱貨物／旅客の中断により影響が生じる岸壁の収益を勘案してランク付け	10	B	8	B	8	B	8	B	8	B	8
コスト増の影響（脅威）	・取扱貨物／旅客の中断により代替輸送を行う場合のコスト増を勘案してランク付け	10	B	8	B	8	A	10	A	10	C	5
損失／賠償の影響（脅威）	・取扱貨物／旅客の中断により港湾利用者が負う損失／賠償を勘案してランク付け	20	A	20	B	16	B	16	B	16	C	10
事業停止／流出の影響（脅威）	・取扱貨物／旅客の中断により港湾利用者の事業停止／流出を勘案してランク付け	20	A	20	A	20	A	20	B	16	C	10
信頼性低下の影響（脅威）	・取扱貨物／旅客の中断により背後地域の社会的信頼性の喪失を勘案してランク付け	10	A	10	A	10	B	8	A	10	C	5
総得点		100	96		92		86		90		53	
重要機能の特定／非特定（丸数字は優先順位）			特定①		特定②		非特定		非特定		非特定	

※1　影響（脅威）度：A（高い100%）、B（普通80%）、C（低い50%）
※2　地域防災計画に位置付けられている岸壁については、全項目をA評価とする。

（出典：港湾の事業継続計画策定ガイドラインpp.11）

なおガイドラインにおいては、影響度分析的は当該港湾における各機能に優先順位を付けるためのものであることから、優先順位・復旧目標などが明らかな港湾では、表2.2-1のような分析は不要としている。また復旧の優先順位はこの影響度評価の結果に必ずしもよらない場合もあるため、影響度の評価結果の公表にあたっては定性的な表現に止めるなどの注意が必要としている。影響度の評価が港湾利用の現状と実態に立脚したものであることから、平時の議論においてはこのような評価結果に対するコンセンサス形成には一定の限界がある。分析の客観性の向上と情報の共有の深化にささえられた注意深い議論の積み重ねが求められる所以である。

2.2.4 目標復旧時間・目標復旧レベルの検討

目標復旧時間・目標復旧レベルの検討は、2.1.1で述べたRTO及びRLOを求める過程である。ガイドラインでは、「それぞれの重要機能について、荷主等利用者のニーズを踏まえ、停止（または相当程度の機能低下）が許されると考える時間と必要とされる機能を推定した上で、時間の許容限界より早く目標復旧時間を設定し、機能の許容限界を上回るように目標復旧レベルを設定する」とし、表2.2-2及び表2.2-3を示している。

ガイドラインでは、「それぞれの重要機能について、荷主等利用者のニーズを踏まえ、停止（または相当程度の機能低下）が許されると考える時間と必要とされる機能を推定した上で、時間の許容限界より早く目標復旧時間を設定し、機能の許容限界を上回るように目標復旧レベルを設定する」としている。表2.2-2では、事業中断を大・中・小の区分で評価したうえで、「大きな」影響が生じるに至る期間からRTOを、また「大きな」影響を生じさせないための機能復旧レベルをRLOとして求めている。ここでは、「港湾利用者の事業停止・流出への対応」という視点に重大な支障が出るまでの期間が85日、重大な支障をきたさないための機能復旧水準を75％と見積もっている。なおRLOについてここでは百分率（％）例示がなされているが、港湾においては、企業BCPが扱う生産ラインの復旧水準とは異なり、百分率が必ずしも的確な復旧目標をあたえるとは限らない。ガイドラインではこのような百分率表示されたRLOについて「港湾BCP協議会で検討するための一応の目安として示すべきもの」としている。

表2.2-2　目標復旧時間と目標復旧レベルの設定例（視点別）

岸壁A（コンテナ物流））の設定例

視点	主な利害関係者	重要機能中断における影響							目標復旧時間（RTO）	目標復旧レベル（RLO）	備考
		～3日	～1週間	～2週間	～1ヶ月	～3ヶ月	～6ヶ月	～1年			
港湾利用者の事業停止・流出への対応	主要荷主（及び船社）	小	小	小	中	大	大	大	85日	75%	目標が達成できない部分については、代替輸送等による対応。
地域社会の信頼性喪失への対応	背後圏立地企業	小	小	小	小	中	大	大	171日	100%	復旧が長期にわたる場合は、企業活動の支援や代替策を実施。

※影響（脅威）：小（影響なし／限定的）、中（一時的・限定的で回復可能）、大（著しい影響あり／回復不可能）

（出典：港湾の事業継続計画策定ガイドラインpp.13）

表2.2-3では重要機能を構成する業務（必要業務）別に必要な資源を整理し、またRLOについては各資源に期待される具体のサービス水準を記している。表2.2-3からは、各々の必要業務についてRTOの範囲内で復旧しなければならない資源の項目とサービス水準が明らかになる。

表2.2-3　目標復旧時間と目標復旧レベルの設定例（業務別）

岸壁A（コンテナ物流）の設定例

必要な業務	港湾運営資源	担当機関等	港湾利用者の事業停止・流出への対応			地域社会の信頼性喪失への対応		
			目標復旧時間（RTO）	目標復旧レベル（RLO）	サービス水準	目標復旧時間（RTO）	目標復旧レベル（RLO）	サービス水準
コンテナ船の入港（出港）	航路・泊地（啓開）	港湾管理者	85日	75%	航路水深12m、パイロット・タグボート利用可能	171日	100%	航路水深12m、パイロット・タグボート利用可能
	ポートラジオ	船舶情報事業者						
	タグボート	水先案内人						
	入港許可（入港届）・出港許可（出港届）	港長・港湾管理者・税関						
	出入国報告書	入管						
	検疫済証等	検疫						
コンテナ船の接岸・離岸	岸壁（復旧）	港湾管理者	85日	75%	岸壁水深12m、綱取り利用可能	171日	100%	岸壁水深12m、綱取り利用可能
	接岸許可	港湾管理者						
	綱取り	ターミナルオペレーター						
コンテナ荷役	エプロン・埠頭用地（復旧）	港湾管理者・ターミナルオペレーター	85日	75%	クレーン車等による荷役機械、大半の埠頭用地が利用可能	171日	100%	全ての荷役機械、大半の埠頭用地が利用可能
	臨港道路（復旧）	港湾管理者						
	荷役機械（ガントリークレーン・トラクター・ヤードシャーシ・トランステナーなど）	ターミナルオペレーター						
	税関検査場	税関・ターミナルオペレーター						
	検疫スペース	検疫・ターミナルオペレーター						
	チェックインゲート・チェックアウトゲート	ターミナルオペレーター						
	コンテナトラック	港運会社						

（出典：港湾の事業継続計画策定ガイドラインpp.13）

2.2.5 必要資源の把握とボトルネックの抽出

ここでは、まず、重要機能を継続させる上で不可欠な資源（人員・資機材）(注3)をもれなくリストアップすることから分析が始まる。次いで、災害の発生による資源の喪失

（注3）ガイドラインでは、港湾の重要機能を運営していく上で必要となる人員・資機材の例として、キーパーソン、事務所等の業務拠点、荷役機械、輸送手段、上屋、検疫、税関、梱包、ライフライン、コンピューターシステムなどを掲げている。これらはISO22301で定義されている資源（リソース）に相当する。本書で述べる港湾運営のリソースの構成は、第三章第3節3.4.3で記述しているので参照されたい。

表2.2-4　ボトルネック抽出事例

コンテナターミナル業務再開におけるボトルネック要因の抽出例

必要とする要素		予測復旧時間（～1ヶ月／～2ヶ月／～3ヶ月／～6ヶ月／～12ヶ月）	備考（想定される状況）
必要資源（港湾施設）	水域施設	目標復旧時間：約3ヶ月（85日）	漂流物等により航路・泊地が閉塞
	岸壁	目標復旧時間を超過⇒ボトルネック	岸壁本体が損傷
	ヤード		陥没及び散乱物多数
	荷役機械	目標復旧時間を超過⇒ボトルネック	クレーン脱輪、レール損傷
	上屋等		散乱物多数
	受変電設備		軽微な被害
	臨港道路		一部、陥没等
	管理棟		散乱物多数
必要資源（人的資源）	クレーンオペレーター等荷役要員		通勤困難
	管理業務要員		同上
	保安要員		同上
必要資源（その他）	電力等		一部で停電、断水等
	通信		回線が繋がりにくい状況

必要とする要素		予測復旧レベル（～10％／～20％／～30％／～50％／～75％／～100％）　目標復旧レベル：75％	備考（想定される状況）
必要資源（港湾施設）	水域施設		漂流物等により航路・泊地が閉塞
	岸壁	目標復旧レベル未達⇒ボトルネック	岸壁本体が損傷
	ヤード		陥没及び散乱物多数
	荷役機械	目標復旧レベル未達⇒ボトルネック	クレーン脱輪、レール損傷
	上屋等		散乱物多数
	受変電設備		軽微な被害
	臨港道路		一部、陥没等
	管理棟		散乱物多数
必要資源（人的資源）	クレーンオペレーター等荷役要員		通勤困難
	管理業務要員		同上
	保安要員		同上
必要資源（その他）	電力等		一部で停電、断水等
	通信		回線が繋がりにくい状況

（出典：港湾の事業継続計画策定ガイドラインpp.15）

の程度や資源の入手に発生する時間遅れ並びに資源の利用が再度可能となるまでの復旧時間（以下「予想復旧時間」という）及び現状で可能な資源利用の復旧レベル（以下「予想復旧レベル」という）を推定することとされている。

一般に、予想復旧時間や予想復旧レベルは、前節で述べたRTOやRLOを満たしていないことが多い。そこでガイドラインでは、時間・レベルのギャップが大きく、重要機能の継続または早期復旧を左右する資源をボトルネックとして抽出することを求めている。

表2.2-4はガイドラインに記載された、目標復旧時間と予想復旧時間の比較からボトルネックを抽出した事例と、目標復旧レベルと予想復旧レベルの比較からボトルネックを抽出した事例である。

ガイドラインでは、BCP作成時の分析として、こうしたボトルネックの解消に向け、時間・レベルのギャップを埋めることを目指してリスク対応計画やマネジメント計画を検討することとしている。

2.2.6 リスクの分析・評価

港湾BCPガイドラインでは、「『地震・津波、台風・高潮』等の自然災害を第一に取り組むべきリスクとしているが、各港湾の特性に応じて、必要であればその他のリスクについても本項に記載するリスクの分析・評価手法に基づき検討するものとする」としており、当該港湾の地域を含む広域災害の発生リスクや火災などの人為的リスク、新型インフルエンザ等の段階的に発生するリスクなど、当該港湾の機能の中断・低下を引き起こす可能性があるインシデントを洗い出すことを求めている。

また、インシデントについて、発生の頻度（可能性）及びその影響について定性的に評価し、優先的に対応すべきインシデントの種類を特定し、順位付けすることを薦めている。ガイドラインではそのための手法の例としてリスクマッピングを紹介している。

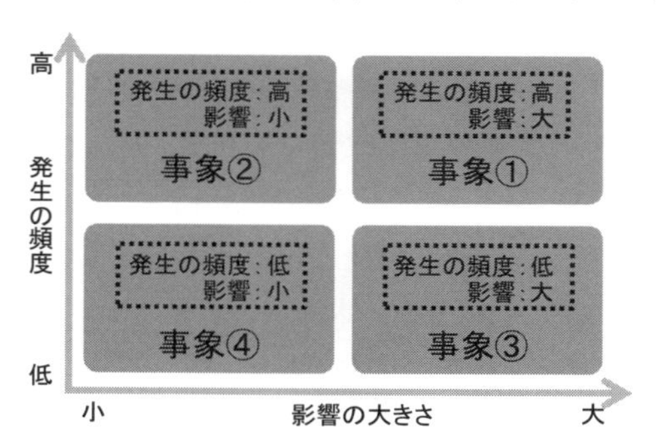

図2.2-3　リスクマッピングの例

（出典：港湾の事業継続計画策定ガイドライン pp.16）

上記のリスクマッピングで優先的に対応すべきインシデントを特定した後、さらに、そのインシデントの発生によって重要機能に生じるリスクをより詳細に検証する必要がある場合は、ガイドラインでは、インシデントによるリスクを細分化し、そのリスクごとにリスクマッピングを行うことを推奨している。

上記のように、港湾BCPガイドラインでは、リスクマッピング等の手法によって対象とすべきインシデントを絞込み、さらに重視すべきリスクを抽出した上で、重要な資源について予想復旧時間及び予想復旧レベルを推定するという手順を念頭に置いている。

第3節　港湾BCPの果たす役割

本書においては、ここまでの議論を通じて、現下の港湾において事業継続のための仕組みづくりが求められること、またそのために国としても港湾における事業継続計画（BCP）作成の目標を掲げ、ガイドラインが提示されたこと、さらにはこれらを背景として全国の重要な港湾においてBCPの作成が進められていることを示した。しかしながら、本来は明確な指揮命令系統を持つ単一企業体を念頭に置いて考えられたBCPの手法を、官庁、公的企業体から純粋な民間事業者まで多種多様な組織の活動の場である港湾に適用することについて戸惑いを持つ向きも多いと考える。そこでの疑問は、時として利益相反を起こすこともあり得る多種多様な組織が関与する港湾のBCPとはどのようなものなのかということであろう。

日本の港湾は、船社に対する荷役、保管等の物流サービスを供給する拠点として発展してきたことから、特に港湾運送事業者やその他の港湾サービスプロバイダーには船社単位、埠頭単位での経営の視点が強く残っている。このため、BCPを作成するための事前の検討段階で、港湾BCPガイドラインが求める重要業務の絞り込みや、災害復旧時の効率性の観点から復旧対象の優先順位付けを行うことに対して否定的な見方が出やすいのは当然のことと言っても過言ではなかろう。一方で、港湾活動の中枢を担うこれらの港湾関係事業者等にとって、当該港湾の衰退は共通のビジネス基盤を失うことにつながり、日常のビジネス上の競争、競合関係とは別に、共通の利害関係を有すると言える。阪神・淡路大震災や東日本大震の直後の極度の混乱に中においても、港湾のビジネスコミュニティに一定の秩序と協働が保たれたのは、共通のビジネス基盤としての港湾に対する共有意識であったのは間違いない。

国際協力機構（JICA）がインドネシア、フィリピン、ベトナムで取り組んできたエリア・BCP/BCMの概念では、地域の企業が災害時におけるエネルギー供給や輸送、電話等の基本インフラの停止リスクを最小限に抑えるために地域の行政と協力しつつリスクミチゲーションやインフラ復旧の促進を図ろうとしている[14)]。また国内においても東日本大震災の教訓に基づいて、津波等による甚大な被害や橋梁等の被災により工場・事業所等が孤立する恐れのある臨海工業地区において非常用電源や備蓄等の共有や避難スペースの確保等から始まる災害時の共助としての地区全体でのBCPの策定によって防災・減災に係る個別事業者の負担軽減を図ろうと言う地域BCPの考え方が広まりつつある[15)]。

上記の事例は、日常では競争関係にある企業間においても、個別に災害リスクに対応する限界とコストを考えると共通のビジネス基盤の災害リスクへの対応については地域単位、コミュニティ単位での協働化がより合理的であると判断されるようになってきていることを示唆する。

このようなことから港湾においても、防災・減災面での異なる事業者間の協働の一形態としての港湾BCP／BCMが当該港湾の持続的な発展上、大きな意味を持つようになると考えられる。

図2.3-1は、港湾を様々な組織、企業にとって共通の活動としてとらえ、地域BCP的な協働を行うこととした場合の枠組みについて模式的な表現を試みたものである。

港湾活動に係わる関係者にとって、港湾に対する脅威と経営上のリスクを発見し共有化すること、さらにそのようなリスクを回避することは容易に共通の利益となりうるであろう。これらのことを通じて当該港湾の機能継続ターゲットの共有化を図ることが出来れば、重要機能やMTPDに関する意思統一が完全になされてはいなくとも、港湾におけるBCMの基礎はおおむね構築できたと言えよう。港湾関係者が機能継続ターゲットを共有することによって、各関係者がそれぞれにBCPを準備するよう強く動機づけられるからである。港湾の機能継続のために何を成すべきかが理解され、そのミッション

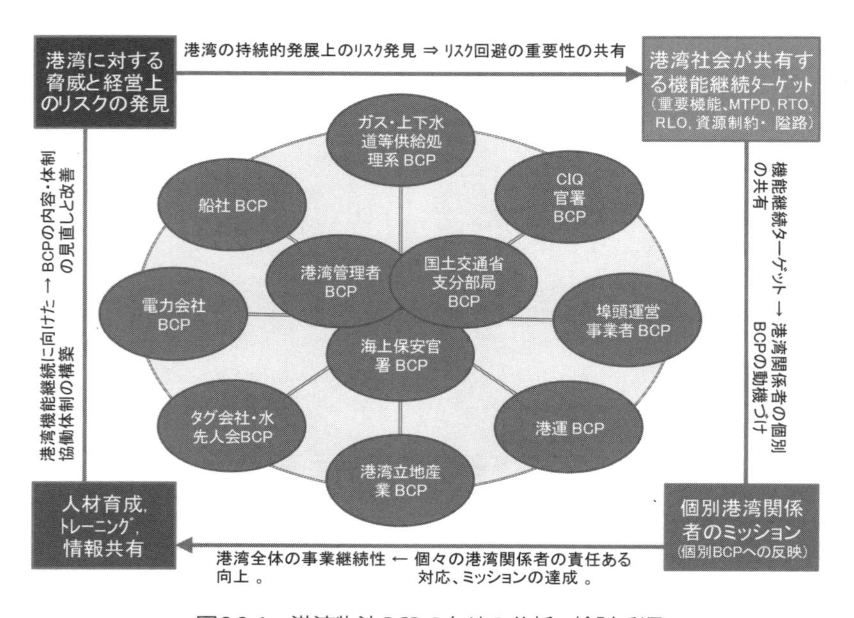

図2.3-1　港湾物流BCPのための分析・検討手順

を果たすためにも関係者が各自のBCPを用意するようになれば、港湾BCPの下で一致したリスク対応行動がとられることが期待されよう。またそのために、協力して訓練や演習を行うことを通じて、組織や個人の災害対応能力の向上が図られるとともに、現下の港湾BCPの弱点等が抽出されれば港湾BCP及び個々の組織のBCPの見直しと改善につながっていく。個々の民間事業者のBCPは、それ自体は公表され情報共有されることはないが、港湾BCPの対応計画の中に暗黙的に反映され、港湾BCPの実効性を裏付けるものとなる。例えば本書第四章で述べるリソースの脆弱性評価は、港湾機能の継続の可否を決定づける重要な情報を与える分析手続きでもあるが、当該リソースを提供する組織、団体等のBCPがなければ的確な把握は困難となる。港湾BCPは、このように個々の関係者のBCPに指針を与えると同時に、個々のBCPによって実効性を担保されると言える。

なお、港湾管理者や国の機関等の公的主体が港湾BCPを通じて、ソフト、ハードの両面にわたる港湾インフラの継続性を情報開示していくことは、民間事業者が港湾BCPを作成する際に大きな支えとなる。例えば、岸壁やクレーン等の活動基盤の脆弱性や復旧の目途等の情報がより多く開示されれば、港湾運送事業者にとってBCPを検討する拠り所がより多くなると言えよう。CIQの機能復旧の目途が立たなければ、貿易関係事業者のビジネス再開の準備はおぼつかない。公的部門の率先した取り組みと情報開示が重要な所以である。

コラム2◆港湾物流にBCPはなじむのか？

「民間企業向けに開発されたBCMの手法は、港湾物流のような公的なインフラ運営にそもそも適用可能なのか？」という疑問をもたれる方も多いと思われます。しかしながら、近年の地球温暖化に伴う気象災害の激甚化や地震・火山噴火の頻発、テロやパンデミック等の人為的災害の増大など、一企業ではもはや対処が困難なインシデントが増え、経済、社会への影響も大きくなってきたことから、政府関係機関の機能やインフラサービス提供機能の継続性確保の要請が高まっており、港湾機能に関するBCPの作成もそういった社会要請の一環としてとらえる必要があります。
ただ一方で、港湾では、国や地方自治体等の公的な団体から港湾運送業者等の港湾をビジネスの場とする民間企業まで、様々な主体の活動が交錯していることから、指揮命令（マネジメント）系統が一元的な民間企業のBCMとは様々な点で相違があることはむしろ当然です。
港湾という共通の活動の場において、その活動の全体の機能継続性を考えるとの立場から、港湾BCPの作成においては、これまで蓄積されてきたBCP作成の手続き論や手法論を再度見直して、適用していく必要があります。

コラム3◆従来の港湾BCPに欠けていたものは？

「BCPの作成について、東日本大震災で我々は何を学んだか？」というのがこのコラムのお題です。以下は、東日本大震災時に国土交通省東北地方整備局副局長であった宮本卓次郎さんのお話。

「2011年の東日本大震災を経て港湾BCPの必要性が広く謳われるようになり、国土強靭化アクションプラン2014で「国際戦略港湾、国際拠点港湾、重要港湾での港湾BCP策定100パーセントが国土交通省の重要業績指標に位置付けられた。ここに「港湾BCP」は、行政上の位置付けを得たが、その時点でも「港湾BCP」の明確かつ具体的な定義は未確定であったのではないかと私は思っている。港湾法で策定を義務付けられた港湾計画は、目次構成や用語、図の記号まで細かく定められ、その記述の効果も明確である。これと比較すれば、港湾BCPの定義は無いに等しかったと言った方が分かりやすい。

それでもなお、例えば東日本震災前の東北地方でも拠点的な港湾である仙台港において港湾BCPの取り組みは進められていた。それは、官民の関係者を集めた協議会を設置し、震災以前の被害想定を関係者で共有するとともに、それぞれの関係者毎のBCP策定を促し、その総和を港湾BCPとしようとするものであった。この検討では宮城県沖地震を対象とし、耐震バースは温存され、大津波の来襲も無いという被害想定であった。

しかし、そのような港湾BCPの取り組みの途上に想定を遥かに上回る東日本大震災が発生した。しかも、温存されるであろうと考えていたコンテナ岸壁に甚大な被害が生じた結果、耐震バースを整備した地方整備局は利用者の猛烈な批判に晒された。今思えば、「形あるものは必ず壊れる。よって、施設が使えなくなった場合に、どのように対応するか考えてもらいたい」と言っていれば良かったのだろう。

震災以前のことになるが、防災に関する会議の資料に「港湾BCPで国際コンテナターミナルの機能は災害発生から1〜2週間以内に回復」といった類の記述があった。これに対して「1〜2週間で機能回復できる地震なら、大規模災害とは呼ばない」と発言したことを思い出す。東日本大震災では、岸壁本体が被災しなかった八戸港のコンテナターミナル再開に約2ヶ月を要し、岸壁本体も被災した仙台港のコンテナターミナルの再開には約6ヶ月を要している。

この経験を踏まえ、施設提供者は施設の復旧に要する期間を短縮する方策を立案するべきだし、施設利用者は長期の施設の閉鎖に対処する方策を立案すべきであろう。それらが、本来の港湾BCPに生かされるべき事柄である。事前の防災投資には限界があるが、事後対応を検討する場合まで、その限界を引きずってはならないということが教訓と言える。事前の投資において災害は可能性でしかないが、事後において災害は大小を問わず現実のものだからである」

第4節　港湾BCP作成のための分析の手順と考え方

本章第2節では、事業継続計画策定ガイドラインが示すBCP作成手法の概略について解説した。しかしながら、ISO22301が求めるBCP作成のための分析をBCPの作成・運用担当者が効率的、効果的に実行していくためには、BIAやRAの実務上の手順や具体の手法に関するさらに詳細な情報が必要となる。

そこで本節では、本書が焦点をあてようとしている港湾BCP作成のためのシステマティックな分析の手順と手法の全体像について示すとともに、これらの分析の手順の基本的な考え方について解説する。

2.4.1 分析の手順

小野らの研究に基づいて、ISO22301が求めるBCP作成のための分析の考え方を港湾に適用すると図2.4-1に示すような分析の手順が提案される[16)]。

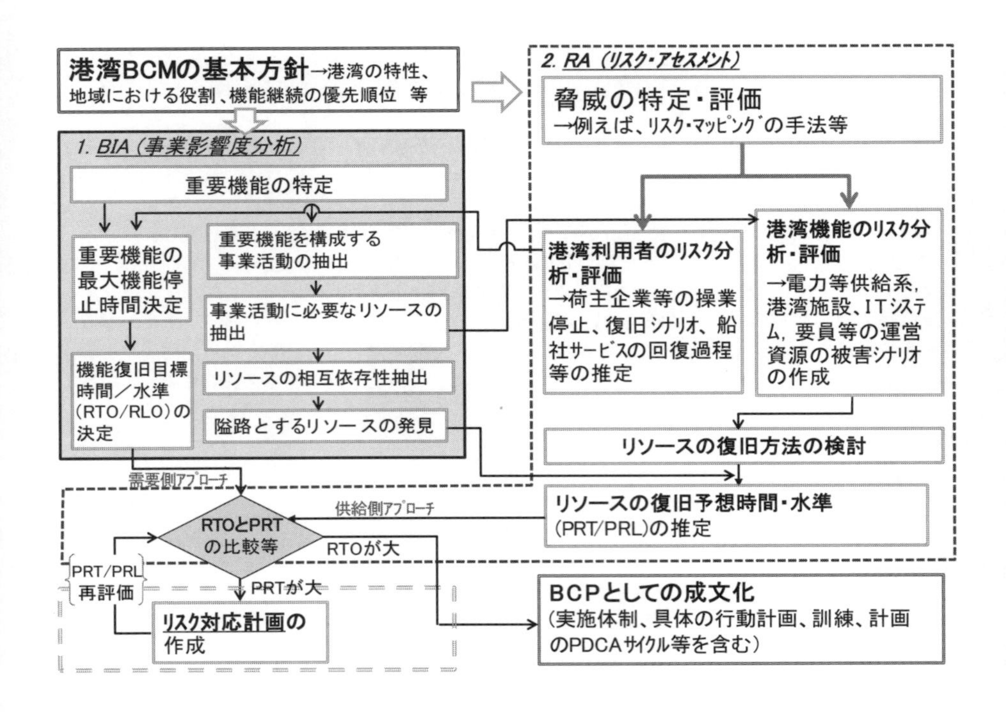

図2.4-1 港湾物流BCPのための分析・検討手順

図2.4-1に示されたBCP作成のための分析フローは、港湾の機能継続の在り方を定めるところから始まる。そもそも、社会基盤施設である港湾の物流機能は、港湾を有する地域の社会、経済の要請無くして語ることはできない。我が国の重要港湾以上の港格を有する港であれば、地域のみならず国家経済等の国の利害に密接に関係を有することから、港湾の機能継続の方向性は、港湾計画における位置づけ等のこれらの国家的、地域的要請を踏まえて決める必要がある。

また、重要な分析手続きとして、事業影響度分析（BIA）とリスク・アセスメント（RA）を行う。それぞれの分析内容は以下に後述するとおりであるが、BIA及びRAの成果から抽出される重要機能継続上の問題点に対応するための案（リスク対応計画）が作成される。リスク対応計画は、顧客満足が得られると判断されるまで繰り返し検討を重ねられ成案となった段階で、その実現に向けた資金調達面や技術面、組織面等の課題とその克服の方向性を記したリスク対応戦略として上記のBIA及びRAの内容、その他の情報とともに文書化されBCPとなる。

以下、本節では、港湾BCMの基本方針、BIA及びRAの概要について述べることとする。なお、上記のBIA、RA、リスク対応戦略の詳細については、本書の第三章、第四章、第五章で個別に解説することとする。

2.4.2 港湾BCMの基本的な方針

BIA及びRAの実施に先立って、港湾における事業継続マネジメント（BCM）の基本的な方向性を明らかにしておく必要がある。すなわち、港湾の発展の歴史や地理的特性、重要物流機能等を踏まえて、国、地域経済の物流基盤並びに生活、防災基盤としての港湾機能の継続の必要性と方向性を、港湾BCMの基本的な方針として確認しておくことが求められる。

第二章で概要を解説した港湾BCPガイドラインにおいては、港湾BCPの基本方針について、「当該港湾の機能及び当該港湾を取り巻く環境を十分理解し、当該港湾が果たすべき責任や、当該港湾にとって重要な機能を明確にしておくことが必要。具体的には、当該港湾の運営方針に照らし合わせ、港湾関係者や利用者、社会一般からの当該港湾への要求・要請を整理することから始めるとよい（第Ⅲ章 方針の策定1 基本方針の策定）」としている。また港湾BCP ガイドラインでは、港湾BCPにおける機能継続に向けた対応計画及びマネジメント計画を策定することとしており、これらのいわばBCMのアクションプログラムのあり方についても基本的な方向性を定めておく必要がある[注4]。

一般的に港湾BCPが対象とするインシデント（危機的事象）は、地域防災計画等で定められた地震・津波等の災害事象を踏襲する場合が多いと考えられるが、想定を超えるような事象が発生した場合にも柔軟に対応できるように備える必要がある。また、当該港湾の機能及び当該港湾を取り巻く環境を十分理解し、当該港湾が果たすべき役割や当該港湾にとって重要な機能を明確にしておくことが必要である。

これらを勘案するとBCPの作成方針の決定にあたっては、当該港湾の運営方針に照らしつつ、港湾関係者や利用者、社会一般からの当該港湾への要求・要請を整理することから始めるとよい。抽出された重要な機能を軸として効率的、効果的な復旧を行えるよう検討する必要がある。

なお、BCMの基本的な方針を決定するにあたっては、現在BCPを作成または準備中の港湾で設置されている「BCP協議会」のような当該港湾のBCMを共同して行おうとする場において、影響度分析やリスク分析・評価の結果も再度踏まえつつ、十分な議論を経ることが望ましい。

従って、BCMの基本的な方針の検討にあたっては、各港湾の港湾計画をまず参照することが有効な手立てとなる。港湾計画は、港湾法第三条の三の規定に従い、①港湾の取扱可能貨物量その他の能力に関する事項、②港湾の能力に応ずる港湾施設の規模及び配置に関する事項、③港湾の環境の整備及び保全に関する事項、④港湾の効率的な運営に関する事項その他の基本的な事項、を定める、いわば当該港湾の中長期的なマスタープランであることから、港湾計画を参照することによって、地域社会、経済における当該港湾の位置づけや役割、主たる港湾の機能等のBCP検討にあたって必要となる基本的な情報を得ることが容易となる。

また併せて、国が策定する広域港湾BCP等の災害対応の広域的な枠組みも踏まえ、個別港湾のBCPの策定や見直しを行っていく必要がある。本書の第七章においてケーススタディとして紹介する東北広域港湾BCPにおいては、東北地方の港湾が相互にバックアップする体制を整備し、大規模災害発生後のコンテナ等取扱いの代替機能の確保を図るとともに、航路等啓開等の災害後初期の港湾の応急復旧に際しても、個別

（注4）対応計画は事中、事後における緊急対応計画（Contingency Planning）や緊急行動計画（EAP：Emergency Action Plan）に相当するものと言える。また、マネジメント計画は、BCM実行のためのリソースの強靭性やレジリエンシーの強化、対応体制の整備等のもっぱら事前に行われる準備の計画を指す。

単独の港湾では確保が困難な復旧資機材や要員、作業船などの相互融通の取り組みを進めている。このような広域的な港湾機能継続の取り組みは、個別港湾のBCPを検討する際の与条件を与えることから、①周辺港湾との連携の下での港湾物流サービス提供機能のレジリエンシー向上、及び②大規模災害時の他港の機能継続マネジメントの支援、と言う2面からの考慮事項となる。また、東京湾及び大阪湾に国が設置した基幹的防災拠点等の広域的な防災拠点施設の運用計画との連携についても、海上ルート経由での地域住民の命と暮らしの安全、安心確保の観点から十分な考慮を払う必要があると思われる。

さらに、BCPの基本方針を検討する際には、港湾が位置する周辺自治体が定める地域防災計画を十分参照することが重要である。地域防災計画は、災害時に港湾に求められる防災上の役割を規定するものであり、その期待に応えられないと、港湾は当該地域における存在意義を喪失することとなりかねない。地域防災計画を参照することによって、災害時に港湾に求められる緊急支援輸送拠点としての機能の在り方を明確化することができる。特に、国の内閣府に設置された中央防災会議が公表する地震防災対策基本計画や具体的な応急対策活動に関する計画及び地方自治体が作成する地域防災計画の内容は港湾BCPの検討においても重要な枠組みを与える。

2.4.3 BIAとRA

図2.4-1では、港湾の特性、地域における役割、機能継続の優先順位等の港湾物流におけるBCMの基本方針を決定するとともに、港湾物流に対する脅威の特定を行った後に、港湾BCP作成のためにISO22301の求めに応じて、事業影響度分析（Business Impact Analysis：BIA）とリスクアセスメント（Risk Assessment：RA）を相互に連携させながら実施することとしている。ここでRAの対象となっているのは、ⅰ）港湾運営に必要な資源、及びⅱ）港湾における貨物取扱需要の発生源である荷主の経済活動、であることに注意されたい。港湾物流では、港湾機能の停止に対する荷主や船社等の受忍の限度は貨物の輸送需要に大きく左右されるため、被災による荷主企業等の操業停止の状況や災害後の生産活動の復旧状況の評価が重要となる。そこでRAにおいてはまず荷主企業の災害脆弱性の評価を行うこととしている。

またBIAによって抽出、分類、隘路の分析がなされた港湾運営に必要な様々な資源（リソース）について網羅的にRAを行うこととした。このことは、従来の港湾BCPがもっぱら岸壁や航路泊地、臨港道路等の港湾の基本施設に絞って被害想定と復旧時間の見積もりを行ってきたことと対比を成す。

RAの成果として最も重要な情報は、港湾BCPガイドラインでも述べられている予想復旧時間及び予想復旧水準の算出である。民間企業向けのBCP作成テキストでは、RTO及びRLOと比較すべき指標として、被害からの復旧に要するものと考えられる予想復旧時間や復旧可能と考えられる予想復旧水準の算出を重視する。（例えば昆[17)、18)]）本書においては、これらの予想復旧時間及び予想復旧水準をPRT（Predicted Recovery Time）及びPRL（Predicted Recovery Level）と呼ぶことにする。

PRTは、いわば、港湾機能をある水準（PRL）まで回復させるために要する時間であると言い換えることができる。RAによって求めたPRT及びPRLを、顧客である荷主や船社が求めるMTPDに応じたRTO及びRLOと比較することによって、顧客の要請に応えるための事業継続戦略としてどの水準のPRLに向けてどの程度PRTを短縮する必要があるかを明らかにすることができる。

2.4.4 分析結果のBCPへの反映

図2.4-1に示されたBCP作成のための分析フローのゴールは、リスク対応計画の作成である。BIAが明らかにするRTO及びRLOは、いわば「需要側」から寄せられる復旧要請である。一方で港湾機能の復旧は、当該施設の被害の大小や資機材や労働力の確保などの機能復旧環境に左右される。「供給側」の事情としては、実現可能な復旧水準には限りがあり、また相応の時間がかかるのが現実である。これらは、RAの結果からPRT、PRLとして求められる。

顧客の要請に応えるためには、機能水準上はRLOを上回るPRLを確保しつつ、復旧時間の上ではPRTをRTO以内に納めなければならない。そのために事前に講じておかなければならない準備の内容を定めたものがリスク対応計画となる。リスク対応計画を実現して初めて当該港湾の事業継続性は顧客の満足を得られることとなることから、リスク対応計画はBCPの重要な事項として成文化され、実施計画に委ねられることとなる。

第5節　まとめ

本章では、国際標準化機構によって策定されたISO22301が求めるBCP作成の分析内容について解説するとともに、ISO22301と並行して検討が進んできた内閣府の事業継続ガイドライン等の我が国におけるBCP作成の枠組みについて述べた。

また、東日本大震災を教訓として制定された国土強靭化基本法に基づく国土強靭化アクションプラン2014の下で我が国港湾においてBCPの作成を進めていくために国土交通省が作成した「港湾における事業継続計画策定ガイドライン（港湾BCPガイドライン）」のBCP検討手順について解説を行った。さらに、ISO22301が求めるBCP作成のための分析を港湾においても効率的、効果的に実行していくためのシステマティックな分析手順を示した。示された分析手順の要点は以下の3点に要約できる。すなわち、

①港湾の機能継続を図る上での基本的な方針を明らかにする事業影響度分析（BIA）によって港湾運営上の重要なリソースを抽出するとともに、これらリソースの他の資源への依存関係を明らかにする。またリスク評価（RA）によって、これらリソースの災害脆弱性の評価や復旧に要する期間とその復旧水準を見積もる。

②RAの一環として災害発生後の港湾利用企業等の被害や港湾利用の回復の度合いを推定し、これらを参照しつつ最大機能停止時間（MTPD）を評価し、その期間内に機能を回復するために必要な資源の復旧水準（RLO）及び復旧時間（RTO）を求める。

③RAから得られるリソースの復旧に要する期間と復旧の水準を、BIAから得られる事業中断に関する顧客の受忍限度を比較し、顧客要請に応えるための方策（リスク対応計画）を検討する。

上記を踏まえて次章以降では、BCP作成時に行う分析の具体の手法について解説するとともに、そのツールとして従来からもBCPの検討に用いられてきた、業務フロー分析の手法や作業シートの適用方法について述べる。

引用・参考資料（第二章関係）

1）対訳ISO 22301：2012（JIS Q 22301：2013）事業継続マネジメントの国際規格 ポケット版（Management System ISO SERIES），日本規格協会，2013年12月

2）渡辺研司：BCMS（事業継続マネジメントシステム）―強靭でしなやかな組織をつくる，11頁，日刊工業新聞社，2013年3月

3）中島一郎，渡辺研司，櫻井三穂子，岡部紳一：ISO22301：2012事業継続マネジメントシステム要求事項の解説（Management System ISO SERIES），日本規格協会，2013年

4）民間と市場の力を活かした防災力向上に関する専門調査会 企業評価・業務継続ワーキンググループ，内閣府防災担当：事業継続ガイドライン　第一版−わが国企業の減災と災害対応の向上のために−，平成17年8月
5）事業継続計画策定促進方策に関する検討会，内閣府防災担当：事業継続ガイドライン　第二版−わが国企業の減災と災害対応の向上のために−，平成21年11月
6）内閣府防災担当：事業継続ガイドライン　第三版−あらゆる危機的事象を乗り越えるための戦略と対応−，平成25年8月
7）経済産業省商務情報政策局情報セキュリティ政策室：事業継続計画策定ガイドライン，企業における情報セキュリティガバナンスのあり方に関する研究会-報告書（参考資料6），平成17年3月
8）中小企業庁：中小企業BCP策定運用指針第2版−どんな緊急事態に遭っても企業が生き抜くための準備−，平成24年3月
9）一般社団法人日本物流団体連合会：自然災害時における物流業のBCP作成ガイドライン，平成24年7月
10）一般社団法人日本港運協会BCP部会：事業継続計画書策定支援ツール，平成25年10月
11）港湾の開発、利用及び保全並びに開発保全航路の開発に関する基本方針，国土交通省港湾局，平成20年12月
12）国土交通省水管理・国土保全局下水道部：下水道BCP策定マニュアル〜第2版〜（地震・津波編），平成24年3月
13）国土交通省港湾局：港湾の事業継続計画策定ガイドライン，平成27年3月27日
14）Hitoshi Baba, Toshiyuki Shimano, Hideaki Matsumoto：Experimental Study on Disaster Risk Assessment and Area Business Continuity Planning in Industry Agglomerated Areas, 土木計画学研究・講演集，Vol.49，CD−ROM no.304
15）一般社団法人 日本経済団体連合会：企業間のBCP／BCM連携の強化に向けて，2014年2月18日
16）小野憲司，滝野義和，篠原正治，赤倉康寛：港湾BCPへのビジネス・インパクト分析等の適用方法に関する研究，土木学会論文集D3（土木計画学）Vol.71，No5（土木計画学研究・論文集第32巻），pp.I_41-I_52，2015.
17）昆正和：実践BCP策定マニュアル，（株）オーム社，2009年
18）昆正和，小田隆：実践BCP運用・定着マニュアル，（株）オーム社，2010年

第三章　事業影響度分析

第二章で解説したように、事業影響度分析（BIA）は、ISO22301が求める分析・評価の中核となる作業で、①重要機能の特定、②重要機能のMTPDの決定、③重要機能を構成する事業活動の抽出、④重要な事業活動に必要な資源（リソース）の抽出、⑤リソースの相互依存性の抽出とボトルネック（隘路）となるリソースの発見、を順次行い実施するものである。本章では、港湾BCPへの適用を前提として、BIAの内容を手順に沿って解説する。

第1節　概要

BIAでは、事業の実施に必要なリソースの抽出と、その相互依存関係の発見を行い、災害時に事業継続の隘路となる可能性のあるリソースを明らかにする。さらに、事業の継続上、重要となる顧客の事業中断に対する受忍の限度（MTPD）を評価し、求められる機能（サービス）の目標復旧水準及び目標復旧時間（RLO及びRTO）を求める。

港湾における物流事業活動にBIAを適用する場合にあっては、まず、当該港湾が災害後もひき続き国家経済や地域経済の核として、もしくは地域の生活の基盤として機能し続けていく上で必要不可欠な港湾機能を選び出し、重要機能として位置付けておく必要がある（注1）。

また、これらの重要機能が遂行するうえでヒト・モノ・カネ・情報と言ったどのようなリソースが必要なのかを明らかにする必要がある。災害とはこれらのリソースが失われることを意味するため、港湾における重要機能が必要とするリソースの発見と、それらリソースの他のリソースへの依存性の確認は、BIAにおける重要な作業である。

災害によってそれらリソースが失われ重要機能が停止すると、当然、港湾物流の顧客である荷主や船社等のビジネスに迷惑が生じる。荷主や船社等はその迷惑の度合いが災害後に取り戻せる範囲内であるか否かをまず考えるであろうし、またこれを契機として、自らのビジネスの継続性や持続的発展性を考慮して、他港の利用も含め以降の利用港湾の再検討を行う。その場合、迷惑の度合いが軽微であると災害後も引き続き

（注1）一般に組織が優先的にBCPの対象として検討を行いBCPの実施の対象とする中核的な事業（Core business）は、「重要な業務」とか「中核事業」などBCPの解説書によって色々な呼び方をされている。本書では、港湾BCPガイドラインが、その社会インフラとしての性格を考慮してCore businessを「重要機能」と呼んでいることに鑑み、「重要機能」という用語を用いる。

当該被災港湾の利用が続くが、その度合いがある一定の限度を超えると、利用者はそれ以降の被災港湾の利用を放棄する。BIAでは、このような重要機能の停止に対する顧客の受忍の限度（MTPD）の評価を行う。

なおBIAは、事業活動が依存するリソースに注目して、万一、それらのリソースが被災して事業活動が中断した場合、リソースの利用が再度可能となり顧客サービスを再開した後に、引き続き事業を継続していく上でどのような支障が生じるかを評価するものであることから、BIAの実施に際してはインシデントの発生確率の大小にとらわれないことが重要であるとされている[1)]。

民間企業のBCP担当者向けの解説書では、BCP作成のためのBIA等の分析作業をシステマティックに実施していくためのツールとして、一連の作業シートに基づく作業の実施を提案するものが多い[2)、3)]。

ここでは、港湾BCPの作成に向けたBIAの分析作業を分かりやすく進めることを目的として小野らが提案しているBIA作業シートシステムを図3.1-1に示す[4)]

BIAを実施するための作業内容は、大きく、①重要機能のスクリーニング、②リソースの抽出・分類・依存性の発見、③最大機能停止時間並びに目標復旧時間及び目標復旧水準（RTO／RLO）の決定、から構成される。図3.1-1の作業フローでは、重要機能のスクリーニングから業務フロー分析を介して始まるこれらのBIAの実施プロセスを7ステップに分け、それぞれのステップの作業のために1～2の作業シートのテンプレートを用意した。これらの作業シートを用いることによって分析担当者は、定められた作

コラム4◆BIA（事業影響度分析）とは何か？

ISO22301の第8章：運用、では、BIA（事業影響度分析）を実施する云々……とあるが、ISO22301には具体的にBIAがどのようなものとして書かれ、どのように実施することとされているのでしょうか？ そこで質問。BCMSにおけるBIAとは何か？

ISO22301では、BIAには次を「含めなければならない（shall include the following）」とされています。

i.製品及びサービスの提供を支える活動を特定する。

ii.これらの活動が実施されない間に生じる影響を評価する。

iii.これらの活動が再開されないことによる影響が許容し得なくなるまでの時間を考慮しつつ、最低限の活動レベルを再開する上での優先付された時間枠を設定する。

iv.納入者や外注先、その他の利害関係者を含むこれらの活動の依存先や必要資源を特定する。

すなわちISO22301は、重要事業を構成する業務活動の特定や事業停止による影響度の評価、MTPDやRLO/RTOの設定、必要リソースの抽出などを行うよう求めていると言えましょう。なお、中島ら[1)]は、優先付された時間枠（prioritized timeframe）は、主要な各国規格やガイドラインでは目標復旧時間（Recovery Time Objective）に相当するとしています。

業手順と指示に従い順次作表作業を進めることによって、容易にBIAを実施することができる。

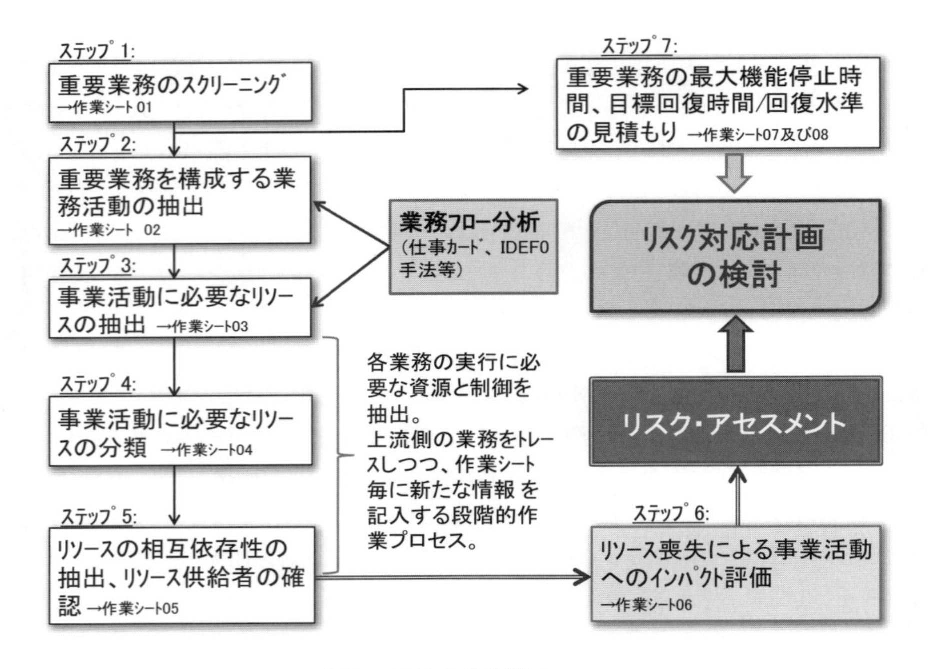

図3.1-1 BIA実施作業のフロー

第2節　重要機能の特定

BIAの実施にあたっては、まず当該港湾が機能継続を図らなければならない「重要機能」を決定する必要がある。そのため、港湾の主要な機能について、港湾の将来の発展性や競争力と言った経営上の重要事項に対して、当該機能の停止が引き起こす負のインパクトの程度を評価指標として、スクリーニングを行うことが有効である。

作業シートを使って実施した重要機能決定のためのスクリーニングの作業シートのイメージを図3.2-1に示す。

一般の企業BCPの検討の場合、作業シートの「視点」の欄には将来の発展性や競争力、市場シェア、収益性、損失／賠償、顧客の信頼性等の項目を選定し、その具体の内容を「インパクトまたは脅威」の欄に示す。図3.2-1では、港湾の将来発展性、国際競争力、市場シェア、顧客の信頼性の4視点について、例えば将来発展性については、「港湾貨物量、旅客数、企業立地等の将来の港勢の伸びに悪影響」と言った具体のインパクトまたは脅威を想定し、それぞれの項目ごとに、業務が停止した場合にどのような負の影響が発生するかを、あらかじめ設定しておく「スクリーニングの基準」に従って、A=高い[2点]、B=普通[1点]、C=低い[0点]で採点し、表に記入している。

スクリーニングの基準(例)		対象業務の評価			
視点	インパクトまたは脅威	コンテナ・ターミナル運営	多目的ターミナル運営	旅客船ターミナル運営	・・・・
将来発展性	港湾貨物量、旅客数、企業立地等の将来の港勢の伸びに悪影響。	A	B	B	－
国際競争力	近隣港湾や陸上輸送網との競争力を喪失。	A	B	C	－
市場シェア	近隣港湾との集荷競争力の喪失。	A	B	C	－
顧客の信頼性	荷主、船社の信頼性の喪失。	A	A	C	－
総得点		8	5	1	－
BCPの重要機能としての特定/非特定		特定	非特定	非特定	・・・・

影響度: A=高い [2点]、B=普通 [1点]、C=低い [0点])

図3.2-1　重要機能特定のためのスクリーニング作業シート

その結果として高い得点を得た1～2の業務が重要機能として特定される。重要機能は、民間企業のBCPではしばしばコア・ビジネス（Core business）と呼ばれることからもわかるように、当該事業体が行う事業の中心的存在であり最も重視されるべき事業であるといえる。

重要機能は、将来にわたる港湾運営の根幹に係るものであることから、当該港湾の将来の発展性や競争力と言った評価項目に基づいて評価したうえで、最終決定は経営責任者が自ら下す必要がある。従って、原案作成者から現場の責任者、関係者、さらには経営責任者が容易に内容を理解し、情報共有し、自らの意見を表明できることが必要である。このような分析プロセスの共通インフラとして、作業シートシステムの果たす役割は重要なものとなる。

重要機能のスクリーニング基準の決定に際しても、港湾機能継続の意義、戦略的価値等を十分議論し、共有する作業を経ることが大切であり、平時からのマネジメント能力の向上にも繋がる。

第3節　顧客の受忍限度の評価

3.3.1 評価の考え方

BIAで決定する最も重要なパラメーターは最大機能停止時間（Maximum Tolerable Period of Disruption：MTPD）である。災害が発生し財やサービスの提供の一時的な停止が発生すると、顧客はそれまで提供を受けてきたサービスの質の評価を引き下げる。評価の低下の度合いがある一定の範囲内である場合は、災害後も引き続き顧客はサービスを受けるが、ある一定値（閾値）を超えると、災害リスクを重く見た顧客はサービスを別の供給者に求めるようになり、よほどの利便性改善がみられない限り再度サービスを受けようとしなくなる。

このような顧客行動は、図3.3-1に示すような港湾利用者の選択行動モデルで記述されよう。

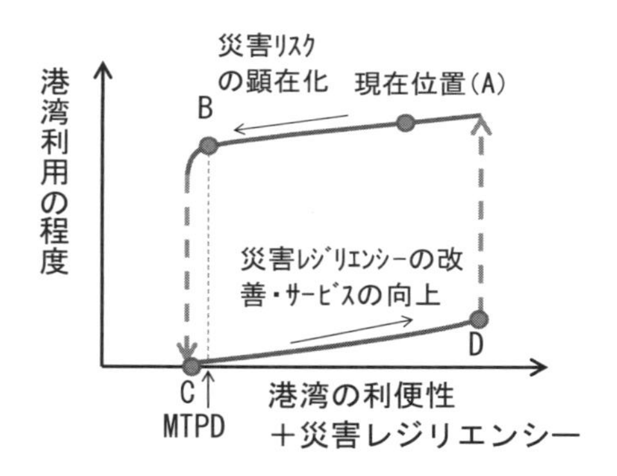

図3.3-1　MTPDのカタストロフモデル

A点にいる港湾利用者は災害による不便益をこうむると、港湾の利便性と災害レジリエンシーに対する評価を引き下げ、その程度がB点を越えると当該港湾の利用を止め、他港に移る。災害後の港湾サービスの水準が以前と同様のものであっても、災害によって蒙った不便益の経験によって、もはや利用者はそれ以降の港湾利用を放棄し、よほどの利便性改善がみられないとその港湾を再度利用しなくなる。再度利用者を呼び戻すためには、災害に対するレジリエンシーの改善と港湾サービスの向上によって以前にも増した港湾としての魅力を身に付ける（図3-3.1上では、D点に至る）必要があり、それには多大な時間と費用を要する。その間のライバル港との競争を考慮すると再び利用者を取り戻せる保証は必ずしもない。BIAは、このような重要機能の停止によって生じる可能性のある顧客確保の破たん（カタストロフィー）の閾値を、MTPDとして求めようとするものである。

MTPDから算定される目標復旧時間（Recovery Time Objective：RTO）及び目標復旧水準（Recovery Level Objective：RLO）は、港湾物流サービスを再開するための機能復旧の作業に、顧客の我慢の範囲内でどの程度の時間を費やすことができるか、また、どの程度まで機能を復旧すれば当面の間の顧客の理解が得られるかと言う目安を表す。RTOは、図3.3-2に示すように、MTPDから発災後の初動の遅れや機能復旧後からサービス再開までのタイムラグを差し引いたものとなるが、一般的に、港湾物流サービスではこれらのタイムラグは小さいため、RTOとMTPDは、結果として、大きな差はない場合が多い。

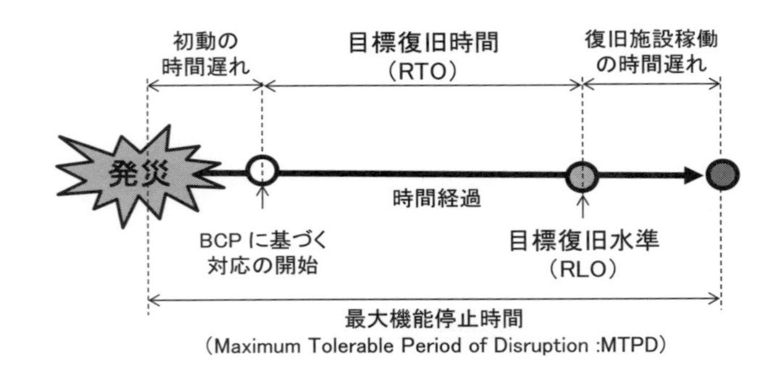

図3.3-2　最大機能停止時間と目標復旧時間／復旧水準の概念図

3.3.2 評価の手順と方法論

まず重要機能のMTPDを決定する必要があるが、その作業には実務上大きな困難が伴う。

港湾物流の場合、荷主や船社に対して「万一の災害が発生した場合、どの程度、港湾サービスの停止を容認してもらえるか？」と言った質問を投げかけても、正確な回答は期待し難い。コスト負担の恐れのない顧客側からすれば、港湾機能の復旧は早い方が良く、サービス水準も被災前のサービスが速やかに提供されれば物流面での一切のビジネスリスクを避けられる。顧客の要請はその時々の荷主が抱える輸送の緊急性にも依存することから、真摯な回答者であれば「その時になってみなければ分からない」と答えるであろう。

一方で、港湾物流サービスを提供する側にとって重要機能のMTPD及びRTO、RLOは、被災した港湾機能の復旧計画を立案し実施するうえで大変重要なパラメーターである。顧客である荷主や船社から求められるままの迅速性を持って施設を復旧しようとすると莫大なコストをかけねばならないかもしれない。その場合、仮に復旧がかなって顧客が戻ってきたとしても、復旧コストに見合う利益が上げられない恐れがある。また、要員や資機材といった復旧工事等のためのリソースの不足、その他の様々な制約条件によって、掲げた復旧目標の達成が困難になると、港湾の信頼性が失われ、中長期的には顧客を失うことになりかねない。

このようなことから、重要業務のMTPDを推定するにあたっては、機能復旧に対する実需や顧客のビジネス上の諸事情等の背景となる情報を可能な限り収集するとともに、ポートセールスやマーケティング担当者の経験と感性を最大限に生かしつつ顧客の意向を探ることが重要となる。その際の具体の情報収集手段として、顧客や内部担当者に対するアンケート調査、インタビュー等が有効な手立てとなる。

また、多くの情報に基づいて行うMTPDの推定プロセスを「見える化」することは、港湾管理者トップから現場担当者に至る衆知を広く集めるための重要な手続きとなる。これらを勘案し港湾BCP向けには図3.3-3のようなMTPD推定のための作業シートが提案されている。

機能停止のインパクト	1週間以内	2週間以内	1ヶ月以内	2ヶ月以内	3ヶ月以内	6ヶ月以内	1年以内	MTPD（日）	RTO（日）	RLO
在港コンテナの滞留	L〜M	H	H	H	H	H	H	7	6	内航コンテナ船やトラックによる発災時コンテナの払い出し機能の確保
近海・アジア航路の他港移転	L	L	L	M	H	H	H	60	59	近海・アジア向けコンテナ航路の再開（水深−12m、ガントリークレーン1基/バースの確保等）
基幹航路の寄港取りやめ	L	L	L	L	M	H	H	90	89	基幹航路の寄港再開（水深−15m、ガントリークレーン2基/バースの確保等）

図3.3-3　MTPD推定のための作業シート

上記の作業シートは、大阪港夢洲コンテナターミナル（DICT）におけるターミナル運営を重要業務として分析した事例である。（具体の内容に関する詳細は第七章のケーススタディを参照されたい）

DICTを対象として作成したMTPD推定のための作業シートでは、コンテナ取扱機能がどの程度の期間失われると、

①発災時に在港しているコンテナの滞留による荷主への不便益、

②近海・アジア向けコンテナ航路の他港移転、

③北米航路の他港移転、

の3項目の負の影響が顕在化するかについて、

L：「影響は無いか極めて限定的」、

M：「影響は回復可能な範囲内」、

H：「影響は大きく長期化し回復困難」、

の3段階で評価している。機能停止のインパクトはコンテナターミナルを念頭に置いた上記のシナリオ以外にも、④地域の緊急支援物資輸送需要への対応の遅れ（一般の公共ふ頭等）、⑤地域のエネルギー供給の停止（石油ターミナル等）、⑥家畜向け飼料の供給中断（穀物ターミナル）と言った様々な負の影響のシナリオが考えられ、地域経済において当該港湾が果たす役割を踏まえて決める必要がある。

ここでMTPD決定の指標となる負の影響度の評価を行うにあたっては、顧客である船社や荷主の意向を可能な限り正確に推し量る必要があり、企業ヒアリングやアンケート、統計的または在庫分析によるアプローチによるとともに、平素からの顧客とのやり取りを踏まえたターミナル運営者の判断力が重要となってくる[4)]。

なお、MTPDの値（日数）は、負の影響がMからLに上昇するタイミングをとらえて決定する。さらにMTPDから発災後の初動の遅れや復旧後のサービス再開のタイムラグを差し引くことによってRTOを求めることができる。

民間の製造業等を念頭に置いたBCPでは、重要機能に関するMTPDやRTO／RLOを求める上記のような分析を「ドラフトBIA」と呼び、重要機能を構成する個々の業務活動に関するMTPD等を求める「詳細BIA」と区別する場合がある[2)]。重要機能の継続性を確保するためには、重要機能を構成する業務活動の継続性確保が必要なことは自明であり、むしろ、個々の業務活動やそのためのリソースのRTO／RLOが継続性確保のターゲットとなるためである。

しかしながら、コンテナターミナルの運営のような港湾の重要機能においては、施設の復旧に数ヶ月や半年と言った長時間を要する一方で、個々の業務活動の実施に要する時間は数時間から1日程度と短い。ドラフトBIAから求められた重要機能のMTPDやRTOと個別の業務活動のMTPD、RTOにあまり差がない場合が多いため、一般的

に詳細BIAは省略することができる。（第二章の表2.2-3に示された業務別のRTOを参照されたい）

また、ここに掲げたMTPD推定作業シートは、第二章で示した港湾BCPガイドラインの目標復旧時間と目標復旧レベルの設定例（視点別）（表2.2-2）と同様の構造を有しているが、表2.2-2のRLOが百分率で示されていたのに対して、ここではRLOが具体の施設復旧規模として示されている点で異なっていることに注意されたい。港湾BCPガイドラインでも記述されていたように、港湾においては、RLOを百分率で表現すると的確な復旧目標をあたえることにはならないことから、これに考慮した作業シートの造り込みを行った結果である。

図3.3-3の作業シートでは、顧客である船社が近海・アジア航路を他港に移転しない我慢の限界を例にとると2ヶ月であろうと評価しており、そこからMTPDを60日と想定している。従ってBCP発動や復旧後の施設供用の再開に伴うリードタイムを差し引くと、RTOは59日となり、またRLOは、繋ぎ止めなければならない対象が近海・アジア航路のコンテナ船であることを勘案して、「航路、泊地の水深 -12m、ガントリークレーン1基／バースの確保等」が必要（＝RLO）と評価している。

上記のような推論に基づき港湾におけるBIAでは、一般的に2〜3項目の評価事項について、港湾の持続的な機能継続に大きな打撃が生じない限度内でのRLO及びRTOを求め、BCPにおける港湾の機能の継続目標とする。（表3.3-1）

表3.3-1　コンテナターミナルのRTO／RLOの事例

	1	2	3
機能継続目標	発災時在港コンテナの滞留解消	近海・アジア航路の他港移転防止	基幹航路の寄港取りやめ防止
目標復旧時間（RTO）	6日	59日	89日
目標復旧水準（RLO）	内航コンテナ船やトラックによる発災時コンテナの払い出し機能の確保	近海・アジア向けコンテナ航路の再開（水深−12m、ガントリークレーン1基/バースの確保等）	基幹航路の寄港再開（水深−15m、ガントリークレーン2基/バース確保 等）

なお上記の検討の実施にあたっては、目標復旧時間／復旧水準を的確に評価し、戦略的に決定していくため、ターミナル運営のトップマネジメントから現場管理職に至る幅広い関係者が情報共有しながら作業を進めることが不可欠であると考えられる。特

にトップマネジメントには、船会社や大手荷主などの重要な顧客の意向を適切に忖度しつつ、時には顧客の選択も辞さない高度な経営判断が求められる。

3.3.3 港湾利用需要に基づくMTPDの推定

重要機能の継続性が顧客から要請される背景には、顧客の港湾利用の実需が無くてはならない。費用をかけて港湾サービスを再開しても実際に船社や荷主が港湾を利用しなければ、その機能復旧にかけた投資は「経費倒れ」に終わってしまうからである。従って、顧客からの重要機能復旧の要請の背後にある港湾需要を推計することは、MTPDを効果的に決定することにつながると言える。

一般的に、MTPD決定のための港湾需要を計測する方法として、

1）企業ヒアリングやアンケートによる方法

2）分析による方法

①統計的アプローチ

②在庫分析によるアプローチ

が考えられる。上記のうち、企業ヒアリングやアンケートによる方法は、3.3.2で述べたように必ずしも「顧客のホンネ」が得られるとは限らないが、港湾サービスの提供者として顧客とのコミュニケーションを通じて非常時に共同で対処するための連携の素地を培うという意義がある。一方で、分析による方法はデータに基づいて災害発生時に顧客が置かれる状況を客観的に推測しようというものであり、事態に対する合理的なマネジメントを可能とする。分析による方法では、過去の災害時のデータ等に基づく統計的アプローチと港湾機能が停止することによる財の供給や出荷の停滞が引き起こす顧客トラブルの深刻さを計測する在庫分析によるアプローチの2通りが考えられる。

赤倉らは、国土交通省が実施したアンケート調査結果に基づき、東日本大震災におけるコンテナ輸送需要の回復曲線を定量化した。各時点において想定されるコンテナ港湾貨物量から、港湾機能の復旧に対する利用者からの要請のひっ迫性を推定することができ、MTPD推定の参考とすることができる。コンテナ輸送需要の回復曲線定量化の試みについては第四章で述べるRAの手法論の中で詳細に述べる。

図3.3-4は赤倉らが推定した東日本大震災後のコンテナの港湾取扱い需要復活率の推定結果である。赤倉らは、国土交通省東北地方整備局及び近畿地方整備局が震災後に行った日本の主要な製造業等企業アンケートの結果に基づき、東日本大震災後のこれら製造業事業者の操業停止や生産再開に要する時間、さらには港湾におけるコン

テナ取扱需要の復活過程のモデル化を行った。また、仙台塩釜港及び小名浜港等における発災後の毎月のコンテナ取扱需要の復活状況を、震災前年度各月との比較で示した[5)、6)、7)]。

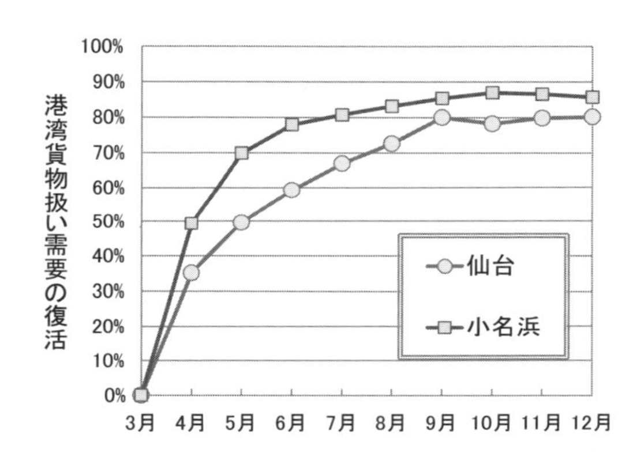

図3.3-4　コンテナの港湾取扱い需要復活率

港湾利用需要の復活状況を表す図3.3-4のような情報は、ターミナル運営者がMTPDの判断を行う際の助けとなるものと期待される。

コンテナ以外の港湾貨物は、ばらの荷姿で輸送するドライバルク貨物や、石油等のリキッドバルク貨物が太宗を占めるが、これらの貨物に関して災害発生後の輸送需要の復旧度を推定する手法の一般化は難しい。BCPの作成にあたってこれらのバルク貨物関連施設の利用需要を想定するための目安としては、以下のような情報を参考とすることができる。

✓港湾に立地する発電所向けの石油・石炭・ガスについては、地域の電力復旧目標や発電施設の被害予測に基づく再稼働時期。

✓製鉄所、製紙工場等向けの鉄鉱石、原料炭、紙パルプ・チップ等については、東日本大震災におけるこれら事業所の復旧状況。(例えば、新日鐵釜石(当時)の線材及び電力工場は、それぞれ4月中旬及び5月上旬に生産再開)

✓ガソリン、軽油、灯油等の地域の民生及び運輸部門向け燃料油については、需要の減少は限定的であるため、港頭区にある石油配分基地や事業所のタンク容量。

✓酪農向け飼料穀物については、需要量はほとんど減少せず、さらに、農家での在庫は限定的であるため、港頭地区や事業所での常時在庫量（備蓄を含む）。

これらのバルク貨物は、大型船による大量一括輸入を行ったり、石油精製所において数ヶ月分の石油製品をまとめて製造するなど、生産、輸送上の規模の経済を梃子としてコスト削減を行ってきた資源や原材料であることから、流通過程や事業所内に大量の在庫、備蓄を抱える時期があり、事業者の操業再開と輸送需要発生の時期が必ずしも一致しないことに留意する必要がある。また、一方で、各港湾を利用する荷主企業は、コンテナ貨物に比べると事業所数が限定的であることから、一般化された推定手法によるアプローチはむしろ適切ではなく、大口の港湾利用荷主企業についてそれぞれの平時の調達、生産、出荷の形態から個別に輸送需要を割り出し、港湾利用の発生時期と需要量を推定することが望ましい。

例えば、化学工業の事業所の様に生産が停止しても製品在庫があれば生産機能回復前に出荷を再開する荷主があり、また、製鉄所の様に常時1〜2ヶ月分の原材料在庫を有する事業所では生産設備の復旧が港湾利用の時期や水準を決める。穀物サイロの様に頑強な設備に在庫が収納されている場合にあっては、配送ルートの復旧が操業の再開時期を決めるのでそれらに合わせた港湾利用要請が発生する。

上記の様に、バルク貨物の港湾利用需要の復旧は、多数の荷主が混在するコンテナ貨物とは異なり、上記のような操業再開状況の想定と海上輸送への依存度や在庫の度合いを踏まえて、個別企業ごとに需要の見積もりを行うことが必要となる。

2014年に検討された金沢港災害時連携方策書では、石油製品やバルク貨物を扱う岸壁の目標復旧期間を、石油製品やバルク貨物荷主の在庫期間を考慮して決定しており、上記のような考え方の萌芽がみられる[8)]。例えば、石油配分基地のある港湾について、被災時のタンク貯油量と背後地域における消費量から石油製品搬入機能の復旧までの余裕期間を推定することができればこれに基づいてMTPDを決定することができる。

第4節　港湾運営に必要なリソースのマネジメント

港湾物流が災害に出会うということは、換言すると、港湾運営ためのリソースの一部が失われ、港湾における重要機能の実行に支障が生じると言うことを意味する。従って、スクリーニングの結果に基づき決定された港湾の重要機能が災害によってどのような影響を被るかを知るためには、重要機能が必要とするリソースを明らかにし、重要機能の実施上のこれらのリソースの重要性（重み）を評価することが必要となる。

3.4.1 重要機能のプロセス分析

ここでは、重要機能の実施に必要なリソースを洗い出すために、港湾機能を提供するために必要な港湾における様々な業務プロセスを把握する手順を示す。

BCP作成に関するこれまでの先行研究の中から、業務プロセスの流れと必要リソースの抽出を系統的に行おうとしたものとして小松らの事例が参考になる。小松らは、2011年度に実施された大阪市水道局の浄水場におけるBCP作成作業を的確に進めるため、仕事カードとIDEF0の手法を用いた業務フロー図作成手法を提案している[9)]。

IDEF0は、企業、組織の業務プロセスを機能（アクティビティ）という観点から階層化して表記するモデリング手法で、複雑な業務プロセスを単純な箱の図形（仕事カード）と4種類の矢印で体系的に表す。港湾の業務プロセスを表現するために作成した仕事カードを図3.4-1に示す。

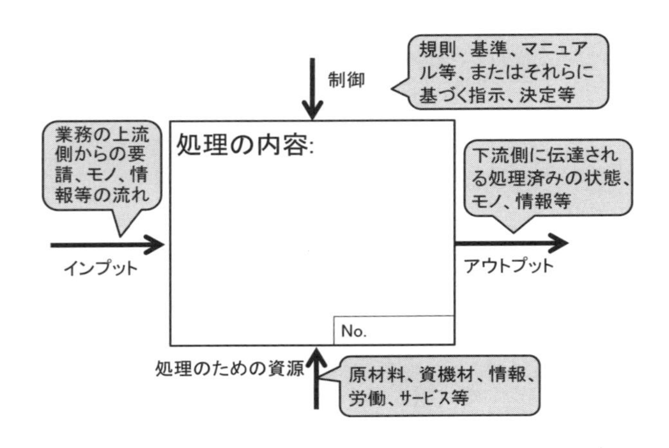

図3.4-1　港湾の業務フロー分析記述用に修正された仕事カード

仕事カードの手法では、港湾における船舶の入港や貨物取扱いに関する作業の一単位毎に1枚のカードを作成する。各カードの左側に上流側からの業務の伝達を、カード内に業務処理の内容を、カードの右側に処理結果が記述される。また、カードの下から業務処理に必要なリソースを、上から業務処理に必要な制御を入力するイメージで記述される。このように仕事カードを用いると、重要機能の実施に必要な業務が明確となるとともに、個々の業務が全体の業務処理上どこに位置するか、またどのようなリソースと処理を必要とされるかが簡便に記述される。IDEF0法は、元々米空軍における軍用機の離発着や整備業務のプロセス分析と情報の共有化に始まったもので、小松らの事例では浄水場の装置の操作手順の分析に用いられた。仕事カードでは、業務処理に必要な規則、基準、マニュアル等、またはそれらに基づく指示、決定等の入力について「制御」と言う用語が使われているが、港湾における制御は、港湾関係官署からの指示・命令や各種手続き、船舶の航行管制、施設使用に係る調整、その他の準備行為がこれにあたる。IDEF0の手法を用いた業務フロー図は、このような仕事カードを複数枚つなげた流れ図として作成される。

最も一般的な重要機能と考えられるコンテナターミナルの運営業務を例にとると、重要機能は図3.4-2のブロックチャートに示すように、①コンテナ船の入出港と荷役、②コンテナの保管、輸入手続き、荷受人から差し向けられたトラックへの引きわたし、③荷送人が持ち込んだコンテナの受け取り、保管、輸出手続き、の3つの流れに大別され、さらにそれぞれが5〜6の業務活動に細分化される[10)]。

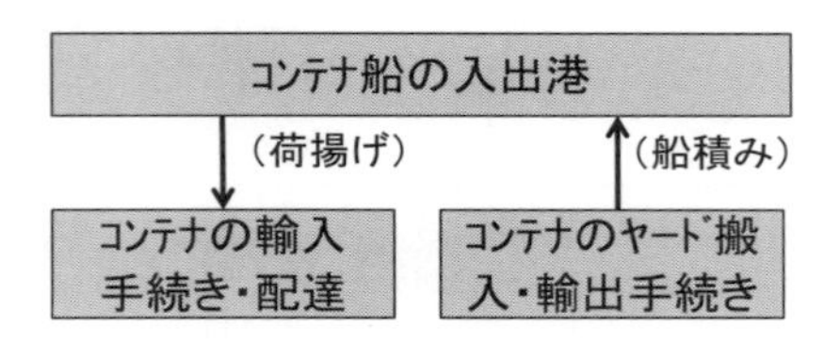

図3.4-2　コンテナターミナル運営業務のブロックチャート

また、図3.4-2のうちのコンテナ船の入出港・荷役をIDEF0手法を用い記述すると図3.4-3に示すようなものとなる。

こうして作成された業務フロー図は、重要機能を構成する個々の業務活動とその順序関係を明らかにしてくれるとともに、業務活動の実行が必要とするリソースの抽出を容易にする。

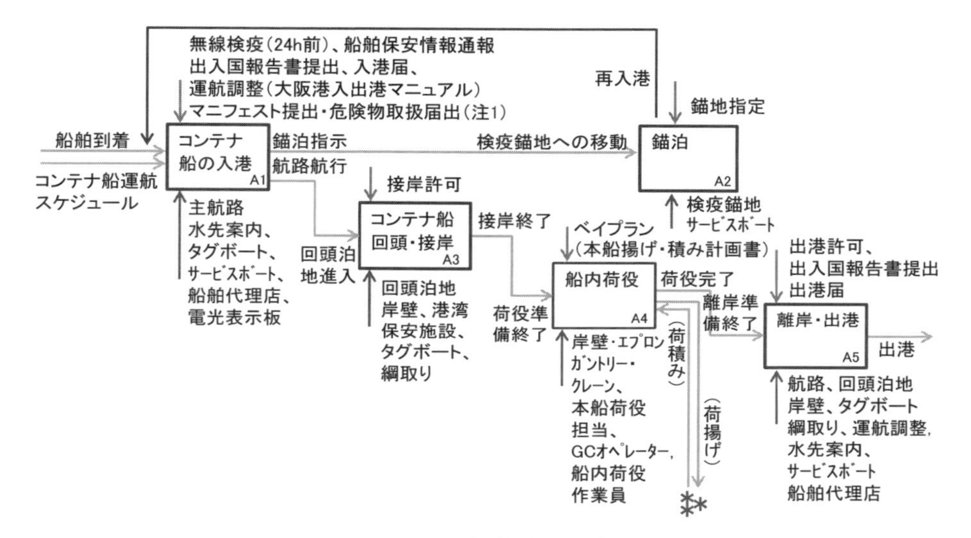

図3.4-3　コンテナ船の入出港・荷役の業務フローの事例

3.4.2 リソースの抽出、整理

リソースの抽出過程においてはまず、業務フロー図から得られた、①業務活動の名称、②制御の内容、③業務の処理のために投入されるリソース（「業務処理資源」と呼ぶことにする）等の情報を、作業シートに転記する。作業シートでは、制御の内容から制御機関を割り出し、その制御機関が活動するために必要なリソースを明らかにするという手順を経ることによって、制御のために必要となるリソース（「制御資源」と呼ぶことにする）も容易に抽出することができる。業務の実行に直接必要となるリソース（以降で述べるリソースの依存関係から間接的に必要となってくるリソース「間接資源」と対比して、ここでは「直接資源」と呼ぶことにする）は、上記の業務処理資源と制御資源から構成されることになる。（図3.4-4参照）

リソースの抽出作業シート上に抽出されたリソースは、リソースの分類作業シートにおいて、ⅰ）外部供給、ⅱ）人的資源、ⅲ）施設・設備、ⅳ）情報通信、ⅴ）建物・オフィスの5区分に分類することが望ましい。同じカテゴリーに分類されるリソースは同様の脆弱性を有し、資源確保の対策も似通っていることが多いことから、上記の様なリソースの分類作業を行うことによって、リソースの管理やリソース確保上の隘路の発見等の以降の作業が容易となる。（図3.4-5参照）

業務活動		制御	制御機関	リソース	
				制御に必要な資源	業務処理資源
A1	コンテナ船の入港	無線検疫、入港届、危険物取扱届出…	検疫、入国管理局、海上保安部、税関、港湾管理者	税関・検疫・入管職員、埠頭管理事務所職員、海上保安部職員、入出港管理システム、SeaNACCS、入国管理局庁舎、埠頭管理事務所、電力…	主航路、タグボート、水先案内人、ポートラジオ、電力、通信、燃料油
A2	錨泊	錨地指定	海上保安部	大阪海上保安監部職員、通信	検疫錨地、サービスボート、通信、燃料油
A3	コンテナ船回頭・接岸	接壁許可	ターミナルオペレーター、港運会社	ターミナルオペレーター職員、バースコーディネーター、ターミナルオペレーションシステム、電力、通信、水道…	回頭泊地、岸壁、港湾保安施設、タグボート、綱取作業員…

図3.4-4　リソースの抽出作業用シートの作成事例

業務活動		リソース（制御資源及び業務処理資源）				
		外部供給	人的資源	施設・設備	情報・通信	建物・オフィス
A1	コンテナ船の入港	電力、通信、燃料油 …	税関・検疫職員 水先案内人…	主航路、タグボート…	港湾入出港管理システム、SeaNACCS…	入国管理局庁舎、港湾合同庁舎…
A2	錨泊	電力、燃料油	海上保安部職員	検疫錨地…	通信	
A3	コンテナ船回頭・接岸	電力、通信、燃料油 …	綱取り作業員…	岸壁、回頭泊地、タグボート …	ターミナルオペレーションシステム	ターミナルオペレーションセンター

図3.4-5　資源の分類作業シートの作成事例

コンテナターミナル運営に関する上記作業においては、60～80項目の直接資源が抽出される。（大阪港夢洲コンテナターミナルにおけるリソース抽出事例は第七章第4節を参照されたい）

このように、リソースの抽出作業に業務フロー分析の手法や作業シートを用いると、作業の過程の透明性や追跡可能性（Traceability）が高いため、直接作業に加わらない第三者にも容易に理解が可能なものとなる。またこのような作業を港湾の管理や運営、その他の手続等に係る関係者が広く参加するワークショップ形式での議論の場に提供すると、関係者からの多くの情報を引き出すことができるとともに、関係者の関与の度合いが高まり、より効果的で効率的なBIAの実施につながる。

3.4.3 リソースの他資源への依存性の分析

次に、これらのリソースが機能するうえで必要とする他の資源の発見の方法と手順について述べる[10)]。

第一章でふれたように、港湾の運営に必要なリソースは、その機能発揮上、様々な他の資源に依存する。港湾の運営を継続していくためには、基本施設である航路・泊地や岸壁、荷役機械の他、情報通信システムや労働力、建物・オフィス、外部からの電力・燃料供給と言った様々な財、労働力、情報等のリソースを確保する必要があるが、災害時においてはこれらのリソースをすべて確保することが困難であるばかりか、これらの港湾運営に必要なリソースが相互に依存関係を有し、災害によってあるリソースが失われることが、連鎖的に他のリソースの機能発揮を困難にする場合があり、これが港湾BCP策定のための分析作業を複雑なものにする。(第一章第3節1.3.3)

例えば税関においては、税関の検査職員が業務を遂行するうえで輸出入品を電子申告で受け付けコンピューター処理するためのSea-NACCSと呼ばれるシステムの稼働が欠かせない。また、書類検査では不十分な場合に実物検査を行う場合には、検査場が必要となり、場合によってはコンテナ用の大型X線検査装置が投入される。コンテナから荷物を一旦取り出す際には荷役作業員とフォークリフトの支援を必要とする。実際に、東日本大震災において、計画停電によりSea-NACCSを通じた申告が利用不可能となった官署では、書面により申告が行われた。このように、コンテナターミナルの運営に係わるリソースが災害時に実際の稼働できるか否かを判断するためには、当該リソースが依存関係を有し、業務活動に間接的に影響を及ぼすリソース(間接資源)の発見が欠かせない。

リソースの依存性の例を模式的に示すと図3.4-6のようなものになる。

図3.4-6においては、

ｉ. 業務活動は、リソースA、B、C、が欠けると実行不可能(依存する)

ⅱ. リソースA、B、Cは、機能発揮上相互に影響しあわない(依存しない)

ⅲ. リソースAは、リソースE、Fが欠けると機能することは不可能(依存する)

ⅳ. リソースEは、リソースG、Hが欠けると機能することは不可能(依存する)

というリソースの依存関係が示されている。

上記の図3.4-6に示すリソースE及びリソースFのような、直接資源が依存関係を有するリソースを「1次依存資源」、また1次依存資源が依存関係を有するリソースを「2次依存資源」と呼ぶことにする。理論上は2次依存資源はさらに3次依存資源に、3次依存資源は4次依存資源にと依存関係は無限に続くが、実際は、港湾外に位置し港湾においては制御できないリソースまででこの連鎖は停止することになる。これら1次依存資源以下の依存資源の全体が「間接資源」である。ここまでで述べた様々なリソースの関係を図示すると、図3.4-7のように表せる。なお、本書では「リソース」と言う用語を、港湾運営のための資源の総称として用いている(注2)。

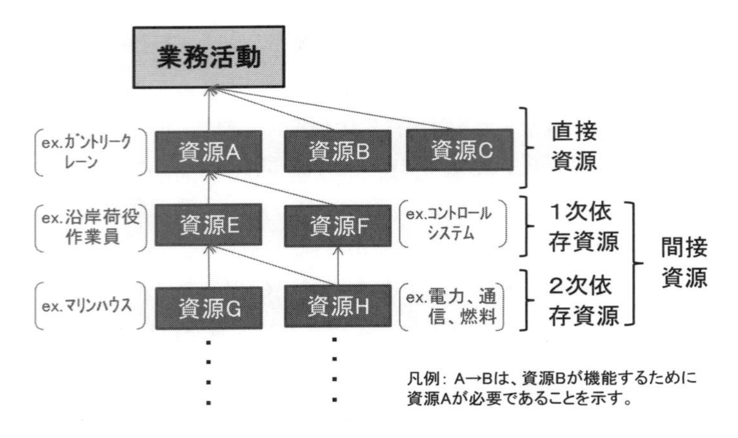

図3.4-6　リソースの依存資源の例

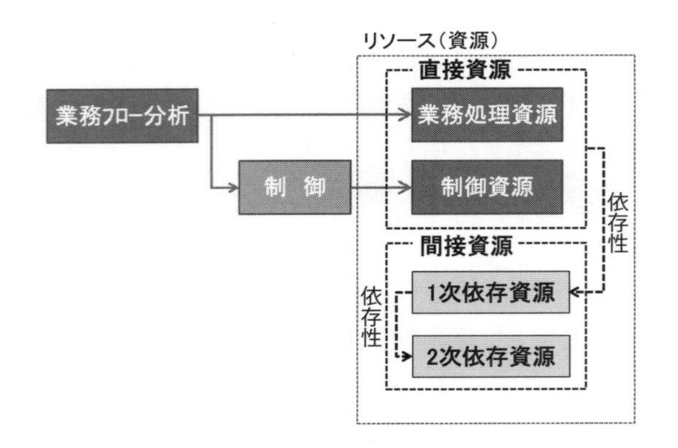

図3.4-7　リソースの分類と相互関係

(注2) ISO22301では資源（リソース）について、「組織が業務を運営し、目的を達するために、必要な時に使用できる状態にならなければならないすべての資産、人員、技能、情報、テクノロジー（工場及び設備を含む）、土地、供給品及び情報（電子的か否かに係らず）」と定義している。要は、BCMSに必要なヒト、モノ、カネのすべてを指し、BCPの遂行に必要な施設、設備や資機材、資金、要員の他、BCMS運用のための責任者の任命や外部専門家の手配、緊急時に必要な備蓄品や代替資材なども含む。港湾BCPガイドラインでは、例示として「キーパーソン、事務所等の業務拠点、荷役機械、輸送手段、上屋、検疫、税関、梱包、ライフライン、コンピューターシステムなどがある」とされている[11)、12)]。

　また上記のような資源の依存関係を発見するための作業シート作成イメージを図3.4-8に示す。

直接資源	1次依存資源				
	外部供給	人的資源	施設・設備	情報・通信	建物・ｵﾌｨｽ
電力			受変電施設		
通信			回線・交換機等		
燃料油			ﾊﾞﾝｶｰ給油施設		
税関職員	電力、通信		税関検査場	SeaNACCS	港湾合同庁舎
検疫職員	電力、通信		検疫ｽﾍﾟｰｽ	出入港管理ｼｽﾃﾑ	港湾合同庁舎
海保職員	電力、通信…			出入港管理ｼｽﾃﾑ	港湾合同庁舎
水先案内人	通信		ｻｰﾋﾞｽ・ﾎﾞｰﾄ		
主航路		埠頭管理事務所職員			
回頭泊地		埠頭管理事務所職員			
岸壁		埠頭管理事務所職員	ｶﾞﾝﾄﾘｰｸﾚｰﾝ		
[illegible]	[illegible]	[illegible]	ﾄﾗｸﾀｰ、ｼｬｰｼｰ	ﾀｰﾐﾅﾙｵﾍﾟﾚｰｼｮﾝｼｽﾃﾑ	

図3.4-8　間接資源の発見シートの作成事例

　図では、直接資源が依存する1次依存資源を求めるシートが示されており、抽出された直接資源を分類別に縦軸に並べ、これらの直接資源が業務活動に有効に利用される上で必要となってくる1次依存資源を、外部供給、人的資源、施設・設備、情報・通信、建物・オフィスの5分類に分けて記入する様式になっている。

　図3.4-8に示した2次依存資源を求める場合は、表の直接資源を1次依存資源に、1次依存資源を2次依存資源に置き換えて作業すればよい。

　2次依存資源まで依存性を求めた場合のリソースの依存関係は、m行×n列のマトリックス（リソースの依存関係マトリックス）として表現できる。（図3.4-9）

　すなわち、直接資源及び1次依存資源で構成されるm×mの正方マトリックスに、m×（n-m）の2次依存資源のマトリックスが連結した形となる。マトリックスの各行は、0か1の値を有する要素で構成されており、1の時に行のリソースは列のリソースに依存することを示す。

　上記マトリックスにおいて、リソース（i）をx_iと表現し、x_iが依存するリソースの集合をD_i（$f: x_i \rightarrow D_i$）とするとリソースの依存関係マトリックスDは下式（3.1）及び（3.2）で表現できる。

		直接資源	間接資源	
			1次依存資源	2次依存資源
	資源の名称	A B C・・・	F G H・・・	X Y Z・・
直接資源	A B C ・ ・ ・	直接資源 相互間の依存 関係マトリックス	直接資源が 直に依存する 間接資源との 依存関係マトリックス	直接資源が 間接資源を介して 依存する資源 （2次依存資源）との 依存関係マトリックス
1次依存資源	F G H ・ ・ ・	間接資源が依存する 直接資源との依存 関係マトリックス	間接資源 相互間の依存 関係マトリックス	間接資源と 2次依存資源の 依存関係マトリックス

図3.4-9　リソースの依存関係マトリックス

$$\mathrm{X_{ij}} = \begin{cases} 1: & x_i \in D_i \\ 0: & x_i \notin D_i \end{cases} \qquad (3.1)$$

$$\mathrm{D} = \begin{bmatrix} X_{11} & \cdots & X_{n1} \\ \vdots & \ddots & \vdots \\ X_{1m} & \cdots & X_{nm} \end{bmatrix} \qquad (3.2)$$

ここでmとnは整数で、$0 \leqq i \leqq \mathrm{m}$、$0 \leqq j \leqq \mathrm{n}$、$\mathrm{m} < \mathrm{n}$である。

Diに含まれるリソースxjがDjの元xkに依存場合、その依存関係を考慮したリソースiの依存リソースの集合をDi*と定義すると：

$$D_i^* = D_j \cup D_i \qquad (3.3)$$

他のリソースへの依存性が及ばなくなる条件は、

$$D_i^* = D_i \qquad (3.4)$$

であるから、(3.1)～(3.4)式から成るアルゴリズムによってリソースの依存関係の波及を明らかにすることができる。上記によりリソースの依存関係の波及を考慮したリソースの依存関係マトリックスD*を次式で表現しておく。

$$\dot{X}_{ij} = \begin{cases} 1: & x_i \in D_i^* \\ 0: & x_i \notin D_i^* \end{cases} \qquad (3.5)$$

$$D^* = \begin{bmatrix} \dot{X}_{11} & \cdots & \dot{X}_{n1} \\ \vdots & \ddots & \vdots \\ \dot{X}_{1m} & \cdots & \dot{X}_{nm} \end{bmatrix} \qquad (3.6)$$

上記に基づくリソースの依存性の波及を追跡するためのアルゴリズムは、図3.4-10のようなフローチャートで表現される。

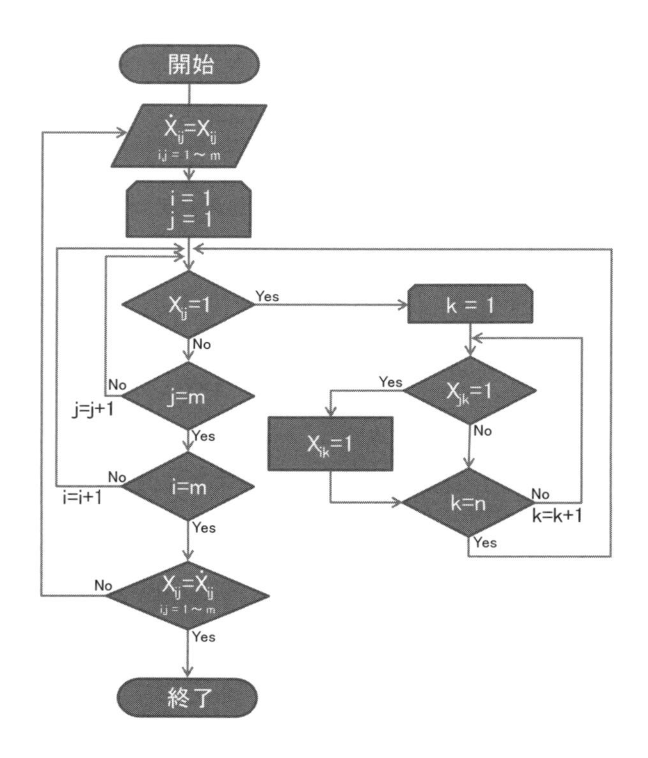

図3.4-10　資源の依存性の波及追跡アルゴリズム

このアルゴリズムでは、リソースの依存関係マトリックスの各行（i=1,2,3,･･･m）の列要素（j=1,2,3,･･･m）についてXijが1の値をとれば、j列目の列要素（k=1,2,3,･･･n）についてXjk=1であるリソースを探索し、Xikの値が0であれば順次1に置き換えていく操作を行う。

操作をリソースの依存関係マトリックスにすべての要素（n×n）に対して繰り返し

	入出港手続きシステム	NACCSシステム	オペレーションシステム	港長事務所	税関事務所	検疫事務所	オペレーションルーム	電力	通信	水道	燃料油	タグ乗務員	役務船会社職員	役務船乗務員	NACCS職員	オフィス機器	給油施設	NACCS端末	ポートラジオ	航行管制センター
港湾管理者職員	1	0	0	0	0	0	0	0	1	0	0	0	0	0	0	0	0	0	0	0
海上保安部職員	0	0	0	1	0	0	0	0	1	0	0	0	0	0	0	0	0	0	0	0
税関職員	0	1	0	0	1	0	0	0	1	0	0	0	0	0	0	0	0	0	0	0
入管職員	1	0	0	0	0	0	0	0	1	0	0	0	0	0	0	0	0	0	0	0
検疫職員	1	0	0	0	0	1	0	0	1	0	0	0	0	0	0	0	0	0	0	0
航行管理センター職員	0	0	0	0	0	0	0	0	1	0	0	0	0	0	0	0	0	0	1	1
水先案内人	0	0	0	0	0	0	0	0	1	0	0	0	0	0	0	1	0	0	1	0
船舶代理店職員	0	0	0	0	0	0	0	0	1	0	0	0	0	0	0	0	0	0	1	0
綱取作業員	0	0	0	0	0	0	0	0	1	0	0	0	0	0	0	0	0	0	0	0
ターミナルオペレーションセンター職員	0	0	1	0	0	0	1	0	1	0	0	0	0	0	0	0	0	0	0	0
船内荷役作業員	0	0	0	0	0	0	0	0	1	0	0	0	0	0	0	0	0	0	0	0
ガントリークレーンオペレーター	0	0	1	0	0	0	0	0	1	0	0	0	0	0	0	0	0	0	0	0
沿岸荷役作業員	0	0	0	0	0	0	0	0	1	0	0	0	0	0	0	0	0	0	0	0
トランステナーオペレーター	0	0	1	0	0	0	0	0	1	0	0	0	0	0	0	0	0	0	0	0
トラクター運転手	0	0	1	0	0	0	0	0	1	0	0	0	0	0	0	0	0	0	0	0
元請港運	0	0	1	0	0	0	1	0	1	0	0	0	0	0	0	0	0	0	0	0
ゲートクラーク	0	0	1	0	0	0	0	0	1	0	0	0	0	0	0	0	0	0	0	0
税関検査施設	0	0	0	0	0	0	0	1	1	0	0	0	0	0	0	0	0	0	0	0
検疫検査施設	0	0	0	0	0	0	0	1	1	0	0	0	0	0	0	0	0	0	0	0
船舶航行管制信号機	1	0	0	0	0	0	0	1	0	0	0	0	0	0	0	0	0	0	0	0
航路	0	0	0	0	0	0	0	0	0	0	0	0	0	0	0	0	0	0	0	0
タグボート	0	0	0	0	0	0	0	0	1	0	1	1	0	0	0	0	1	0	1	0
サービスボート	0	0	0	0	0	0	0	0	1	0	1	0	1	1	0	0	1	0	1	0
検疫錨地	0	0	0	0	0	0	0	0	0	0	0	0	0	0	0	0	0	0	0	0
回頭泊地	0	0	0	0	0	0	0	0	0	0	0	0	0	0	0	0	0	0	0	0
岸壁	0	0	0	0	0	0	0	0	0	0	0	0	0	0	0	0	0	0	0	0

図3.4-11　リソースの依存関係マトリックス作成事例（波及の追跡前）

行った後、当初のマトリックス要素と操作後のマトリックス要素が一致（$\dot{X}ij$ - Xij=0、i=1,2,･･･n,j=1,2,･･･n）すれば、依存関係の波及の探索は終了する。

大阪港DICTにおいて作成したリソースの依存関係マトリックスの一部分を依存性の波及追跡前と追跡後について抜粋したものを図3.4-11及び図3.4-12に示す。依存性の波及を追跡した結果、依存関係を有するリソースが増加していることが分かる。

	入出港手続きｼｽﾃﾑ	NACCSｼｽﾃﾑ	ｵﾍﾟﾚｰｼｮﾝｼｽﾃﾑ	港長事務所	税関事務所	検疫事務所	ｵﾍﾟﾚｰｼｮﾝﾙｰﾑ	電力	通信	水道	燃料油	ﾀｸﾞ乗務員	役務船会社職員	役務船乗務員	NACCS職員	ｵﾌｨｽ機器	給油施設	NACCS端末	ﾎﾟｰﾄﾗｼﾞｵ	航行管制ｾﾝﾀｰ
港湾管理者職員	1	0	0	0	1	0	0	1	1	1	0	0	0	0	1	0	0	1	0	0
海上保安部職員	0	0	0	1	0	0	0	1	1	1	0	0	0	0	0	0	0	0	0	0
税関職員	0	1	0	0	1	0	0	1	1	1	0	0	0	0	1	0	0	1	0	0
入管職員	1	0	0	0	1	0	0	1	1	1	0	0	0	0	1	0	0	1	0	0
検疫職員	1	0	0	0	1	1	0	1	1	1	0	0	0	0	1	0	0	1	0	0
航行管理ｾﾝﾀｰ職員	1	0	0	0	1	0	0	1	1	1	0	0	0	0	1	0	0	1	1	1
水先案内人	0	0	0	0	0	0	0	1	1	1	1	0	1	1	0	1	1	0	1	0
船舶代理店職員	0	0	0	0	0	0	0	1	1	1	0	0	0	0	0	0	0	0	1	0
綱取作業員	0	0	0	0	0	0	0	1	1	1	0	0	0	0	0	0	0	0	0	0
ﾀｰﾐﾅﾙｵﾍﾟﾚｰｼｮﾝｾﾝﾀｰ職員	0	0	1	0	0	0	1	1	1	1	0	0	0	0	0	0	0	0	0	0
船内荷役作業員	0	0	0	0	0	0	0	1	1	1	0	0	0	0	0	0	0	0	0	0
ｶﾞﾝﾄﾘｰｸﾚｰﾝｵﾍﾟﾚｰﾀｰ	0	0	1	0	0	0	1	1	1	1	0	0	0	0	0	0	0	0	0	0
沿岸荷役作業員	0	0	0	0	0	0	0	1	1	1	0	0	0	0	0	0	0	0	0	0
ﾄﾗﾝｽﾃﾅｰｵﾍﾟﾚｰﾀｰ	0	0	1	0	0	0	1	1	1	1	0	0	0	0	0	0	0	0	0	0
ﾄﾗｸﾀｰ運転手	0	0	1	0	0	0	1	1	1	1	0	0	0	0	0	0	0	0	0	0
元請港運	0	0	1	0	0	0	1	1	1	1	0	0	0	0	0	0	0	0	0	0
ｹﾞｰﾄｸﾗｰｸ	0	0	1	0	0	0	1	1	1	1	0	0	0	0	0	0	0	0	0	0
税関検査施設	0	1	0	0	1	0	0	1	1	1	0	0	0	0	1	0	0	1	0	0
検疫検査施設	1	0	0	0	1	1	0	1	1	1	0	0	0	0	1	0	0	1	0	0
船舶航行管制信号機	1	0	0	0	1	0	0	1	1	1	0	0	0	0	1	0	0	1	1	1
航路	1	0	0	0	1	0	0	1	1	1	0	0	0	0	1	0	0	1	1	1
ﾀｸﾞﾎﾞｰﾄ	0	0	0	0	0	0	0	1	1	1	1	1	0	0	0	0	1	0	1	0
ｻｰﾋﾞｽﾎﾞｰﾄ	0	0	0	0	0	0	0	1	1	1	1	0	1	1	0	0	1	0	1	0
検疫錨地	0	0	0	0	0	0	0	1	1	1	1	0	1	1	0	0	1	0	1	0
回頭泊地	0	0	0	0	0	0	0	1	1	1	1	1	0	0	0	0	1	0	1	0
岸壁	0	0	0	0	0	0	0	1	1	1	1	1	0	0	0	0	1	0	1	0

図3.4-12　リソースの依存関係マトリックス作成事例（波及の追跡後）

コラム5◆重要機能のリソースの依存性波及

本書では、第三章3節3.4.3の式（3.1）～（3.4）や図3.4-10のフローチャートに基づいて重要機能のリソースの依存性の波及を追跡し、隘路となるリソースを発見することが出来るとしています。筆者らはその手数の多さから、エクセルVBAマクロのようなプログラミングを用いることをお勧めしていますが、具体のイメージをご理解いただくため、ここでは簡単な演習問題をご紹介します。

〔演習〕
右図上段のような簡単な依存性マトリックスにおける依存性の波及を調べる。

1）当初の依存関係（上段の表）は、
　ⅰ.電力供給及びクレーン操縦士は、他資源への依存性なし。主航路は、岸壁に依存、
　ⅱ.岸壁はクレーンに依存、
　ⅲ.クレーンは、電力供給及びクレーン操縦士に依存
となっている。

2）中段の表では、主航路が岸壁に依存関係を持つことに着目して、岸壁の依存先を探し（クレーン）、主航路がクレーンに依存することを発見している。

3）下段の表では、岸壁がクレーンに依存することから、クレーンの依存先を探し（電力供給及びクレーン操縦士）、岸壁がこれらの資源に依存することを発見している。
下段の表に示されるマトリックスは、上記の依存関係の探索を行っても、これ以上は変化しないため、これで資源の依存性の探索は終了したと判断できる。

4）すなわち、資源の依存性マトリックスは、
　ⅰ.主航路は、岸壁及びクレーンに依存、
　ⅱ.岸壁は、クレーン・クレーン操縦士・電力供給に依存、
　ⅲ.クレーンは、電力供給・クレーン操縦士に依存、
に収束したと言える。

当初の依存関係	電力供給	クレーン操縦士	主航路	岸壁	クレーン
電力供給	1	0	0	0	0
クレーン操縦士	0	1	0	0	0
主航路	0	0	1	(1)	0
岸壁	0	0	0	1	1
クレーン	1	1	0	0	1

主航路←岸壁
岸壁←クレーン
クレーン←電力供給・クレーン操縦士

依存関係の波及1	電力供給	クレーン操縦士	主航路	岸壁	クレーン
電力供給	1	0	0	0	0
クレーン操縦士	0	1	0	0	0
主航路	0	0	1	1	1
岸壁	0	0	0	1	(1)
クレーン	1	1	0	0	1

主航路←岸壁・クレーン
岸壁←クレーン
クレーン←電力供給・クレーン操縦士

依存関係の波及2	電力供給	クレーン操縦士	主航路	岸壁	クレーン
電力供給	1	0	0	0	0
クレーン操縦士	0	1	0	0	0
主航路	0	0	1	1	1
岸壁	1	1	0	1	1
クレーン	(1)	(1)	0	0	1

主航路←岸壁及びクレーン
岸壁←クレーン・クレーン操縦士・電力供給
クレーン←電力供給・クレーン操縦士

第5節　BIA実施上の留意点

本章ではBCP作成時に必要となる事業影響度評価（BIA）の内容について解説を行った。本書で繰り返し述べたように、BIAを行う際に忘れてはならない視点は、顧客重視の姿勢（Client oriented）である。これまでの港湾の災害復旧が「被災前の原状にいかに迅速に復旧するか」という、施設やサービスの「供給サイド」に立った迅速性・原状回復の視点であったのに対して、BCPの作成やBCMの実行においては、顧客（港湾利用者）の側に立って考えるという「需要サイド」の視点が重視される。BIAは、顧客の不利益を最小化し、顧客を繋ぎ止めることを最大の使命とするための分析であるから、災害復旧を考える際に重要となる被害の想定や復旧工法の検討作業を一旦離れて、まず顧客の欲求を的確に理解し、災害時における顧客のビジネス事情をいかに推し量るかという視点を重視する必要がある。

上記の様な観点から実施するBIAは、これまでの港湾整備、運営技術の枠組みとはいささか異なったものとなることから、以下の点に留意する必要がある。

まず、分析にあたっての「透明性の確保」である。

BIAでは、重要機能の発揮に必要なリソースの抽出からその相互依存性の明確化、隘路となるリソースの発見等の分析を行うことが求められるが、それらの過程の「可視化」・「見える化」が円滑な作業の実施と情報の共有上、重要な要素となる。本書では、分析のためのツールとして、IDEF0法による業務フロー分析の実施や作業シートを用いたステップ・バイ・ステップでの分析過程を示した。このような手法を採用することによって、業務フロー図や作業シートの作成に多大な時間と労力を要するという難点はあるものの、その一方で、作業に携わった当人以外の者が見てもその過程を容易にトレースすることができるという利点が生じる。また、分析の結果のみにとどまらず、過程も含めて関係者間での広範囲な情報共有が可能となり、関係者からの追加的な情報や意見を引き出しやすい効果がある。分析作業の当事者にとっても、時間が経過しても過去の作業内容を容易に追うことができるわけで、いわば「急がば回れ」であると言える。

また、BIAは、顧客の意向を推し量るとともに、組織の存続をかけたぎりぎりの経営判断を行うという大変困難な側面を有する。従って、BIAの実施に際しては、業務の現場からトップマネジメントまでの広範な参画が的確な分析のカギとなる。すなわち、業務の現場の責任者等から現場の知見・意見を引き出し分析に反映することと、危機に直面した際に組織の生き残りをかけた経営判断をトップマネジメントの決定にもとづき下すという高度な意思決定過程が同時に求められ。このため、前出の小野ら[4)]や小松ら[9)]は、ワークショップ形式でのBIAの作業を提案し、試行している。BIAのためのワークショップでは、主に現場の責任者級のスタッフが一堂に会し、コンサルタントが作成したBIA作業結果（業務フロー図や作業シート）について意見を述べる形式で情報の収集整理と評価を行う。業務現場の責任者らにとっては、自らが所掌する業務の内容を可視化して示されるため、容易にその誤りを正し、欠如している情報を提供することができ、同時に、業務の全体像を把握することによって自らの持ち場の全体システムにおける役割を理解することができる。

ワークショップ形式によるBIAの作業過程は本書第七章第4節のケーススタディにおいてその詳細を述べることとする。

一方で、トップマネジメントは、適宜上記のワークショップに参加するほか、業務フロー図や作業シート等の可視化された情報に基づき、重要機能の決定やリスク対応における優先づけ、BCPの実行のための事前準備等の重要事項に関する様々な指示を的確に下すことができ、実効性のあるBCMの実行に向けたリーダーシップの発揮が可能となる。これらのトップマネジメントの役割については本書第六章で詳述することとする。

トップマネジメントは同時に、これらの情報から組織の業務実行体制の現状についての理解を深めることができ、平時においても業務の効率化や改善等に向けた様々な手立てを講ずることができる。

上述のように、BIAでは組織一丸となった取り組みが求められ、またその実施過程を通じて、組織の危機管理能力の向上が図られていくものと考えられる。危機管理に優れた組織のマネジメントシステムの構築に向けたBIA実施のフローを図示すると図3.5-1のようなものになると考えられる。

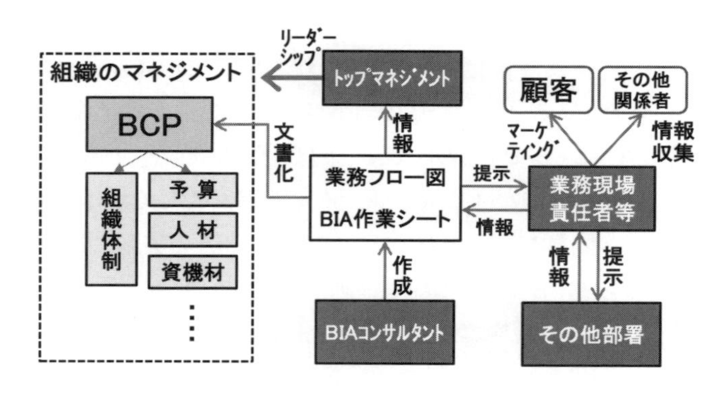

図3.5-1　BIA実施の体系とBCMSの構築

出典・参考資料（第三章関係）

1）中島一郎，渡辺研司，櫻井三穂子，岡部紳一：ISO22301：2012事業継続マネジメントシステム要求事項の解説（Management System ISO SERIES），日本規格協会，2013年
2）昆正和：実践BCP策定マニュアル,（株）オーム社，2009年
3）昆正和・小山隆：実践BCP運用・定着マニュアル,（株）オーム社，2010年
4）小野憲司，滝野義和，篠原正治，赤倉康寛：港湾BCPへのビジネス・インパクト分析等の適用方法に関する研究，土木学会論文集D3（土木計画学）Vol.71.No.5（土木計画学研究・論文集第32巻），pp.I_41-I_52，2015.
5）国土交通省東北地方整備局，東日本大震災を踏まえた港湾関連機関の業務最適化に係る手引き検討業務報告書，2012年
6）国土交通省近畿地方整備局港湾空港部：平成23年度災害に強い生産・物流チェーン構築戦略検討業務報告書，2012年
7）赤倉康寛，邊見充，小野憲司，石原正豊，福元正武：海運依存産業における大規模地震・津波後のコンテナ貨物需要の復旧曲線，土木学会論文集D3（土木計画学），Vol.70，No.5，pp.689-699，2014.
8）金沢港災害時連携協議会：金沢港災害時連携方策書，平成26年3月
9）小松瑠実・林春男・尾原正史・鮫島竜一・玉瀬充康・豊島幸司・木村玲欧・鈴木進吾（2013）：最大級の南海トラフ地震による津波を見据えたBIA及びRAに基づく浄水施設の事業継続戦略構築，自然災害科学，Vol.32 No.2，pp183-205.
10）小野憲司，赤倉康寛：ビジネスインパクト分析及びリスク評価の手法を取りいれた港湾物流BCP作成手法の高度化に関する研究，平成27年度京都大学防災研究所年報
11）対訳ISO 22301：2012（JIS Q 22301：2013）事業継続マネジメントの国際規格 ポケット版（Management System ISO SERIES），日本規格協会，2013年12月
12）国土交通省港湾局：港湾の事業継続計画策定ガイドライン，平成27年3月27日

第四章　リスクアセスメント

第1節　概要

ISO22301におけるリスクアセスメント（RA）の手順はISO31000（リスクマネジメント–原則及び指針）[注1]に準拠している。ISO22301で対象とするリスクは、事業の中断・阻害を引き起こすインシデントの発生のリスクであり、その確からしさと資源に及ぶ被害の程度を評価することがISO22301におけるRAの使命である。

ISO31000が示すRAの内容は、ｉ）リスクの特定、ⅱ）リスクの体系的な分析、ⅲ）対応を必要とするリスクの評価、から成る図4.1-1のようなプロセスとしてとらえることができる。

RAはリスクマネジメントの一部であり、RAにより把握された重大なリスクへの対処方策を検討してリスクマネジメントが完結する。

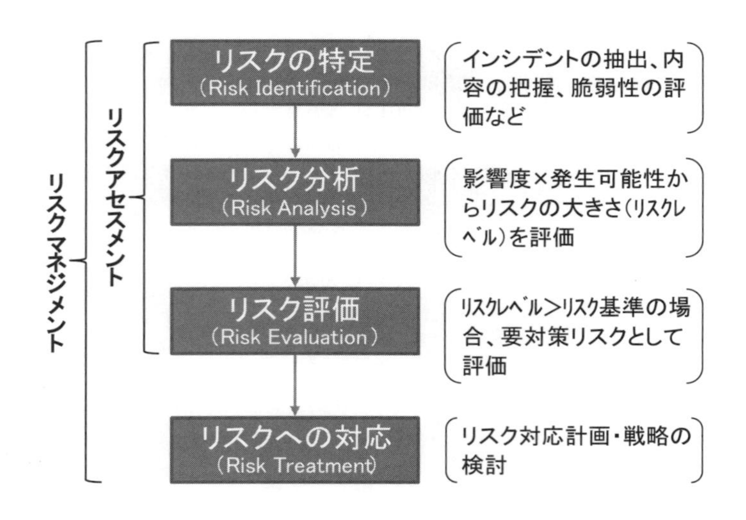

図4.1-1　リスクマネジメントの手順[1)]

（注1）ISO31000は、他のISO標準との重複を避けるため、事業継続マネジメントは対象外としているが、全てのリスクを対象とした汎用的なマネジメントのプロセスとその効果的な運用のための枠組みが提供されていることから、BCMの運用にあたっても参考とすることができる。

第二章第4節の図2.4-1で示した港湾BCP検討のための分析・検討手順では、港湾機能のリスク分析・評価に加えて、港湾利用者の事業活動の継続性が有するリスクの分析・評価もリスクアセスメントに含まれている。前者は港湾において物流サービスを提供するための様々な重要業務や資源が確保できなくなるリスクの分析・評価であり、後者は港湾物流サービスの受け手である荷主企業が被災したり、財の流通の停止によって港湾における貨物の取扱需要が減少する可能性を評価するものである。地震や津波等が港湾活動の中断や阻害を引き起こすリスクは、同時に港湾における物流サービス需要の基となる港湾利用者の事業活動の継続リスクでもあることから、本書ではこれらも港湾BCPの検討に際して行うRAに含めることとした[2)]。

第2節　港湾におけるRAの手順

ここでは、リスクアセスメント（RA）の主たる目的である、①重要機能の実行に必要なリソースの被災の可能性（脆弱性）と程度の評価、②リソースの復旧水準の明確化とその復旧に要する時間の算定、③重要機能のサービス機能回復上の隘路の抽出、を行うための手順について述べる。ここで言うRAとは、災害後のリソースの復元性（レジリエンシー）を評価する手続きであると言い換えることができる。

第1節で述べたように一般的にRAは、リスクの特定、リスク分析、リスク評価、から構成され、これらに基づくリスクへの対応が行われて、リスクマネジメントが完結する。このような考え方に基づいて港湾の重要機能についてRAを実施する場合の手順を図4.2-1に示す。

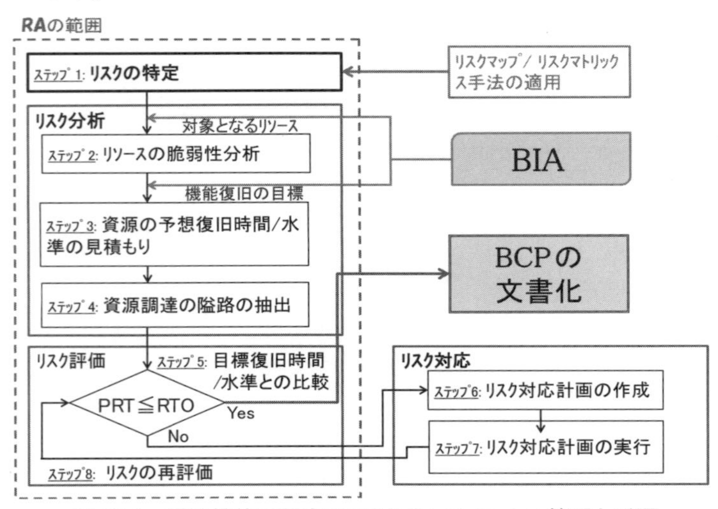

図4.2-1　港湾機能に関するリスクアセスメントの範囲と手順

コラム6◆港湾におけるRAとは何か？

一般にRAとは、生じうるハザードの分析と脆弱性の現状評価を行うことによって、それらが組み合わさって人命や財産、サービス及びそれらが依存する環境への危害が生じるリスクについてその性質と程度を判断するための手法を言います。（内閣府，国連国際防災戦略：ISDR防災用語集2009年版，pp.47）港湾におけるRA及びそれに付随するリスクマッピングでは、①地震、津波、高潮と言ったハザードの技術的な特性（発生する場所、強度、頻度または確率など）の調査、②ハザードにさらされる可能性を有する港湾活動上の重要要素（資源）の脆弱性の分析、③想定される資源の被災シナリオに対する現状の主たる対処能力及び他に考えられる対処方策の有効性の評価、が含まれています。

RAの最初のステップでは、リスクマップやリスクマトリックスの作成あるいは地域防災に係る上位計画の参照等を通じて想定するインシデントを決める。

次に、BIAによって抽出されたリソースについて、資源のダメージや機能の喪失／阻害の程度を推し量る作業（資源の脆弱性分析）を行う。また、脆弱性分析の結果を踏まえて、リソースの予想復旧時間（PRT）及び予想復旧水準（PRL）を見積もる。

BIAにおいては、業務フロー分析から直接資源（業務処理資源及び制御資源）を、また依存関係の分析から間接資源を抽出した。これらのリソースはすべて、平常時における重要機能の実施に必要とされるものであり、重要機能の業務フローが変更されない限り、災害後の重要機能復旧のいずれかの段階で必要とされるものであるから、これら全てのリソースの脆弱性とレジリエンシー（復旧の水準と早さ、すなわちPRL及びPRT）を知る必要がある。これらの分析評価を行うことによって、全てのリソースについて発災時にどのような状態に陥るか、災害後の経過時間軸上で、いつごろまでにどの程度の再度利用が可能になるかを把握することができる。

図4.2-1では、業務フロー分析によって抽出されたリソースをリスク分析の対象としている。これらのリソースは、平常時の重要機能遂行に必要なヒト、モノ、情報等であるが、災害後の重要機能は、顧客の要請に応えて災害前の機能水準を復旧すること

コラム7◆想定どおりのインシデントがくることはまずないが、BCPを作る意味はあるのか？

想定通りのインシデントが来ることはまずありません。すなわち、BCP作成の前提として、マグニチュード7.5の地震を想定したとして、実際にはそれ以下か、もしくはそれ以上の「想定外のインシデント」が起こるわけで、発生する災害の規模や内容は千差万別です。それで、この質問。「想定と異なるインシデントが起こった場合にあっても、BCPは果たして有効なのだろうか？ インシデントの想定がBCPの実効性を左右することはないのだろうか？」
BCPでは、何が原因であるかは二の次であり、事業継続上「こうなったら困ること」を的確に想定し、そういった事態を避けるための事前の対策を検討したうえで、それらの情報を文書化しておくものです。もちろん、地震・津波や高潮、火山噴火といった具体のインシデントを念頭に置くことは、事態の想定が容易となり、BCPの準備に向けた動機づけも強まるでしょう。向こう30年間の間に70%~80%の確率で大地震が起こると言われたら、BCPを作成する身としても力が入ることは間違いありません。
しかしながら、的確に準備されたBCPは、対処しようと言う危機的事態の原因が何であっても、事態そのものの打開を図るための準備を記したものであることから、常に有効であると期待できます。仮に想定外の事態が発生したとしても、BCPが無い場合に比べて、少なくともより的確な対応が可能となるであろうし、想定の範囲内であれば、あらかじめ検討しておける対策はすでに取られていると期待できます。従って、想定インシデントの当否とBCPを作成する意義は直接関係しないと言ってよいでしょう。

はもちろん、その復旧途上においても暫定的に様々な機能の発揮を要請される。例えば一般の貨物埠頭では、災害直後には緊急支援物資の搬入に用いられる場合が多いといった例示が分かり易い。一方で船社や荷主などの港湾利用者は一刻も早い機能の全面復旧を求めるであろう。そのため、港湾の運営に必要となる全てのリソースについてその脆弱性を分析しておかなければならないことになる。

すなわち、図4.2-1のリスク分析（重要機能のリソースのレジリエンシー評価）では、重要機能の完全復旧が最終目標となるが、加えて、機能の復旧の途上における暫定的な機能の復旧も対象となる。本書ではこれらの様々な機能復旧の水準を「機能復旧目標」と呼ぶことにする。

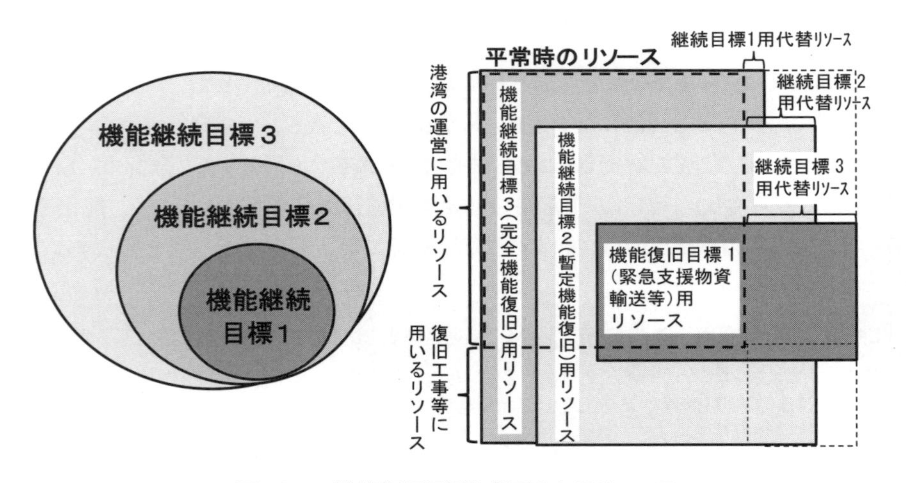

図4.2-2　機能復旧目標と必要となるリソース

図4.2-2は、様々な機能復旧目標とそれらの実現に必要となるリソースの関係を模式的に示したものである。各段階の機能復旧目標が復旧を目指す機能の水準は、完全機能復旧時の機能水準に包含される（図4.2-2の左図）。復旧が進むにつれて機能水準が向上し、様々な需要に対応が可能となる。一方で、それらに対応するために必要となるリソースには、暫定機能時にガントリークレーンの代わりに用いるモバイルクレーンなどの代替機材や復旧工事等に必要となる資機材、労働力などの災害に由来し一時的に必要となるものも含まれる。

それでは、図4.2-1において実施するリスク評価は、具体的にはどのように行えば良いのであろうか？

本書の第三章第3節では、ドラフトBIAから得られる重要機能のRTOと重要機能を構成する個別の業務活動のRTOに大差がないことを述べた。このことは、個々の業務活動に必要なリソースが復旧されれば、ほぼ同時に重要機能も復旧することを意味する。すなわち、重要機能の機能継続目標を達成する上で必要となるリソースが分かれば、その中で最も復旧に時間がかかるリソースのPRTによって重要業務の復旧の時期が決まるわけであるので、リスク評価に際しては、機能継続目標毎のRTOを、その機能継続目標の達成に必要なリソースのPRTの中で最も大きなものと比較すればよいことになる。

このようなことから、本書では、重要機能が平常時に必要とするリソースをBIAによって一旦抽出したうえで、その際に作成された業務フロー図やリソースの一覧を参照しつつ、機能復旧目標毎に必要リソースを抽出しなおすこととしている。またその際、想定されるリスク対応計画に応じて代替利用されるリソースや復旧工事等用のリソースを適宜追加することを推奨している。このようにすることによって、リソースのPRTを直接、重要機能のRTOと比較しリスクの程度を評価することが出来るわけである。

なお、全てのリソースが一様に重要機能の復旧の度合いと時期を決定するわけではなく、最も大きなPRTを有するリソースが重要業務の遂行再開にあたっての隘路となるため、RAでは個々のリソースのPRTの値を推定した後、最大の値をとるリソースを隘路となるリソースとして探り当て、リスク対応計画において優先的にPRTの低減策を講じることとしている。

第3節　リスクの特定

ISO22301においては、事業継続に影響を与える、または与える恐れのある災害、事故、事件などの出来事をインシデント（危機的事象）と呼んでいる。

RAの実施に際しては、まず最初に、当該港湾の機能を中断させる恐れのあるインシデントの特定と評価を行う必要がある。現下の港湾BCPでは、作成の最大の動機づけが東日本大震災であることから、もっぱら地震、津波を想定とするものとなっているが、日本の港湾機能に対する現実のインシデントはこれらにとどまらず、自然現象だけでも高潮、強風、大雪、濃霧、火山噴火といった様々な脅威が存在する。BCPを作成する目的は、いかなる事態下にあっても可能な限り港湾機能の継続性を確保することであるから、インシデントを不用意に限定することは、不必要な「想定外」の事態を招く原因となるため、もっとも避ける努力がなされなければならない点である。

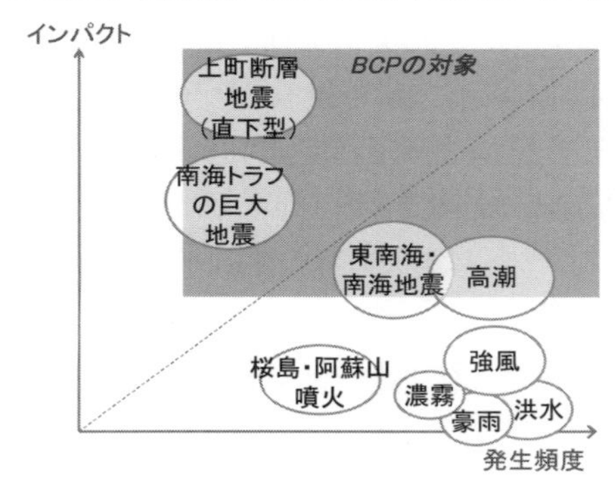

図4.3-1　港湾のリスクマッピングの事例

図4.3-1は、大阪港におけるインシデント発見のための議論に用いたリスクマッピングの結果である。港湾BCPガイドラインにおいては、様々なインシデントを洗い出し、発生の頻度及びその影響の観点から定性的に評価し、優先的に対応すべきインシデントの種類を特定し、順位付けする手法としてリスクマッピングを紹介している。このようなリスクマッピングの手法を用いると、発生の確からしさと影響の大きさを、地域が有する固有の災害リスクとその特性として可視化することができ、関係者間での情報共有とリスクの評価が容易となる。

インシデントの特定と評価に際しては、前出の中央防災会議が公表する南海トラフ巨大地震や首都直下地震等の巨大災害に関する防災対策推進地域指定や地震・津波予測、被害想定の他、当該港湾が位置する地域の地域防災計画を踏まえる必要がある。

第4節　リスク分析の手順と内容

4.4.1 概要

リスク分析は、重要機能の実行に必要なリソース脆弱性分析、リソースの復旧時期と復旧水準の予測（レジリエンシー評価）、重要機能の回復上の隘路の抽出から構成される。

第二章の図2.4-1（港湾物流BCPのための分析・検討手順）において示したように、港湾BCPの検討においてRAの対象となるのは港湾運営に必要な資源（リソース）と港湾における貨物取扱需要の発生源である荷主の経済活動である。ここで言うリソースは、前節に述べた直接資源及び間接資源の両方を含み、重要機能の発揮上必要なすべての資源であることに注意されたい。

前者のリソースを対象としたRAについて、昆及び小野らは、顧客が求めるサービスの提供に向けて重要機能の復旧を行おうとする際に、必要なリソースの復旧に要する時間とその水準を、予想復旧水準（PRL）及び予想復旧時間（PRT）と呼び、これらのリソースのPRL及びPRTを、BIAから得られる重要機能（または業務活動）のRLO及びRTOと比較することによってリスクの程度を評価し、リスク対応を行うことを提案している[2), 3)]。

重要機能のRTO／RTLは、顧客が求めるサービスが提供可能な機能復旧の程度と復旧に要する時間である。一方で現実には、様々な要因によって思うように復旧が進まないのが現実である。災害が起こると大抵の場合、必要なリソースの一部が手に入らず、復旧に思わぬ時間を取られることが予想される。そこでリソース毎に復旧に必要となる時間（PRT）とその水準（PRL）を求め、リソースの相互依存性分析から得られた隘路となるリソースのPRTをBIAで求めたRTOと比較すると、要請されている復旧時間に対して現実にはどの程度の時間は必要であるかを推し量ることができる。両者のギャップを埋め、顧客を満足させ、繋ぎ止めることがBCPの目的・BCMの役割であり、そのための対応策を検討する過程がリスク対応である。

このようなことから、港湾BCPにおけるRAの最大の使命は、要請される重要機能の復旧度に対応したリソースのPRT及びPRLを求めることに他ならないと言える。

ここでは、当該港湾においてBCMの対象とすることが適当なものと判断されたインシデントに基づき、リソースの脆弱性分析とレジリエンシーの評価（重要機能の運営に必要なリソースのPRT及びPRLの評価）を行う作業の内容について述べる。具体的には、リソースのPRLは、BIAから得られた機能継続目標毎の重要機能のRLOに等しいとし、その上で、隘路となるリソースのPRTの値（ti^{prt}）を推定するものである。

4.4.2 リスク分析の手順

ここまでで既に述べたように、リソースの予想復旧時間及び予想復旧水準（PRT／PRL）は、インシデントによって被った損害などによって供給が停止したり、機能が低下した場合について、どの程度の時間（PRT）が経過すれば、どの程度の水準（PRL）まで供給と機能が復旧できそうかを推定した値で、重要機能のリスクレベルを表す指標であるといえる。リソースのリスク分析の順序の詳細な内容を図4.4-1に示す。

図では、リスク分析が「機能継続目標の設定」から始まっている。

災害後の重要機能の復旧目標は、「災害前の状態に戻す」ことの一点とは限らない。コンテナターミナルを例にとってみても、災害後に最初に要請されることは発災時に在港したコンテナを荷主に引き渡す、陸上輸送によって他港経由で積み出す、破損したコンテナを処分するといったこととなるかもしれない。貨物が被災した港湾に蔵置されたままになると、荷主がビジネス上の大きな損害をこうむることにつながりかねず、ひいては当該港湾の信頼性を損なう。破損し放棄されたコンテナが埠頭に放置されたままになると、港湾施設の復旧作業の妨げになる。また、国際コンテナ基幹航路の寄港再開までの間、内航コンテナ輸送や国際フィーダー輸送による他港へのコンテナ移送

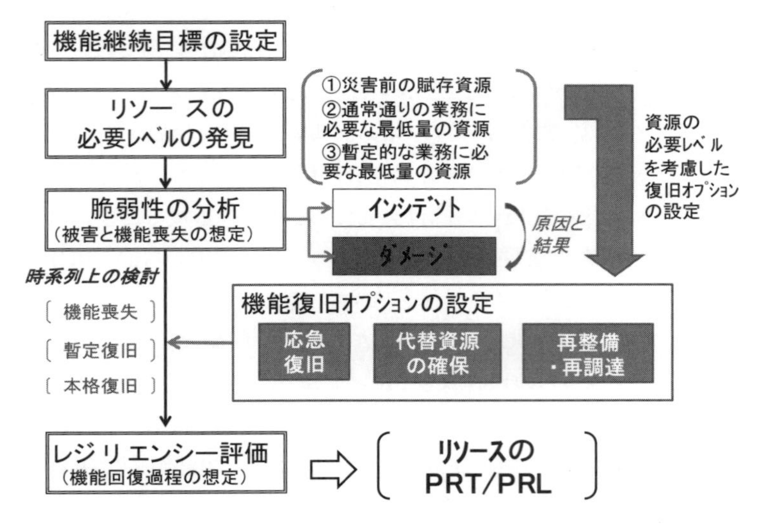

図4.4-1　脆弱性分析とレジリエンシー評価の手順

を行うことが船社から強く要請される場合は、小型のコンテナ船向けの港湾サービスのいち早い再開が必要となる。地域防災計画の緊急支援輸送経路に組み込まれた港湾では、何はさておき、緊急支援物資の揚陸機能を速やかに回復しなければならない。

このような重要機能の機能回復の要請は、BIAにおいて最大機能停止時間（MTPD）の推定を行う際の「機能停止インパクト」を踏まえた機能復旧の目標（機能継続目標）を与える。

4.4.3 機能継続目標の達成に必要なリソースの選定

上記のような機能継続目標に対応する必要資源レベルを決定するためには、平常時の港湾運営を念頭に置いて作成された業務フロー図に基づき、各機能継続目標に応じた業務フロー図を作成し、それぞれの機能継続目標が必要とするリソース（業務処理資源及び制御[制御資源]）を再度抽出する必要がある。

ここでは第三章第3節3.3.2において掲げた表3.3-1を再度参照しつつ（表4.4-1）、重要機能の復旧過程にあって掲げられる機能継続目標が必要とするリソースの抽出プロセスを具体的に確認する。

表4.4-1　BIAに基づく機能継続目標の例（再掲）

機能継続目標	1	2	3
	発災時在港ｺﾝﾃﾅの滞留解消	近海・ｱｼﾞｱ航路の他港移転防止	基幹航路の寄港取りやめ防止
目標復旧時間（RTO）	6日	59日	89日
目標復旧水準（RLO）	内航ｺﾝﾃﾅ船やﾄﾗｯｸによる発災時ｺﾝﾃﾅの払い出し機能の確保	近海・ｱｼﾞｱ向けｺﾝﾃﾅ航路の再開（水深−12m、ｶﾞﾝﾄﾘｰｸﾚｰﾝ1基/ﾊﾞｰｽの確保等）	基幹航路の寄港再開（水深−15m、ｶﾞﾝﾄﾘｰｸﾚｰﾝ2基/ﾊﾞｰｽ確保 等）

第三章では、「在港コンテナの滞留」、「近海・アジア航路の他港移転」、「基幹航路の寄港取りやめ」の3項目を「事業継続上困る」状況であるとし、それぞれについて事業継続上困った状況に落ち入らないための「機能継続目標」を、

1. 発災時在港コンテナの滞留解消、
2. 近海・アジア航路の他港移転防止、
3. 基幹航路の寄港取りやめ防止、

の3区分で設定した。表ではそれぞれの機能継続目標について、利用者から求められる最小限の機能水準と機能回復時間をRLO、RTOとして掲載している。

表4.4-1の機能継続目標1では、荷主の求めや施設復旧上の必要性から発災時に在港したコンテナをターミナル外に排出することが要請されることに鑑み、そのためのターミナルの機能水準をRLO、そのサービス開始が要請される6日目をRTOとしている。RLOの達成には内航コンテナ船やトラックへのコンテナ積み込み機能の回復が必要となることから、これが機能復旧オプションであり、それらに必要な資源の確保が図4.4-1に言う「リソースの必要レベル」となる。

一方、機能継続目標2及び3では、外貿コンテナ船の入港を受け入れるために、税関、動植物検疫等の貿易、入出国手続き機関が機能し、外航コンテナ船の船型に合わせた航路と泊地の幅員と水深、岸壁延長、大型クレーンの稼働等がRLOとして求められている。そのため、それらを可能とするリソースを確保する必要があるが、機能継続目標2では、目標が近海・アジア向けコンテナ航路の再開であるため、航路泊地や岸壁の水深等を元の施設規模まで全て復旧しなくても対応が可能である。これに対して、機能継続目標3では当該コンテナターミナルが目的とする最大級の大型コンテナ船を入港させることが求められていることから、「リソースの必要レベル」は平常の運営に必要なリソースの水準に近いものとなることは容易に予想がつく。

それでは、上記の事業継続目標に対応した業務フロー図はどのように描けばよいであろうか？

図4.4-2に、事業継続目標1の一部である「発災時在港貨物の滞留回避のための内航コンテナ船の緊急入港」の業務フロー図を示す。図4.4-2は、第三章第4節の図3.4-3に示したコンテナ船の入出港・荷役の業務フロー図を、表4.4-1の機能継続目標1に合せて加除修正したものである。例えば事業継続目標1で寄港が必要となるのは内航コンテナ船であることから、図4.4-2では、航路水深は第三章第4節の図3.4-3より浅くなり、税関・入管・動植物検疫（CIQ）関係の制御が不要となるなど、リソースの必要レベルや必要量が大幅に減少している。

上記の作業に際して、リソースは、ｉ）災害前の賦存資源、ⅱ）通常通りの運営に必要な最低量の資源、ⅲ）暫定的な運営に必要な最低量の資源、と言う3つの視点で抽出する必要があることに留意されたい。

ここで、「災害前の賦存資源」とは当該港湾の運営に実際に用いられているリソースであり、予備や施設・設備品類の入れ替え等に伴い一時的に保有されているものも含

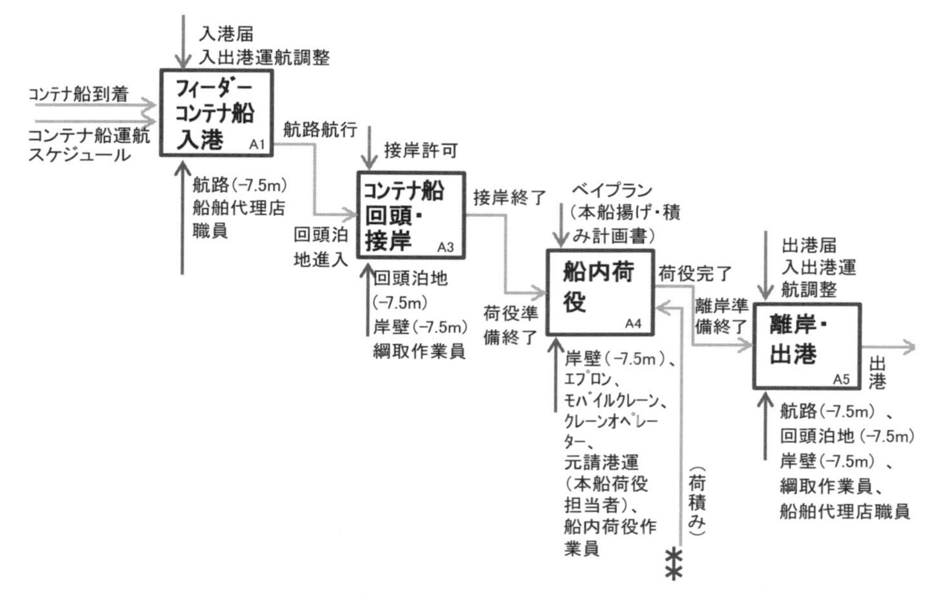

図4.4-2　災害時の貨物滞留回避のための内航船緊急入港業務フロー図

む、いわば「余裕をもった資源量」を意味する。一般に、第三章４節（港湾運営に必要なリソースのマネジメント）で示した業務フロー分析から抽出される直接資源やそれらが依存関係を有する間接資源は、港湾における平常時のリソースであり、ここで言う災害前の賦存資源である。

一方「通常通りの業務活動に必要な最低量の資源」は、当該重要業務において災害前と同等の水準のサービスを再開しようとする際の最低必要資源量である。顧客の要請に応えいち早く元通りの、もしくは短期的にそれに近い目標復旧水準（RLO）実現のためのリソース量であることから、例えば、幅員が対象船舶の船長に満たず入出港制限をかけつつ運用される航路であるとか、交代要員を含まないギリギリの職員数で業務を開始した港湾管理者のように、中長期的には資源の不足を生じるリスクを内包する。

また、「暫定的な業務活動に必要な最低量の資源」は、一部の顧客の要請に暫定的に答えようとする場合のリソースの量であることから、通常通りの業務活動に用いるリソースに比べて、リソースの数（量）が少なかったり規模が小さかったりする。図4.4-2からは、機能継続目標1に対応する「暫定的な運営に必要な最低量の資源」が抽出されることとなる。

4.4.4 リソースの脆弱性分析の考え方

機能継続目標別に必要なリソースのレベルを明確化した後、想定されるインシデントの下でこれらのリソースの脆弱性の評価を行う。また、脆弱性の評価結果を踏まえてリソースの利用可能性や機能の復旧戦略を検討し、リソースの復元性（レジリエンシー）を評価する。レジリエンシーの評価の結果は、リソースのPRT及びPRLとして表現される。

脆弱性とレジリエンシー評価の対象となるリソースは、BIAで求めた直接資源及び間接資源の全体となる。BIAから抽出されたこれらのリソースのすべてが重要機能の復旧に関わる可能性を有するからである。リソースには、外部供給から人的資源、施設・設備、情報通信システム、建物・オフィスに至る様々なヒト、モノ、情報が含まれ、インシデントによるこれらのリソースの被災を想定し、さらにそれによって引き起こされるリソースの機能喪失の内容を求めることは相当煩雑な作業となる。

例えば岸壁のように、港湾機能の最も根幹に係る施設であって長年にわたって耐震性についての研究が積み重ねられてきたものについてでさえ、想定するインシデントに対して実際にどのような構造変形が生じ、どのような機能阻害が起こるのかを正確に予測することは容易ではない。地震力に対する岸壁や護岸構造物、防波堤などの抵抗力は一定精度の下に算出可能であるが、被災後の変状や機能喪失の程度の評価には多大な困難が伴う。

一方で、これまでも埠頭に至る臨港道路やクレーンなどの荷役施設に関する耐震性評価の必要性が指摘され、こういった施設に関する脆弱性評価技術も次第に研究対象になりつつある。倉庫や上屋、ターミナルビル等の施設については建築物としての耐震評価が可能である。しかしながら、地震及び津波の複合的な作用の影響を評価しようとする試みは今後の研究に待つところが大きい。

港湾施設に関する脆弱性評価手法の分類を試みたものを図4.4-3に示す。図では、FLIP（注2）等の有限要素法による詳細で精緻な検討から、過去の被災例・経験に基づく大まかな評価法まで、様々な手法を示している。

（注2）FLIPは、地盤−構造物系の有限要素法による動的有効応力解析プログラムで、Finite element analysis program of Liquefaction Process/Response of Soil-structure systems during Earthquakes(地震時の液状化による構造物被害予測プログラム)の略称。地震動による地盤や構造物の残留変形、構造部材に生じる応力などを求めることができる。一般社団法人FLIPコンソーシアムHP（http://www.flip.or.jp/flip_program.html）

FLIPなどを用いた構造解析を行うことによって、岸壁や護岸等の港湾構造物の被災後の変状や残留構造強度等についてより正確で厳密なデータが得られ、当該構造物の脆弱性に留まらず、その後の予想復旧時間や水準（PRT／PRL）等のレジリエンシーを評価するうえでの重要な情報が得られるが、その実施には費用や時間が掛かり、検討の実施や結果の理解にも高度な知識と経験が求められる。

一方で、簡易な手法は、FLIP等の有限要素法に比較すると、脆弱性評価の結果に曖昧さ、不確実さを残すが、過去の災害の経験やデータを適切に駆使できれば、安価で結果の理解もたやすい。

またこれらの中間に位置する手法としては、様々な境界条件のもとで行ったFLIPの計算結果を正規化しグラフ等にまとめたり、結果をデータベース化し類似の条件下にある計算結果を抽出する方法がある。特に、次節で解説するチャート式耐震診断手法や一井による岸壁等の脆弱性曲線はすでに多くの港湾施設に用いられてきている[4)]。

本多らや赤倉らは東日本大震災時の港湾施設の被災データに基づく統計的手法による脆弱性曲線を提案している[5), 6)]。構造物の設計が適切に行われていたと仮定すれば、地震力等に対する構造設計上の抵抗力の比率（安全率）から脆弱性を判断することも考えられる。

一井らの手法が有限要素法等を用いた厳密解を基礎としてより実用的な分析ツールを提供しようと言うアプローチであるのに対して、本多らのアプローチは、過去の被災事例からスタートしてより普遍的な脆弱性分析ツールを開発しようと言うものである。BCP検討におけるRAのような、多数のリソースの脆弱性をまんべんなく効率的に評価

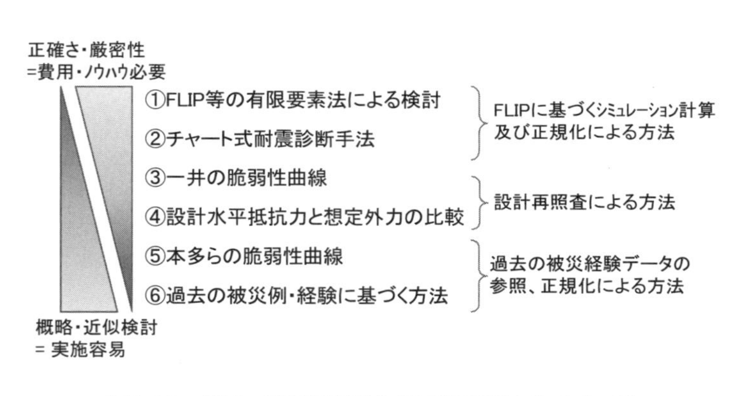

図4.4-3　リソースの脆弱性分析手法の様々なイメージ

しようと言う場合は、上述の厳密解と簡易手法の中間に位置する脆弱性曲線の開発に大きな期待がかかるところである。赤倉らは、港湾BCPに必要とされる脆弱性評価の要件を踏まえた上で、特に東日本大震災にて問題になった水域施設の航路障害物と、クレーン等の荷役施設の脆弱性評価手法を開発している。

本章の次節では、上記のような観点から、いかに実務的にリソースの脆弱性とレジリエンシーの評価を行うかと言う課題について、これまでの経験、研究蓄積等に立脚した対応の在り方について紹介することとする。

4.4.5 リソースのレジリエンシー評価の考え方[2)]

4.4.3では、重要機能の復旧過程においてターゲットとされる機能継続目標の達成に必要なリソースの選定方法について述べた。また4.4.4では、これらのリソースの脆弱性分析の考え方について述べた。これらを踏まえてここでは、リソースのレジリエンシー評価作業として、機能を喪失したリソースについて機能継続目標が求める暫定復旧や本格復旧の水準（PRL）とそれに要する復旧時間（PRT）の推定方法について述べる。

図4.4-1では、どのような復旧方法で、どの段階まで復旧しようとするのかと言う「機能復旧オプション」の設定が必要であるとしている。この機能復旧オプションは、顧客である港湾利用者の満足を得るために港湾において行おうとしている応急／本格復旧の工事内容や代替資源の確保の策、復旧が困難なリソースの再整備や再調達であり、これらによって達成される復旧水準が、前章3.3.3において述べたMTPD推定の際の重要機能の機能継続目標を満足させる必要がある。

図4.4-1では、リソースの機能復旧オプションに基づいて、発災以降の時系列上で暫定復旧及び本格復旧を考えてゆくこととしているが、どのようなやり方でリソースの利用可能性を回復するかは、そのために必要となる時間に大きな影響を与える。リソース復旧の方法として前例もあり確立した工法をとるか、新たな手法を試すか、またどの程度の経費をかけるかと言った様々な選択肢があるため、事前に予備的な検討を行い、オプションを絞り込んでおくことが望ましい。これらの作業プロセスは港湾のリソースのPRT及びPRLを推定する上で不可欠な分析作業である。

また、想定以上の津波浸水による被害やクレーン等荷役機械の脱輪、損壊等によってPRTが大幅に長くなるリスクを勘案し、上記のような「標準的なシナリオに基づく脆弱性及び復旧」に加えて最悪時のシナリオを必要に応じて設定することも有効である。

一方、リソースのPRTを推定するためには、リソースのPRLが明確化されなければならない。被災したリソースをどの程度まで利用可能なものに復旧するかが決まらなければ、復旧のための所要時間が見積もれないからである。そのための手順として、まず重要機能のRLOを参照しつつ、重要機能を構成する業務活動のRLOを決定する。例えば、アジア、近海コンテナ航路の再開を重要機能のRLOとする。重要機能を構成する業務活動のうち、コンテナ船の入港を例として取り上げると、業務活動のRLOは「アジア・近海航路就航コンテナ船の入港機能の確保、水先案内及びタグ等航行支援サービスを提供」といったものとなろう。このような情報から、必要とされるリソースとそのRLOは「航路」及び「水深12m、幅員250m」と言うように決まってくる。リソースのPRLは少なくともリソースのRLO以上の水準でなくてはならないから、ここで、

リソースのPRL＝リソースのRLO　　　　(4.1)

とおくと、リソースの脆弱性分析等に基づき重要機能のRTOとリソースのPRTを比較し、重要機能の事業継続のためのリスク対応を検討することができる。このような検討の過程は、図4.4-4のような作業手順のフローで示される。

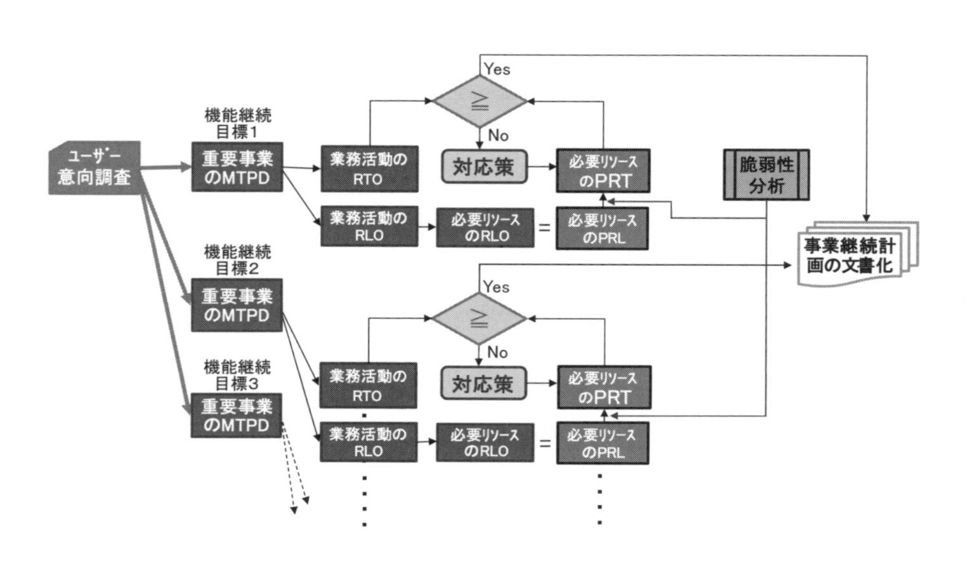

図4.4-4　リソースのPRLの決定とPRTの算定のイメージ

図4.4-5及び図4.4-6に作業シートを用いたリソースの脆弱性分析の例及びリソースのPRT評価の例を示す。これらの評価例は、大阪港DICTのターミナル運営リソースを対象としたRAに際して作成した作業シートからの抜粋である。図4.4-5ではBCPが対象とする上町断層地震及び南海トラフ巨大地震の港湾地帯における震度及び想定津波高さをインシデントの強度とし、それによって生じると考えられるリソースの被害想定と機能喪失や機能低下の内容を港湾の脆弱性として整理している。なお、ここで示されているリソースは機能継続目標1（機能復旧目標を災害時の貨物滞留回避）に対応するもののみであり、外貿コンテナ船の受け入れに必要なCIQ等のリソースが含まれていないことに注意されたい。平常時のリソース61項目のうち、機能継続目標1の達成に必要な26項目のみが抽出されている。

また図4.4-6では、26項目のリソースに対してまず標準復旧シナリオが設定され、それに対応する予想復旧時間（PRT）が示されている。作業シートでは、脆弱性評価作業シートから得られる被害や機能喪失・低下の内容を踏まえて各リソースの具体的な復旧方法を考案し、それらに要する時間、費用（図では省略）、推奨される事前準備の内容等を記入する。表4.4-1の事例のように機能継続目標が3通りある場合は、図4.4-6の復旧シナリオの評価作業シートを3通り作成する必要がある。DICTでの検討の場合、簡素化のため、PRT推定のための詳細な解析は実行しておらず、東日本大震災や阪神・淡路大震災等の過去の災害事例に基づいて設定した値について、DICTの運営担当者その他の港湾関係者とのワークショップ形式での検討に基づきPRTを決定した。標準復旧シナリオは発災後数日から1週間程度の期間において主に応急修理等の緊急対応による暫定的な機能の回復を行うとの考えに基づいており、被害の程度の確認から機器の作動確認、応急的な修理等を内容としている。また、ワークショップの席上でDICTの運営担当者等から示された様々な懸念を勘案して、外部供給の復旧の長期化や想定外の被害の発生などを内容とした最悪の復旧シナリオを併せて設定し、これに対応するPRTを推定した。

最悪の復旧シナリオのPRTは、通常はまず生じないものと想定しつつも万一の場合を考えたかなり大胆な想定として設定した。例えば、発災後2日程度で75%が復旧するとされている電力供給について港湾地帯での復旧が遅れる可能性を考慮し1週間程度を見込んだ他、免震装置つきのガントリークレーンについても、直下型地震時による著しい上下動によって脱輪が発生する可能性や耐震化されているコンテナ岸壁についても想定を越えた変位が生じ応急復旧工事に時間を要する場合等を考慮した。

平常時のリソース	インシデント	港湾運営リスク	
		被害想定	機能喪失／低下の内容
電力	上町断層地震：震度7, 南海トラフ巨大地震：震度6弱、 津波高さ 5m	停電、津波による配電盤等の水没	供給停止
通信		電話回線混雑による通信不能	通話困難
水道		水道管破断による断水	供給停止
燃料油		津波による給油施設の損傷、軽油・C重油供給の不足	供給量の低下
港湾管理者職員		地震動、津波による職員及びその家族の死傷、自宅等被害、緊急参集ﾙｰﾄにおける交通障害	緊急参集困難・遅れ、欠員の発生
港長職員			
ﾀｰﾐﾅﾙｵﾍﾟﾚｰｼｮﾝｾﾝﾀｰ職員			
ｶﾞﾝﾄﾘｰｸﾚｰﾝｵﾍﾟﾚｰﾀｰ			
ﾄﾗｸﾀｰ運転手			
ﾄﾗﾝｽﾃﾅｰｵﾍﾟﾚｰﾀｰ			
ｹﾞｰﾄｸﾗｰｸ			
航路	南海トラフ巨大地震による津波高さ5m	津波による海面浮遊物や海底障害物の発生	大型船舶の航行障害
回頭泊地			
岸壁	上町断層地震：震度7, 南海トラフ巨大地震：震度6弱、 津波高さ 5m	岸壁構造体の変形、構造強度の低下	船舶の接岸・停泊、荷役停止。
ｴﾌﾟﾛﾝ		地表面の不陸、陥没、舗装の構造強度の低下	荷役機械の走行障害及びコンテナの蔵置不可
ｶﾞﾝﾄﾘｰｸﾚｰﾝ		脱輪、横転等による脚部破壊等の損傷	ｺﾝﾃﾅ積み込・積み降ろし業不可
ﾔｰﾄﾞ・ｼｬｰｼｰ		津波浸水による電気系統、機械部の損傷	ｺﾝﾃﾅ横持ち、蔵置、引き渡し作業停止
ﾄﾗﾝｽﾃﾅｰ（RTG）		地震力による転倒、機械部の損傷。液状化による走行ﾚｰﾝの破損。津波浸水による電気系統の絶縁不良	
ﾄﾗｸﾀｰ		津波浸水による電気系統、機械部の損傷	
ﾁｪｯｸｲﾝｹﾞｰﾄ		地震動によるｹﾞｰﾄﾊｳｽの損傷 津波浸水によるｹﾞｰﾄ機器の損壊、電気・光ﾌｧｲﾊﾞｰ回線の破断	ｺﾝﾃﾅ輸送ﾄﾗｯｸの入出構の停止
ﾁｪｯｸｱｳﾄｹﾞｰﾄ			
ﾀｰﾐﾅﾙｵﾍﾟﾚｰｼｮﾝｼｽﾃﾑ		地震動によるｻｰﾊﾞｰ及び端末機器の損傷 電気・光ﾌｧｲﾊﾞｰ回線の破断	DICTｵﾍﾟﾚｰｼｮﾝｼｽﾃﾑの作動停止
港湾合同庁舎		地震動による建物、設備被害、津波による低層部浸水及びｱﾌﾟﾛｰﾁ道路冠水 業務用OA機器損壊	税関及び港長業務の停止
港湾管理事務所			ﾀｸﾞﾎﾞｰﾄ斡旋を含む港湾管理業務の停止
ﾀｰﾐﾅﾙｵﾍﾟﾚｰｼｮﾝ室			ｺﾝﾃﾅﾀｰﾐﾅﾙの制御機能の停止
ﾏﾘﾝﾊｳｽ		地震動による建物、内装、什器被害	船内、沿岸荷役作業員の作業効率の低下

図4.4-5　作業シートを用いたリソースの脆弱性評価例

平常時のリソース	リソースのレジリエンシー			
	標準復旧シナリオ	PRT（標準）	最悪の状況シナリオ	PRT（最悪）
電力	ﾀｰﾐﾅﾙ内送電線、配電盤の応急復旧/予備発電機駆動	2	外部電源供給停止の長期化による発電機燃料の不足	7
通信	電話回線、交換機、ｲﾝﾀｰﾈｯﾄｻｰﾊﾞｰの応急復旧/衛星通信ｼｽﾃﾑの活用	2	通信ｻｰﾋﾞｽ途絶の長期化	7
水道	施設内配管点検/応急修理	2	水道供給停止の長期化	7
燃料油	燃料油ﾀﾝｸ、給油施設の応急復旧、給油施設点検	7	燃料油供給停止の長期化	14
港湾管理者職員	安否確認、個別連絡調整、緊急参集	2	特殊技能・専門知識を有する職員の喪失	7
港長職員		2		7
ﾀｰﾐﾅﾙｵﾍﾟﾚｰｼｮﾝｾﾝﾀｰ職員	ｵﾍﾟﾚｰﾀｰによる安否確認、勤務体制調整	3	ﾄﾗｯｸｸﾚｰﾝ免許保持者の確保が困難	6
ｶﾞﾝﾄﾘｰｸﾚｰﾝｵﾍﾟﾚｰﾀｰ	安否確認、元受港運からの連絡による作業手配	2	特殊技能・専門知識を有する職員の喪失	7
ﾄﾗｸﾀｰ運転手		3	運転手不足の長期化	7
ﾄﾗﾝｽﾃﾅｰｵﾍﾟﾚｰﾀｰ		3	ﾄﾗﾝｽﾃﾅｰｵﾍﾟﾚｰﾀｰ不足の長期化	7
ｹﾞｰﾄｸﾗｰｸ		3	ｹﾞｰﾄｸﾗｰｸ不足の長期化	7
航路	浮遊物確認、ﾅﾛｰﾏﾙﾁﾋﾞｰﾑによる海底障害物探査	3	多数の浮遊物、大型の海底障害物が発生	7
回頭泊地		3		7
岸壁	岸壁法線の変状確認、構造強度（杭変形、ｸﾗｯｸ発生等）の確認、一部の床版、杭頭部補強等	5	岸壁の変形、床板破損が著しい場合	30
ｴﾌﾟﾛﾝ	舗装強度確認 陥没、段差の応急補修等	5		30
ｶﾞﾝﾄﾘｰｸﾚｰﾝ	ﾓﾊﾞｲﾙｸﾚｰﾝによる代用	3	ﾓﾊﾞｲﾙｸﾚｰﾝの確保に手間取るｹｰｽ	6
ﾔｰﾄﾞ・ｼｬｰｼｰ	地震力による車体の変状等の確認　応急補修	3	津波浸水によるﾔｰﾄﾞ・ｼｬｰｼｰが冠水し、整備を要する場合	5
ﾄﾗﾝｽﾃﾅｰ（RTG）	地震力による脚部の変状、電気系統の絶縁不良等の応急修理	3	損傷が著しい場合	10
ﾄﾗｸﾀｰ	地震力による車体の変状、津波による電気系統不具合の度合いの確認　応急修理	3	津波浸水によるﾄﾗｸﾀｰが冠水し、整備を要する場合	10
ﾁｪｯｸｲﾝｹﾞｰﾄ	地震力によるｹﾞｰﾄﾊｳｽ、ｹﾞｰﾄ設備、電線・回線網の損傷の確認、応急修理 周辺道路の瓦礫等の片づけ	3	瓦礫等によって進入路の啓開に時間を要する場合	5
ﾁｪｯｸｱｳﾄｹﾞｰﾄ		3		5
ﾀｰﾐﾅﾙｵﾍﾟﾚｰｼｮﾝｼｽﾃﾑ	ｻｰﾊﾞｰ等情報ｻｰﾋﾞｽ用機器の応急修理、電気・光ﾌｧｲﾊﾞｰ回線の破断修繕/要詳細調査	4	ｻｰﾊﾞｰ、端末の損壊	10
港湾合同庁舎	建物診断、機械・電気等設備の安全確認調査、応急修繕、OA機器等の修理、調達・入れ替え	2	揺れによるｵﾌｨｽ機器の損壊、周辺道路の冠水	5
港湾管理事務所		2		5
ﾀｰﾐﾅﾙｵﾍﾟﾚｰｼｮﾝ室		2	ｵﾍﾟﾚｰｼｮﾝｾﾝﾀｰ建屋の被害が大きい場合	5
ﾏﾘﾝﾊｳｽ	建物診断、設備類の修理、調達・入れ替え	2	揺れによる建屋の損壊等	14

図4.4-6　作業シートを用いたリソースのPRT評価例
（機能復旧目標を災害時の貨物滞留回避とした場合）

上記のような最悪の復旧シナリオのPRTを、標準シナリオのPRTと比較したものを図4.4-7に示す。最悪の復旧シナリオにおいてはPRTが、少ない場合で50%増し、多い場合は7倍に達することが分かる。

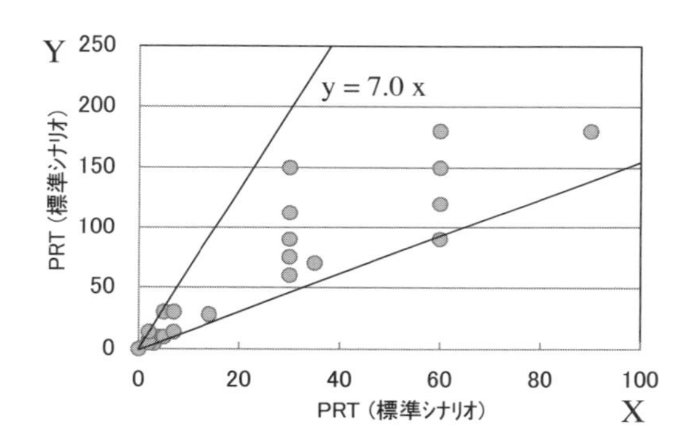

図4.4-7　標準シナリオ及び最悪シナリオ下におけるリソースのPRTの値の比較
（出典：大阪港DICTでの作業事例から）

また、図4.4-8は標準シナリオのPRTと最悪シナリオのPRLの比率の分布を示す。

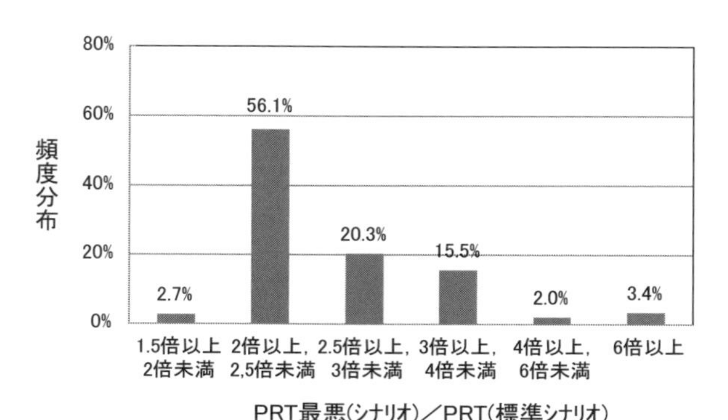

図4.4-8　標準シナリオ及び最悪シナリオ下におけるリソースのPRTの比率分布
（出典：大阪港DICTでの作業事例から）

図4.4-8では、2倍以上3倍未満が76.4%を占め、最悪事態を想定するとPRTが概ね2～3倍に増加することが分かる。

4.4.6 リソースの隘路の発見[2)]

リソースの依存性の波及の概念を用いると、リソース（xi）の他のリソースへの依存性の波及を考慮した復旧時間（PRT*）の値（ti^{prt}）は、リソースの依存性マトリックスD*を用いて以下のように表せる。

$$\dot{t}_i^{prt*} = \max_{1\leq j\leq n}(\dot{X}ij \times t_i^{prt}) \qquad (4.2)$$

ここで、

ti^{prt}：資源xiの予想復旧時間（PRT）の値

ti^{prt*}：資源xiの他資源への依存性を考慮した復旧sc時間（PRT*）の値

$\dot{X}ij$：資源xiのxjへの依存性（前出式（3.5）及び（3.6）参照）

n：リソース（直接資源及び間接資源）の数

上式（4.2）を用いると、各リソースについてPRTからPRT*を求めることができる。DICTにおけるリソースの依存性マトリックスとPRTの推定結果を基に作成したPRT*算定のための作業マトリックス（PRT*算定マトリックス）のイメージを図4.4-9に示す。

（リソースの依存関係マトリックス）

リソース名	FE 9 エプロン	FE 10 ガントリークレーン	FE 11 ヤードシャーシー
電力	0	0	0
通信	0	0	0
水道	0	0	0
燃料油	0	0	0
港湾管理者職員	0	0	0
港長職員	0	0	0
ガントリークレーンオペレーター	0	1	1
ターミナルオペレーションセンター職員	0	0	0
トラクター運転手	0	1	1
トランステナーオペレーター	0	0	0
[illegible]	0	0	0

（PRT* 算定マトリックス）

	FE 9 エプロン	FE 10 ガントリークレーン	FE 11 ヤードシャーシー
(PRT) ⇒	30	6	4.5
	0	0×6	0
	0	0×6	0
	0	0×6	0
	0	0×6	0
	0	0×6	0
	0	0×6	0
	0	1×6	4.5
	0	0×6	0
	0	1×6	4.5
	0	0×6	0
		0×6	0

図4.4-9　PRT*計算の手順

PRT*算定マトリックスは、リソースの依存関係マトリックスと同様の、縦軸及び横軸にリソース名が記入されたマトリックス構造となっている。このPRT*のマトリックスは、縦軸及び横軸ともリソースの隣接欄に各リソースのPRTの値が記入されている点が特徴となっている。

式(4.2)に従ってPRT*算定マトリックスの作成手順は、図に示す通りであり、すなわち、PRT*算定マトリックスの各成分は、マトリックス各列の上端(リソース名の下)に記入されたリソースのPRTと依存性マトリックスの成分(X_{ij})の積として得られる。すべての列について上記作業を順次実行すると、図4.4-10(1)及び(2)に示すようなPRT*算定マトリックスが作成される。

次に、PRT*算定マトリックスの各行について、成分の値の最大値を、依存性波及を考慮した予想復旧時間(PRT*)の欄に記入する。(図4.4-10(2))なお、同じ表の右端の欄(依存性の波及効果)に各行のPRT*-PRTの値を記入すると、この値が正の場合、当該リソースにおいては、依存性によって予想復旧時間が増大していることが判別できる。

DICTにおけるケーススタディに基づき、リソースの固有の予想復旧時間(PRT)と資源の依存性波及を考慮した予想復旧時間(PRT*)の関係を図4.4-11及び図4.4-12に示す。図4.4-11を見ると、PRTの値によらず、PRT*が180日に達しているリソースがあることに気づく。依存性の波及効果によって、最長のPRTを有するリソースの復旧時間に支配されると、それ自体の固有の復旧時間に係わらず、他のリソースへの依存性から復旧に長時間を要する場合があることに留意する必要があることが確認できる。

図4.4-12からは、資源の依存性波及効果によってどの程度復旧時間が長くなるかが推し量れる。リソースの三分の二が50%以内の増加にとどまる一方で、5倍、10倍となるリソースも合せて5%以上存在する。こういったリソースが隠れた隘路となる可能性があることから、リソースの依存性の分析が重要となってくる。

一般的に施設・設備に分類されるハード系のリソースは、災害による損壊等の機能損失がない場合であっても、発災後の運用にあたって構造健全性の確認や部品の取り換え、洗浄等の部分的な補修を伴うものが多いため、PRTが大きい。さらに、しばしば相互に依存性を有することも多いため、他のリソースに比べるとPRT*が大きく評価される傾向がある(図4.4-10の航路、泊地、ガントリークレーン、ヤードシャーシ等)。DICTにおけるケーススタディでは、軟弱地盤による地震力の増幅や津波浸水範囲の拡

		分類	OS	OS	OS	OS	HR	HR	HR	HR	HR	HR	HR	FE	FE
		No.	1	2	3	4	4	5	12	13	16	17	18	1	6
		リソース名	電力	通信	水道	燃料油	港湾管理者職員	港長職員	ｶﾞﾝﾄﾘｰｸﾚｰﾝｵﾍﾟﾚｰﾀｰ	ﾀｰﾐﾅﾙｵﾍﾟﾚｰｼｮﾝｾﾝﾀｰ職員	ﾄﾗｸﾀ-運転手	ﾄﾗﾝｽﾃﾅｰｵﾍﾟﾚｰﾀｰ	ｹﾞｰﾄｸﾗｰｸ	航路	回頭泊地
分類	No.	リソース名	PRT	7	7	7	14	15	7	6	7	7	7	7	7
OS	1	電力	7	7	0	0	0	0	0	0	0	0	0	0	0	0
OS	2	通信	7	0	7	0	0	0	0	0	0	0	0	0	0	0
OS	3	水道	7	0	0	7	0	0	0	0	0	0	0	0	0	0
OS	4	燃料油	14	0	0	0	14	0	0	0	0	0	0	0	0	0
HR	4	港湾管理者職員	15	7	7	7	0	15	0	0	0	0	0	0	0	0
HR	5	港長職員	7	7	7	7	0	15	7	0	0	0	0	0	0	0
HR	12	ｶﾞﾝﾄﾘｰｸﾚｰﾝｵﾍﾟﾚｰﾀｰ	6	7	7	7	14	0	0	6	0	7	0	0	0	0
HR	13	ﾀｰﾐﾅﾙｵﾍﾟﾚｰｼｮﾝｾﾝﾀｰ職員	7	7	7	7	0	0	0	0	7	0	0	0	0	0
HR	16	ﾄﾗｸﾀｰ運転手	7	7	7	7	14	0	0	6	0	7	0	0	0	0
HR	17	ﾄﾗﾝｽﾃﾅｰｵﾍﾟﾚｰﾀｰ	7	7	7	7	0	0	0	0	0	0	7	0	0	0
HR	18	ｹﾞｰﾄｸﾗｰｸ	7	7	7	7	0	0	0	0	0	0	0	7	0	0
FE	1	航路	7	7	7	7	0	15	0	0	0	0	0	0	7	0
FE	2	ﾀｸﾞﾎﾞｰﾄ	0	7	7	7	14	15	0	0	0	0	0	0	0	0
FE	3	ｻｰﾋﾞｽﾎﾞｰﾄ	0	0	7	0	14	0	0	0	0	0	0	0	0	0
FE	4	電光表示板	0	7	7	7	14	15	0	0	0	0	0	0	0	0
FE	5	検疫錨地	0	7	7	0	0	0	0	0	0	0	0	0	0	0
FE	6	回頭泊地	7	7	7	7	0	15	0	0	0	0	0	0	0	7
FE	7	岸壁	30	7	7	7	14	0	0	6	7	7	0	0	0	0
FE	8	港湾保安施設	0	7	7	7	0	0	0	0	7	0	0	0	0	0
FE	9	ｴﾌﾟﾛﾝ	30	0	0	0	0	0	0	0	0	0	0	0	0	0
FE	10	ｶﾞﾝﾄﾘｰｸﾚｰﾝ	6	7	7	7	14	0	0	6	0	7	0	0	0	0
FE	11	ﾔｰﾄﾞ・ｼｬｰｼｰ	5	7	7	7	14	0	0	6	0	7	0	0	0	0
FE	12	ﾄﾗﾝｽﾃﾅｰ（RTG）	10	0	7	0	14	0	0	0	0	0	0	0	0	0
FE	15	ﾄﾗｸﾀｰ	10	7	7	7	14	0	0	6	0	7	0	0	0	0
FE	16	ｺﾝﾃﾅ蔵置ｽﾛｯﾄ	0	7	7	7	14	0	0	6	7	7	0	0	0	0
FE	17	ﾘｰﾌｧｰｺﾝｾﾝﾄ	0	7	7	7	14	0	0	6	7	7	0	0	0	0
FE	18	ﾁｪｯｸｲﾝｹﾞｰﾄ	5	7	7	7	0	0	0	0	7	0	0	7	0	0
ICT	4	ﾀｰﾐﾅﾙｵﾍﾟﾚｰｼｮﾝｼｽﾃﾑ	10	7	7	7	0	0	0	0	7	0	0	0	0	0
BO	2	港湾合同庁舎	5	7	7	7	0	0	0	0	0	0	0	0	0	0
BO	3	港湾管理事務所	5	7	7	7	0	0	0	0	0	0	0	0	0	0
BO	7	ﾀｰﾐﾅﾙｵﾍﾟﾚｰｼｮﾝ室	5	7	7	7	0	0	0	0	0	0	0	0	0	0
BO	9	ﾏﾘﾝﾊｳｽ	14	7	7	7	0	0	0	0	0	0	0	0	0	0

図4.4-10　PRT*算定マトリックス作成作業シート（1）
（出典：大阪港DICTでの作業事例から）

FE	FE	FE	FE	FE	FE	FE	ICT	BO	BO	BO	BO	依存性波及を考慮した予想復旧時間（PRT*）	依存性の波及効果
7	9	10	11	12	15	18	4	2	3	7	9		
岸壁	エプロン	ガントリークレーン	ヤードシャーシー	トランステナー	トラクター	チェックインゲート	ターミナルオペレーションシステム	港湾合同庁舎	港湾管理事務所	ターミナルオペレーション室	マリンハウス		
30	30	6	4.5	10	10	4.5	10	5	5	5	14		
0	0	0	0	0	0	0	0	0	0	0	0	7	0
0	0	0	0	0	0	0	0	0	0	0	0	7	0
0	0	0	0	0	0	0	0	0	0	0	0	7	0
0	0	0	0	0	0	0	0	0	0	0	0	14	0
0	0	0	0	0	0	0	0	0	5	0	0	15	0
0	0	0	0	0	0	0	0	5	5	0	0	15	8
0	0	6	4.5	0	10	0	0	0	0	5	14	14	8
0	0	0	0	0	0	0	0	0	0	5	0	7	0
0	0	6	4.5	0	10	0	0	0	0	5	14	14	7
0	0	0	0	0	0	0	0	0	0	5	14	7	0
0	0	0	0	0	0	0	0	0	0	5	0	7	0
0	0	0	0	0	0	0	0	0	5	0	0	15	8
0	0	0	0	0	0	0	0	0	5	0	0	0	0
0	0	0	0	0	0	0	0	0	0	0	0	0	0
0	0	0	0	0	0	0	0	0	5	0	0	0	0
0	0	0	0	0	0	0	0	0	0	0	0	0	0
0	0	0	0	0	0	0	0	0	5	0	0	15	8
30	0	6	4.5	0	10	0	0	0	0	5	14	30	0
0	0	0	0	0	0	0	0	0	0	5	0	0	0
0	30	0	0	0	0	0	0	0	0	0	0	30	0
0	0	6	4.5	0	10	0	0	0	0	5	14	14	8
0	0	6	5	0	10	0	0	0	0	5	14	14	10
0	0	0	0	10	0	0	0	0	0	0	0	14	4
0	0	6	4.5	0	10	0	0	0	0	5	14	14	4
0	0	6	4.5	10	10	0	0	0	0	5	14	0	0
0	0	6	4.5	0	10	0	0	0	0	5	14	0	0
0	0	0	0	0	0	5	0	0	0	5	0	7	3
0	0	0	0	0	0	0	10	0	0	5	0	10	0
0	0	0	0	0	0	0	0	5	0	0	0	7	2
0	0	0	0	0	0	0	0	0	5	0	0	7	2
0	0	0	0	0	0	0	0	0	0	5	0	7	2
0	0	0	0	0	0	0	0	0	0	0	14	14	0

図4.4-10　PRT*算定マトリックス作成作業シート（2）
（出典：大阪港DICTでの作業事例から）

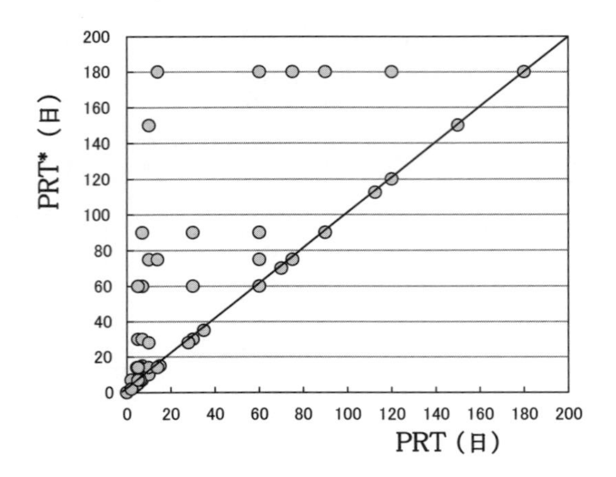

図4.4-11　リソースのPRTとPRT*の関係

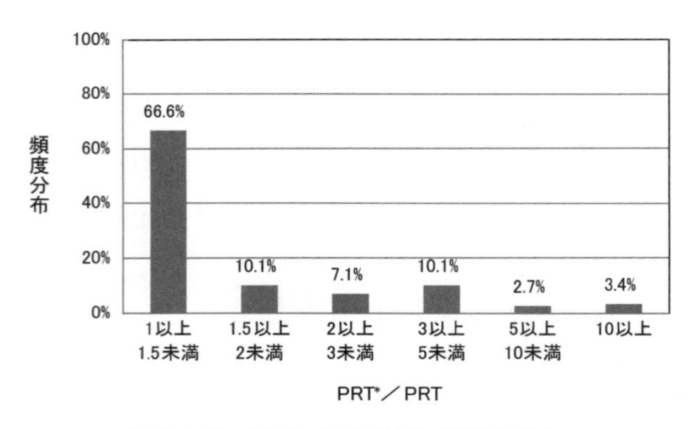

図4.4-12　リソースのPRT*／PRTの分布

大等が想定を超え、構造物や機器類が著しく損壊する最悪の被災シナリオを想定すると、施設・設備系リソースの復旧が軒並み長期化するリスクがあることが判明した。

また、いくつかの人的資源についても、その機能発揮に施設・設備系資源が欠かせないことから、PRT*が大きな値となる場合がある（図4.4-10の港長職員、ガントリークレーンオペレーター、トラクター運転手等）。

このように、単独のリソースの機能復旧時間であるPRTに比して、他の資源への依存性を勘案した復旧時間であるPRT*は、一般的に長期間を要することに十分留意する必要がある。

第5節　脆弱性分析とレジリエンシー評価の具体の手法

4.5.1 概要

港湾機能の脆弱性を評価するためには、運営資源である各港湾施設の脆弱性を評価する必要がある。港湾BCPにおいては、全ての運営資源に対して、シナリオ別に予想復旧時間（PRT）と目標復旧期間（RTO）、予想復旧水準（PRL）と目標復旧水準（RLO）を比較するが、やはり、目標期間・水準達成が難しいのは大規模な施設・設備である。一方、各施設の精緻な脆弱性評価には、多くの時間と労力が必要である。前述したとおり、岸壁や防波堤のFEMによる耐震診断は、精緻ではあるが、港湾BCPの目的に照らすと、常に必要とされるとは言い難い。逆に、港湾BCPのための港湾施設の脆弱性は、①都道府県等の被害想定の「震度」「津波浸水深」から簡易に評価できること、②被害の程度から復旧に要する時間を推定できること、③予測結果を、確率的あるいは幅を持って表現できること、の3条件を満たすことが望ましい[5)]。以降、これらの要件を満たす評価手法について、施設別に述べる。

4.5.2 港湾施設の脆弱性分析

（1）水域施設

船舶が航行・停泊する航路・泊地等の水域施設については、航路啓開に要する期間を評価するために、津波による水域施設への、コンテナや自動車の沈下数及び木材や漁網の浮遊量を推計する必要がある。その中で、仙台塩釜港・仙台港区において、障害物の約三分の二を占めたコンテナの流出については、熊谷による調査報告[7)]がまとめられており、このデータを使用した実入・空コンテナの流出の推計曲線と、東日本大震災における各港実績に対する再現精度を示したものが、図4.5-1である[5)]。この推計曲線のように、災害の外力の大きさに対する損傷度・脆弱性を示す曲線をフラジリティ・カーブと呼ぶ。図4.5-1の推計曲線は、対数正規分布を用いて、式(4.3)で表現される。

$$LR_{Laden} = \Phi\left[\ln(H_T/6.40)\big/0.192\right],\quad LR_{Empty} = \Phi\left[\ln(H_T/2.07)\big/0.192\right] \qquad (4.3)$$

ここに、LR：流出率、H_T：津波浸水深（m）、Φ：標準正規分布の累積分布関数である。流出率に、コンテナターミナルでの蔵置コンテナ個数を掛け合わせると、流出個数が推計できる。流出個数を、投入作業船団数と、作業効率（東日本大震災では、約5個／日）とで除せば、航路啓開の所要日数となる。ここで、これらの推計結果は、あくまで平均的な状況であり、実際の流出率は、図4.5-1右図に見られるとおり、天端高や段積み数等の変動要因によって、推計値より大きくなり得る点に注意が必要である。

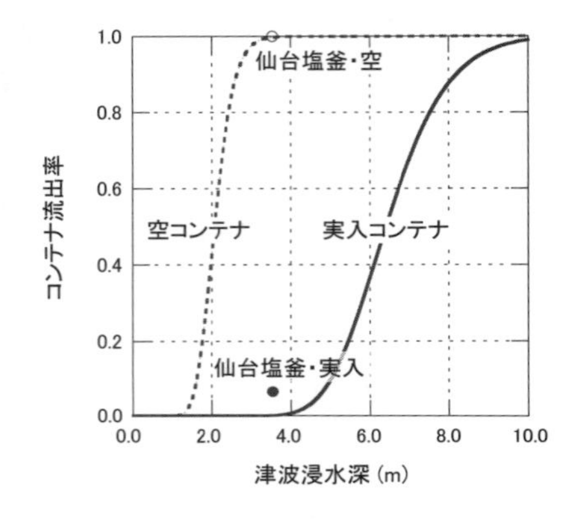

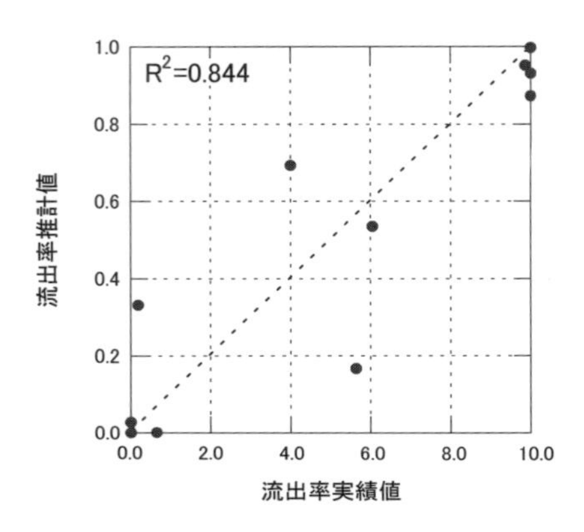

図4.5-1　津波によるコンテナ流出曲線（左図）と再現精度（右図）

コンテナ以外の流出については、定量的なデータがないため、定式化には至っていない。既往の研究では、表4.5-1の流出開始条件が見られる。

表4.5-1　津波による各物質の流出開始条件

流出物	流出開始条件	文献
木材	津波浸水深≧木材直径	後藤 [8)]
乗用車・トラック	津波浸水深≧車高/2	丹治ら [9)]
トレーラー・シャーシ	津波浸水深≧1.43m	国土交通省 [10)]
小型船舶(係留中)	津波流速≧2.0m/s	河田ら [11)]
小型船舶(陸上保管)	津波浸水深≧1.5m	河田ら [11)]
養殖筏	津波流速≧1.0m/s	永野ら [12)]

(2)係留施設

次に、船舶が着岸する係留施設（岸壁・バース）の現下の脆弱性評価手法について述べる。地震に対して、最も厳密解に近い計算結果が得られる解析手法は、本章4.4.4において触れたFLIP等の有限要素解析である。例えば、2014年に青森県が公表した八戸港BCPにおいては、Ro-Ro船バースである八戸港八太郎P岸壁の防災上の重要性に鑑みFLIPによる岸壁構造の変形解析を実施し、これに基づいて被災直後の係留施設としての使用可能性を検討するとともに、エプロン舗装の打替えなどの緊急復旧に要する工期、資器材量、労働量の算定を行っている。脆弱性評価の内容は、岸壁法線については岸壁前面方向へのはらみ出しが87cm生じるものの、100cm以内なので緊急支援船の着岸は可能と判断した他、エプロンの段差を93cmと予測し、応急復旧を行うこととしている[13)]。

しかしながら上記のようなFLIPを使った解析は、費用が掛かるためすべての岸壁構造物に適用することは適切ではない。八戸港八太郎P岸壁のように、耐震改良済の岸壁であって当該港湾における災害初期対応上重要な施設に限って適用される方法論であると考えられる。FLIPの詳細については、FLIPコンソーシアムのホームページを参照されたい[14)]。

一方、チャート式耐震診断システムは、国土交通省が開発した簡易な耐震診断プログラムである。チャート式耐震診断システムでは予め、FLIPを用いたパラメトリックスタディ（地盤や構造に係る入力条件を様々に設定したシミュレーション）を行い、得られた変形量の算定結果をデータベース化する。各現場が耐震診断を実施する際には、個別施設の条件をデータベースのデータと照合することによって、地震発生時の沿岸構造物の変形量を算定し、地震に対する危険性が高い施設を抽出することができる[15)]。チャート式耐震診断システムでは、その都度FLIPによる計算を行わなくてもやや安全側ではあるが岸壁等の構造物の変形に関する概略の情報が得られる。BCP作成時のRAでは港湾内の多数の係留施設に関する脆弱性評価を行う必要があるため、有効な手段と言える。チャート式耐震診断システムは、重力式や矢板式の係留施設に適用可能であるが、杭式構造物への適用について目下検討中である。なお、変形量算定のためには各施設の諸元値（天端高、堤体幅、堤体高さ）、地盤条件（等価N値及び液状化層厚）、地震動強さが必要である。また、当然のことながら、津波の影響については考慮できない[16)]。

また、内閣府中央防災会議が行う南海トラフの巨大地震等による係留施設の被害想定においては、一井の式が用いられている[17)]。一井の式は、1993年の釧路沖地震時の釧路港及び阪神・淡路大震災時の神戸港における重力式（ケーソン式）岸壁の被災データ36件とFLIPによる解析を組み合わせたもので、その脆弱性曲線の一例が図4.5-2である[18)]。

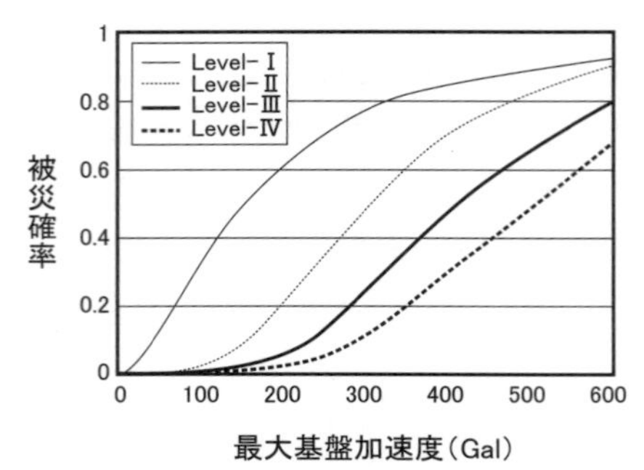

凡例

Level- Ⅰ：被害なし、または軽微な被害，　Level- Ⅲ：大きな被害。復旧に相応の時間が必要。
Level- Ⅱ：軽度の被害。応急復旧可能，　Level- Ⅳ：完全に崩壊。（再整備を要する）

図4.5-2　一井の脆弱性曲線（重力式岸壁）　（出典：ケーススタディのデータに基づく）

一井の脆弱性曲線の式は、基盤最大加速度を入力することによって重力式岸壁についてレベル1~4の被害率を返す。ここで、レベル1は「被害なし。または軽微な被害」、レベル2は「軽度の被害。応急復旧可能」、レベル3は「大きな被害。復旧に相応の時間が必要」、レベル4は「完全に崩壊。（再整備を要する）」とされている。一井の式は、異なる水準の被災確率を与えるものである点で優れており、中央防災会議の被害想定の他、府県が行う地震被害予測に多用されているが、注意しなければならないのは、図4.5-2はあくまで施設諸元・地盤条件が特定の条件の場合の結果を示したものであり、他の諸元値・条件に適用することは出来ない点である。すなわち、施設毎に図4.5-2を作成しなければならない。具体的には、ケーソンのアスペクト比（高さと幅の比）、等価N値及び液状化層厚のデータを用いて、当該施設の脆弱性曲線を算定した上で、係留施設の基盤最大加速度を入力して、被害率の算定を行うこととなる。なお、現在までのところ、重力式に加えて、矢板式岸壁の脆弱性曲線も提案されている。

上記のように、係留施設についてはこれまでも様々な方法で地震被害予想がなされてきたが、簡便なチャート式や一井の式は、適用できる構造形式が限られ、さらに、施設の諸元値や地盤条件等の入力データを揃える必要があるため、本節4.5.1（概要）で述べた①都道府県等の被害想定の「震度」から簡易に評価できること、との条件を十分満足するとまでは言えず、より簡便な方法が望ましい。また、大きな問題として、津波による被害は、全く考慮していない。一方、地震と津波の複合作用によると思われる被害が、東日本大震災においては観測されている[19)、20)]。

写真4-1がその典型例であるが、地震により岸壁後背地が液状化し、津波（引き波）により裏込材等が流出して安定性を失い、崩壊に至っている。そこで、①地震被害の有無、②津波被害追加の有無との2段階での推計が必要となる。まず、地震に対するフラジリティ・カーブの推計結果を、図4.5-3に示す。釧路沖（1993）、北海道東方沖（1994）、兵庫県南部（1995）、鳥取県西部（2000）及び福岡県西方沖（2005）の被災港データにより推計した。被災ランクは、ランク1：無被害～2週間程度以内に供用再開可能、ランク2：応急復旧により2ヶ月程度以内に供用再開可能、ランク3：供用再開までに3ヶ月以上を要する、の3段階とした。推計曲線は、通常岸壁が式（4.4）、耐震強化岸壁が式（4.5）である[5)]。

写真4-1　地震・津波複合被害の例（相馬港）　（東北地方整備局港湾空港部提供）

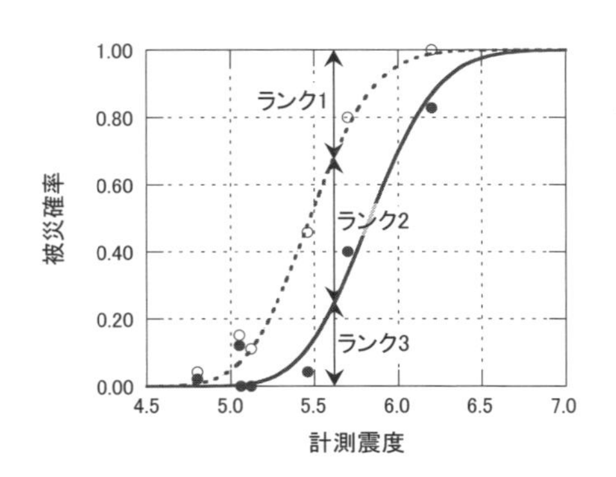

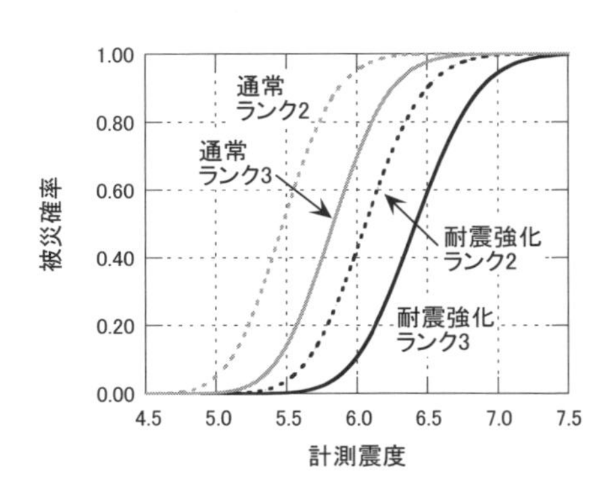

図4.5-3　係留施設の地震フラジリティ・カーブ（左図：通常岸壁、右図：耐震強化岸壁）

$$P_{N\text{-}Rank2} = \Phi\left[\ln(I_{JMA}/5.47)\Big/0.0546\right],\quad P_{N\text{-}Rank3} = \Phi\left[\ln(I_{JMA}/5.83)\Big/0.0546\right] \quad (4.4)$$

$$P_{Q\text{-}Rank2} = \Phi\left[\ln(I_{JMA}/6.06)\Big/0.0546\right],\quad P_{Q\text{-}Rank3} = \Phi\left[\ln(I_{JMA}/6.42)\Big/0.0546\right] \quad (4.5)$$

ここに、P：被災確率、I_{JMA}：計測震度である。このフラジリティ・カーブは、構造形式や地盤条件等の整理は必要なく、いずれの係留施設にも一律に適用可能である点に大きな特徴がある。

一方、東日本大震災の被災港データより、津波による係留施設の裏込材の吸い出し、もしくは前面の洗掘を津波被災とみなし、そのフラジリティ・カーブを推計した結果が、図4.5-4及び式(4.6)である。被災程度のデータが無いため、ランクは設定していない。

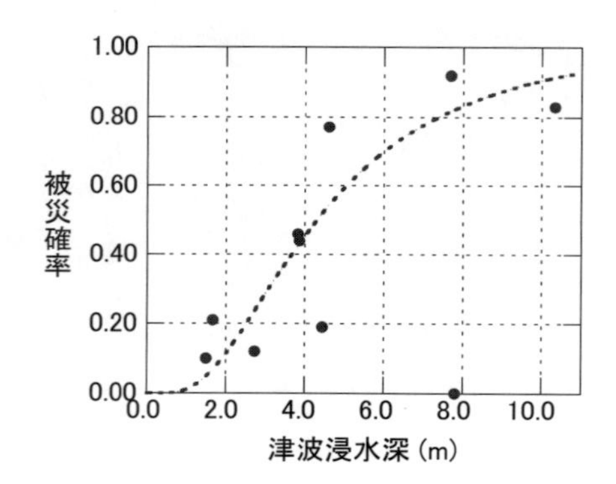

図4.5-4　係留施設の津波フラジリティ・カーブ

$$P_T = \Phi\left[\ln(H_T/4.83)\Big/0.652\right] \qquad (4.6)$$

地震・津波それぞれに対するフラジリティ・カーブ（図4.5-3及び図4.5-4）より、地震・津波の複合被害を考慮した被災確率P_{All}：は、式(4.7)となる。

$$P_{All} = 1-(1-P_E)(1-\alpha \cdot P_T) \qquad (4.7)$$

ここに、P_E：地震被災確率（ランク2及びランク3）、α：地震被害がある場合に、津波被害が拡大することを示す複合被害パラメータであり、被災結果より0.087と推計された。この式(4.7)より、気象庁震度階に対応する係留施設の地震・津波に対する被災確率の目安は、表4.5-2となる。

表4.5-2　係留施設の地震・津波被災確率の目安

岸壁／震度・浸水深／ランク			5強	6弱	6強	7
通常岸壁	地震のみ	ランク1	95〜47%	47〜5%	5〜0%	0%
		ランク2	5〜39%	39〜25%	25〜2%	2〜0%
		ランク3	0〜14%	14〜70%	70〜98%	98〜100%
	津波浸水深4m	ランク1	53〜26%	26〜3%	3〜0%	0%
		ランク2	43〜22%	22〜14%	14〜1%	1〜0%
		ランク3	4〜52%	52〜83%	83〜99%	99〜100%
	津波浸水深8m	ランク1	17〜8%	8〜1%	1〜0%	0%
		ランク2	76〜7%	7〜5%	5〜0%	0%
		ランク3	7〜85%	85〜95%	95〜100%	100%
耐震強化岸壁	地震のみ	ランク1	100〜96%	96〜57%	57〜10%	10〜0%
		ランク2	0〜4%	4〜32%	32〜31%	31〜0%
		ランク3	0%	0〜11%	11〜59%	59〜100%
	津波浸水深4m	ランク1	96〜53%	53〜32%	32〜6%	6〜0%
		ランク2	0〜42%	42〜18%	18〜17%	17〜0%
		ランク3	4〜4%	4〜50%	50〜77%	77〜100%
	津波浸水深8m	ランク1	93〜17%	17〜10%	10〜2%	2〜0%
		ランク2	0〜75%	75〜6%	6〜5%	5〜0%
		ランク3	7〜7%	7〜84%	84〜93%	93〜100%

(3)外郭施設

港湾の静穏度を確保するための外郭施設(防波堤)については、地震に対する脆弱性評価は、被災確率が非常に低く、被害の程度も小さい(沈下のみ)[4]のため、省略可能である。津波に対しては、東日本大震災の被災データを基に、Honda and Tomita[6]が、簡易なフラジリティ・カーブを提案している(図4.5-5及び式(4.8))。

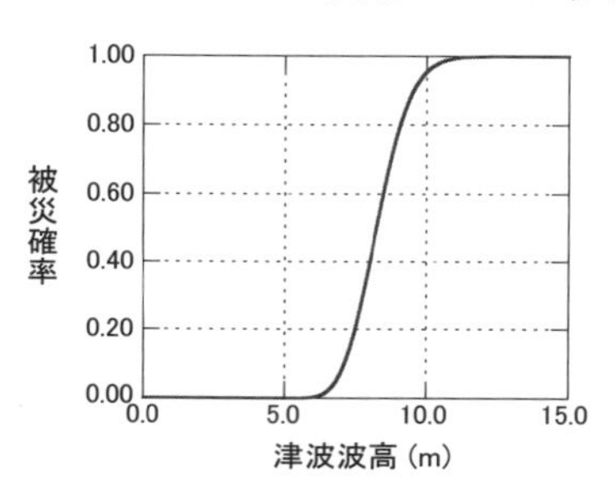

図4.5-5　外郭施設の津波フラジリティ・カーブ

$$P_f = \Phi\left[\{\ln(\eta) - 2.11\} \big/ 0.115 \right] \qquad (4.8)$$

ここに、η：津波波高（m）である。防波堤が被災した際の静穏度低下の影響については、防波堤整備プロジェクトのB／Cの評価方法[21]を援用することができる。

（4）荷役施設

荷役施設（ガントリークレーン、アンローダ）の脆弱性は、本書第二章1.2.2でも述べたように、東日本大震災時に港湾機能復旧の重大な隘路の1つとなった。そのようなことを勘案し、これまでの研究蓄積はあまりない分野ではあるが、本書では、過去の被災記録に基づく荷役施設の簡易な脆弱性評価の方法について触れる。

東日本大震災後に国土交通省が行った調査によると、津波による埠頭の浸水が発生するとコンテナガントリークレーンや石炭等のバルク貨物のアンローダーは、エンジン部の浸水によるオーバーホールの必要が生じる他、コンテナや船舶等の漂流物によって脚部、シルビーム、給電ケーブルが破損、また走行部の走行モータ–や減速機、レールクランプなども洗浄、分解点検、破損部品の交換などの必要が生じる。仙台塩釜港の事例では脚部に0.6m程度の浸水があるとオーバーホールが必要と報告されている[22]。

また、荷役途中に津波が襲来したため船舶が緊急離岸や流れによって移動し、アンローダーの先端部分が破損、喪失した例が挙げられる（相馬港、小名浜港、鹿島港等）。（第一章写真1-3を参照のこと）[23]

さらに、岸壁のはらみ出しや液状化によるクレーンレールの沈下、屈曲が生じると、基礎の復旧、レールの再敷設に長期間を要する場合がある。

阪神・淡路大震災及び東日本大震災の被災各港における、係留施設と荷役施設の平均被災ランクの関係性を整理したのが、図4.5-6である。被災ランクの設定は、係留施設と同じく、ランク1：無被害～2週間程度以内に供用再開可能、ランク2：応急復旧により2ヶ月程度以内に供用再開可能、ランク3：供用再開までに3ヶ月以上を要する、の3段階である。図より、地震のみ（阪神・淡路大震災）の場合、係留施設と荷役施設の被災ランクは同等であるのに対して、津波浸水がある（東日本大震災）場合には、津波浸水深の大小に依らず、荷役施設の被災ランクが係留施設より大きくなる傾向が見られた。これは、津波による電気施設の水没、漂流コンテナ等による走行給電ケーブルの切断損傷、漂流船舶等の衝突による構造被害、津波水圧による転倒、荷役中の船舶によるアンローダーの破損等、津波による追加的な被害が発生したことが原因である。

そこで、図4.5-6の関係性と、係留施設についての被災確率（表4.5-2）より、荷役施設についての被災確率を算定した結果が、表4.5-3である。なお、算定に当たっては、津波浸水がある場合には、被災ランク1は一律0%とした。これは、東日本大震災の被災港では、被災ランク1が存在しなかったことと、浸水した場合には、水洗いやオーバーホール、電気機器等の交換、検査が必要となることを考慮したものである。また、

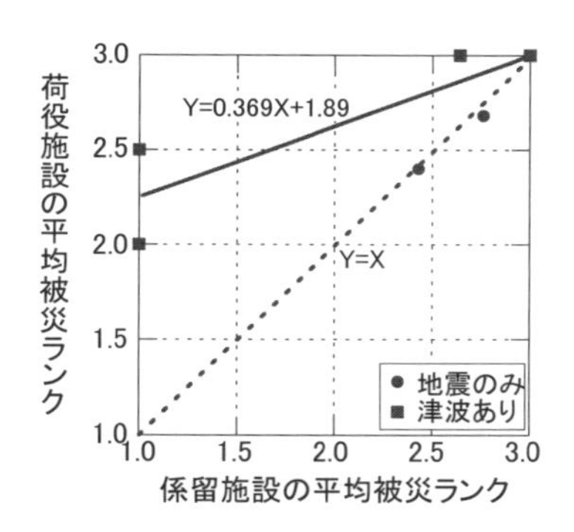

図4.5-6　係留施設と荷役施設の平均被災ランクの関係

表4.5-3　荷役施設の地震・津波被災確率の目安

岸壁 ／震度・浸水深 ／ランク			5強	6弱	6強	7
通常岸壁・通常クレーン	地震のみ	ランク1	95〜47%	47〜5%	5〜0%	0%
		ランク2	5〜39%	39〜25%	25〜2%	2〜0%
		ランク3	0〜14%	14〜70%	70〜98%	98〜100%
	津波浸水深4m	ランク1	0%	0%	0%	0%
		ランク2	55〜27%	27〜7%	7〜1%	1〜0%
		ランク3	45〜73%	73〜93%	93〜99%	99〜100%
	津波浸水深8m	ランク1	0%	0%	0%	0%
		ランク2	41〜9%	9〜3%	3〜0%	0%
		ランク3	59〜91%	91〜97%	97〜100%	100%
耐震強化岸壁・免震クレーン	地震のみ	ランク1	100〜96%	96〜457%	57〜10%	10〜0%
		ランク2	0〜4%	4〜32%	32〜31%	31〜0%
		ランク3	0%	0〜11%	11〜59%	59〜100%
	津波浸水深4m	ランク1	0%	0%	0%	0%
		ランク2	71〜55%	55〜30%	30〜11%	11〜0%
		ランク3	29〜45%	45〜70%	70〜89%	89〜100%
	津波浸水深8m	ランク1	0%	0%	0%	0%
		ランク2	69〜41%	41〜10%	10〜4%	4〜0%
		ランク3	31〜59%	59〜90%	90〜96%	96〜100%

阪神・淡路大震災以降、レベル２地震動に対する修復性を備えた免震クレーンが導入されているが、被災データが非常に限られているため、表4.5-3では評価できていない。特に震度6弱以下の免震クレーンの被災ランクは、表中の数値より低くなる可能性がある。

（5）上屋

東日本大震災時には津波の流れ力によって上屋や倉庫、その他の建造物の壁面が破壊されるケースが数多くみられた。（第一章写真1-2を参照のこと）

本多らは、東日本大震災時の上屋の被災データに基づき、上屋の津波脆弱性曲線を提案している[6)]。検討の対象となった上屋数は東北から関東地方に至る197棟であり、34棟がRC構造、65棟がSRC、14棟が鉄骨構造、残る84棟については構造形式が不明となっている。（表4.5-4）

表4.5-4　検討対象上屋

構造形式	被災レベル			合計
	なし	中程度	大破	
RC	24	10	0	34
SRC	55	6	4	65
鉄骨	0	7	7	14
不明	58	23	3	84
合計	137	46	14	197

提案された上屋の津波脆弱性曲線は図4.5-7のとおりである。津波浸水深が2mに達すると6割の、また、3mで8割以上、4mで9割以上の上屋が大破すると予想される。

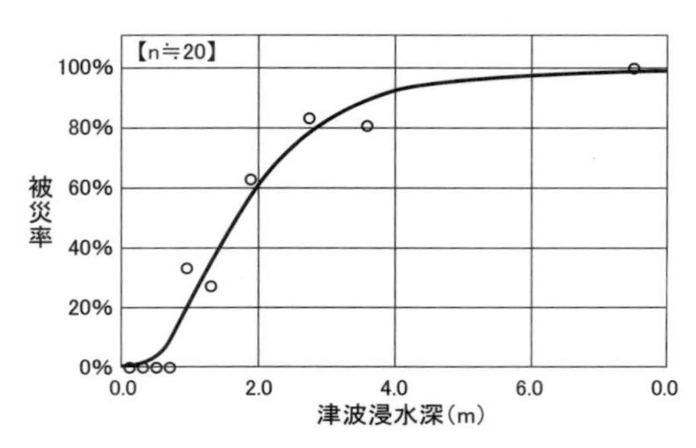

図4.5-7　上屋の津波脆弱性曲線（Honda et al）[6)]　（出典：ケーススタディのデータに基づく）

本多らの研究からもう少し詳細な情報を引用する。図4.5-8を参照されたい。

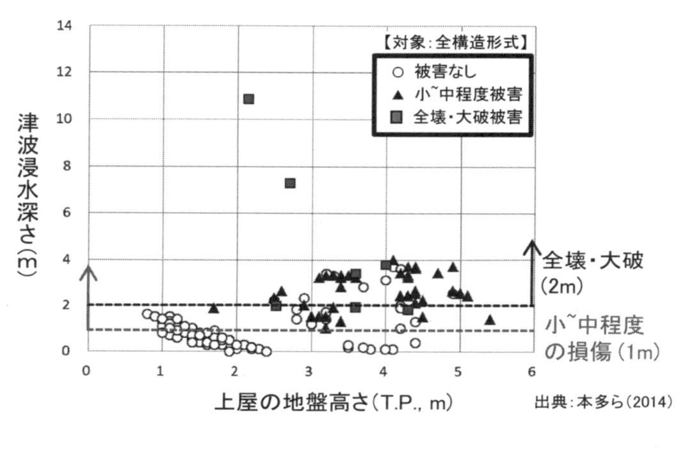

図4.5-8　上屋の被災事例

図4.5-8では、上屋の地盤高さ・津波浸水深と上屋の被災程度との関係を示している。津波浸水深が1m以下であるとほとんどの上屋に損傷は見られないが、1mを超えると損傷する上屋が出現し、2mを超えるとほとんどの上屋が損傷している、しかしながら、浸水深が3mを超えても損傷を被らなかった事例も数件ある。津波の流れの力をどのように受けるかによって上屋の損傷の度合いが決まることが示唆される。

ここまで、港湾BCPに適用可能な各施設の脆弱性評価手法について述べてきた。これらの評価手法は、簡易ではあるが、精度は限定される。そのため、これらの手法による評価結果を目安としつつ、様々な被災ケースに対しても対応可能なBCPとしておくことが重要である。例えば、各施設について、平均的な復旧時間と、最悪の事態を想定した場合の復旧時間の2ケースを設定しておくような方法も有効である。たとえ耐震強化されているとしても、どの施設も大規模な被災によって長期間供用不可能となる可能性があることを念頭において、対応策を考えておくことが重要である。

4.5.3 その他のリソースの脆弱性分析

港湾の運営に必要なリソースは、外部供給系から人的資源、情報通信システム等にいたる広範囲なヒト、モノ、情報を含むため、本節4.5.2において脆弱性分析の方法論について述べた主要な港湾施設以外のリソースについても、脆弱性やレジリエンシーの検討を行う必要がある。しかしながら、人的資源や情報システム等の脆弱性については、これまであまり議論がなされてきていないのが現状である。

そこで本書では、現時点で利用可能と考えられる情報を整理して、これらの港湾施設以外のリソースについてのリスク評価の参考とすることとした。

(1) 外部供給系リソース

外部供給系リソースである電力、通信、水道等の脆弱性とレジリエンシーの推定は、港湾における重要機能の継続性を考えるうえで最も基本的な要件と言える。しかしながらこれらの外部からの資源供給の停止リスクの評価や復旧時間の予測は港湾の側からは事実上不可能である。一方、内閣府中央防災会議は、これまでの災害の経験に基づき、これら供給系の機能停止と復旧速度を予測し公表してきた[24)、25)、26)、27)]。ここでは、中央防災会議が公表している３大都市圏の直下型地震被害予想と阪神・淡路大震災、東日本大震災、新潟県中越地震の記録を照合しつつ、電力、通信、水道の供給復旧過程を示すこととする。(図4.5-9~11参照)

図4.5-9は電力供給の復旧過程、図4.5-10は固定電話サービスの復旧過程、図4.5-11は上水道の復旧過程について、内閣府中央防災会議の予想及び阪神・淡路大震災、新潟中越地震、東日本大震災の実績を重ね合わせたものである。それぞれの地域の電気事業者や通信事業者、水道事業者の地域性等の違いがあり一概には判断できないが、電力供給に関しては早ければ数日、通常は１週間以内に、また固定電話サービスに関しては遅くとも２週間以内に90%程度の地域で復旧することが期待できるが、浄

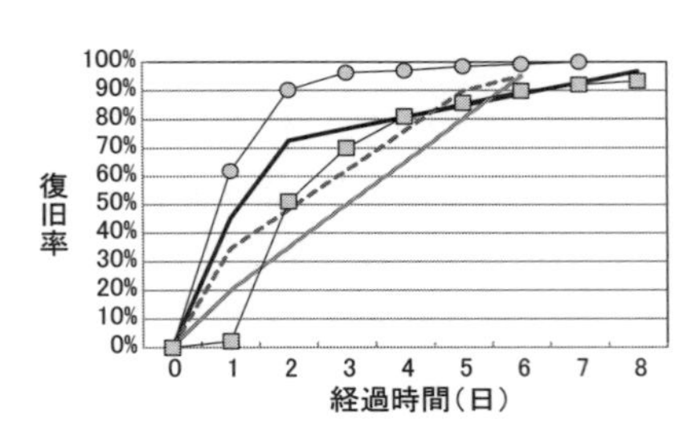

図4.5-9　電力供給の復旧過程

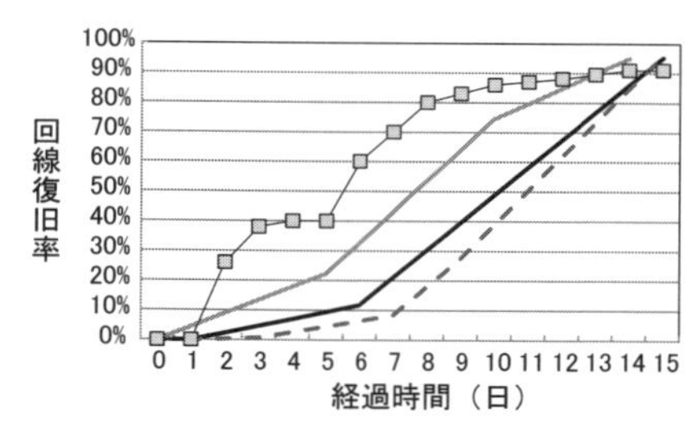

図4.5-10　通信サービス（固定電話）の復旧過程

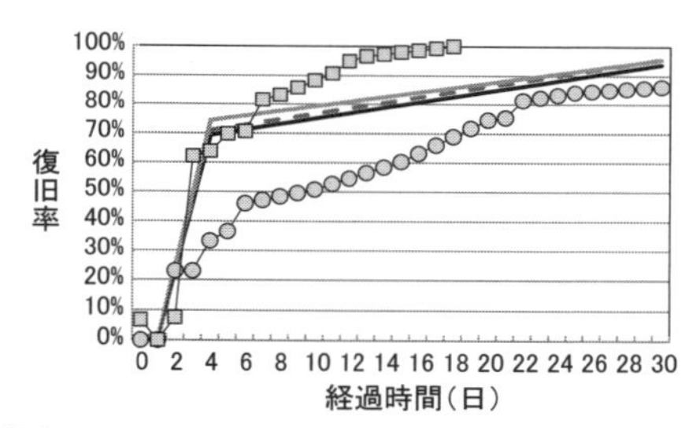

図4.5-11　上水道の復旧過程

水の供給については2〜3週間を要する可能性がある。

なお、東日本大震災時の国の港湾事務所の経験では、近隣に大口需要者がある地区では電力供給が早期に復旧したとの報告もある。

また、電話サービスは完全に通信途絶する場合と、混雑により電話がかかり難くなる時期、地区があるため、図4.5-10に示すように2週間近くまったく電話が通じないわけではないことに留意する必要がある。

図4.5-12は、東北地方整備局港湾空港部がとりまとめたデータに基づいて、東日本大震災後の東北地方の港湾地帯における停電の実態を港湾全域での電力復旧までに要した日数で示したものである。

津波によって大被害を受けた宮古港、釜石港、大船渡港、仙台塩釜港（仙台港区）、相馬港など、1ヶ月を超えて電力供給が停止した港湾が存在していたことが分かる。

また、表4.5-5は、東北地方整備局が、東北地方の広域港湾BCPの検討時に東日本大震災時の経験を踏まえて実施した通信手段の災害脆弱性評価の結果である。インターネットメールや衛星携帯、MCA無線、マイクロ回線等が通信可能であったところから、これらを駆使した災害時緊急通信網の構築の有効性が示されている。

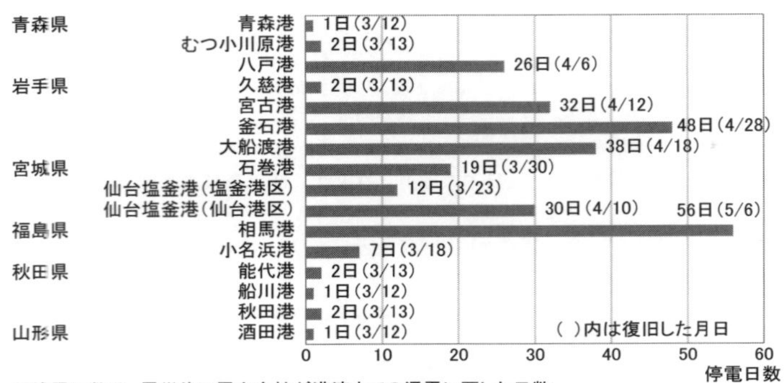

図4.5-12　東日本大震災後の東北地方港湾における停電の実態

表4.5-5　通信手段の災害脆弱性評価

	概要	情報	輻輳・通信規制	通信基盤の被災	停電
固定電話	電話線により通信	音声	× 輻輳や通信規制あり ※災害時優先電話は通信規制を受けない（発信時）	× 回線の寸断等	△ 回線の種類によっては使用不可
FAX	電話線により通信	画像	× 輻輳や通信規制あり	× 回線の寸断等	△ 回線の種類によっては使用不可
携帯電話	無線基地局からの電波により通信	音声	× 輻輳や通信規制あり ※災害時優先電話は通信規制を受けない（発進時）	× 基地局の被災等	△ 数日であれば使用可 （機種による） 非常用電源があれば使用可
携帯メール	携帯電話間でのメール 無線基地局からの電波により通信	メール	△ 東日本大震災では一部で通信規制	× 基地局の被災等	△ 数日であれば使用可 （機種による） 非常用電源があれば使用可
インターネットメール	インターネットによるメール インターネット回線により通信	メール	○ 影響なし	× 回線の寸断等	△ 停電で使用不可 非常用発電機があれば使用可
衛星携帯	通信衛星からの電波により通信	音声	○ 影響なし	○ 影響なし	△ 1日から数日であれば使用可 （機種による） 非常用電源があれば使用可
MCA無線	業務用無線通信 無線基地局からの電波により通信 組織内の通信に適する	音声	○ 影響なし	△ 基地局が被災する可能性あり	△ 20時間程度であれば使用可 非常用電源があれば使用可 （受け側）
マイクロ回線	行政機関の防災無線 無線基地局からの電波により通信 ※整備局（港湾関係）は無線基地局から電話回線を通じて利用している。	音声	○ 影響なし	△ 基地局の被災、回線の寸断の可能性あり	△ 停電で使用不可 非常用電源があれば使用可 （受け側）
トランシーバー	近距離の通信に適した無線通信	音声	○ 影響なし	○ 影響なし	△ 数日であれば使用可

出典：東北地方整備局港湾空港部作成資料

(2) 人的資源及びオフィス機能

2011年に青森県が策定した八戸港BCPにおいては、想定される最大クラスの津波・地震に対して、港湾施設（岸壁、荷捌地等）の被害状況を数値解析等を用いて予測した上で、港湾物流機能の回復に必要な応急復旧に要する期間の設定を行っている。八戸港のBCPが特徴的なのは、BCPを確実に実行するためには港湾労働者の安全確保が重要であるとの観点から、「BCPと並行して」港湾労働者を対象とした、避難ルート・避難所、避難困難地域、避難困難者数、津波緊急避難施設規模等について検討した点にある[13)]。しかしながら、これまでのところ港湾におけるBCPの検討でこのような人的資源に関する議論はあまり見当たらない。

そこで、東日本大震災時の経験から港湾運送事業者を事例として、当該港湾の震度と津波波高と港湾運送事業者の人的資源とオフィス機能の被災の状況を整理したものを図4.5-13及び図4.5-14に示す。

図4.5-13は、東北地方整備局港湾空港部がとりまとめたデータを用いて、東日本大震の直後に報告された日本海側の秋田港、酒田港を含む東北地方の11港湾及び関東地方の鹿島港、日立港の合計13港湾における港湾運送事業者の人的資源の被災状況について、①被害なし、②死者の発生、③行方不明者の発生の3区分についてプロットしたものである。

一般的に港湾運送事業者は港頭地区に現場事務所等を構えるため、図中の点線が示すように、震度5以上の地震動と波高5~6mの津波に見舞われた港湾では、職員に

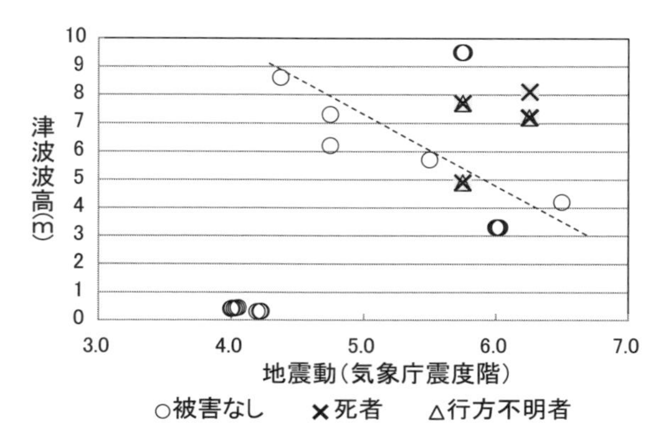

図4.5-13　人的資源の脆弱性（港湾運送事業者の事例）

（出典：東北地方整備局港湾空港部調べ）

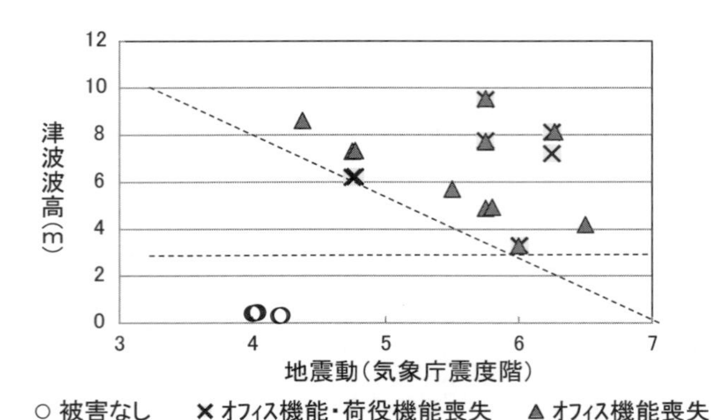

図4.5-14　オフィス・荷捌き機能の脆弱性（港湾運送事業者の事例）

（出典：東北地方整備局港湾空港部調べ）

犠牲者が発生していることが分かる。また、図4.5-14では津波波高が3mを超えるとほとんどの埠頭でオフィス機能が失われ、6mを超えるとフォークリフトなどの荷捌き用機材が冠水によって使用不可になるものと想定される。

一般的に鉄筋コンクリートビルは、津波浸水深が5mまでは躯体は持ちこたえるが、浸水深が7m、流速9.1m／secを超えると大破するとされている[28)、29)、30)]。

コラム8◆想定外の災害に対してBCPではどう考える？

災害対応に「想定外の事態の発生」は常につきものです。しかしながら、むしろ「想定外と向き合う」、「想定外から逃げない」姿勢が重要なのではないでしょうか？ また、現状ではリスク対応が困難であったとしても、BIAやRA等の分析をしっかり行い、課題を抽出・整理した上で対策の案を検討しておけば、想定外の事態が発生した際にも、これらの蓄積に立脚して最善の対応をとり、被害を最小限に止める事ができる可能性があります。本書第四章に示した図4.4-6において、リソースのレジリエンシー（PRT）について最悪のシナリオを設定したのも、そういった考えからです。想定外の事態にもしっかりと向き合う「クライシス・マネジメント」の考え方も併せて重視したいものです。

第6節　リスク評価

BCP検討のために行うリスクアセスメントは、リスクレベルである予想復旧時間（PRT）とリスク基準である目標復旧時間（RTO）の比較で終了する。リスクレベル＞リスク基準の場合、すなわちPRT＞RTOの場合リスク対応が要請される。ここでは、BCPにおけるリスク対応の必要性を決めるリスク評価の行い方を解説する[31)]。

第二章第2節2.2.6で示した図2.4-1では、重要機能について、

PRT≦RTO　　　　　　　　　　　　　　　　（4.9）

が成立することを事業継続性確保の判断基準としている。一方、本章図4.2-1のリスク評価の欄にも（4.9）式と同じものが出現しているが、これはリソースに関する関係式である（「（4.9'）式」と呼ぶことにする）。BIAからは（4.9'）式の右辺（重要機能のRTO）、RAからは（4.9'）式の左辺（リソースのPRT）が得られる。BIA及びRAの作業結果から効率的に重要機能の継続性を判断するためにこの２つの判断基準をどのように統合すればよいのであろうか？ 第三章第3節の3.3.3（顧客の受忍限度の評価）や上記の議論を踏まえると、港湾のRAにおいても、

重要機能のPRT≒業務活動のPRT≒リソースのPRT　　（4.10）

と考えて支障ないことから、（4.9'）式は、

リソースのPRT≦重要機能のRTO　　　　　　　　（4.11）

と読み替えることができる。

従って本書では、重要機能についての（4.9）式に代わり、上記の（4.11）式をもってリスク評価基準とすることとする。

図4.4-6で示したような作業シートから得られたPRTは、式（4.2）を用いて資源の依存性を考慮したPRT*に変換した上で、重要機能の復旧目標時間と比較され、PRT*≧RTOのリソースについてはリスク対応を行う必要がある。すべてのリソースについてPRT*≦RTOの場合、顧客の要請通り港湾機能の回復が可能と判断される。

ここで資源確保のボトルネック率（γ_i）を

$$r_i = \frac{PRT^*}{RTO} \times 100 \qquad (4.12)$$

で定義すると、重要機能の運営維持や早期再開に向けたリスク対応の優先度の判別が容易となる。なお、ここでPRT*は依存性の波及を考慮した各リソースの予想復旧時間、RTOは重要機能の目標復旧時間であることに注意されたい。γ_iのような重要機能復旧上の各リソースの隘路の度合いを示す指標を参照すると、リスク対応計画の作成やその実現戦略の検討にあたって、具体の数値を基礎としつつ効果的かつ効率的に進めることが可能となるものと期待される。DICTにおけるケーススタディのデータに基づき整理したリソースボトルネック率の累積分布事例を図4.6-1に、またこれらを踏まえたボトルネックの判定基準（案）を表4.6-1に示す。

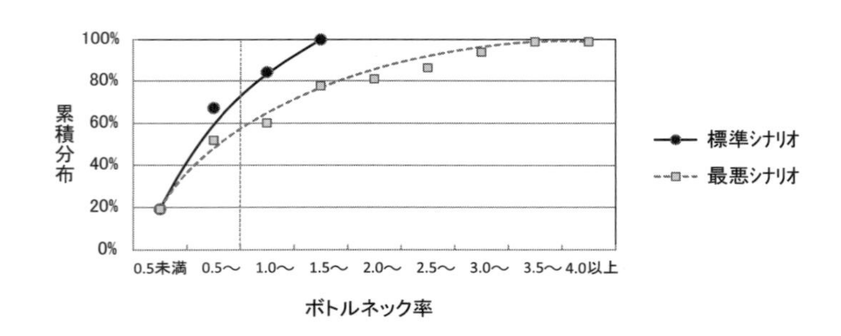

図4.6-1　リソースのボトルネック率の累積分布の事例（DICTにおけるケーススタディ）

表4.6-1　ボトルネックの判定基準（案）

ボトルネック率	判定（案）
1.0未満	隘路となる可能性はほとんどない。
1.0以上1.5未満	隘路となる可能性があり、要注意。
1.5以上2.0未満	隘路となる可能性が高く、対策が必要。
2.0以上	重大な隘路となる可能性が高く、重点的な対策が必要。

表4.6-1のボトルネックの判定基準（案）では、ボトルネック率が1.0以上、1.5未満の場合について、「隘路となる可能性があり、要注意」と言う判定を下している。

港湾における重要機能にはヒト、モノ、情報等に係る広範囲にわたる多数のリソースが関与することから、これらのリソースについて精緻な分析を行い脆弱性や予想復旧時時間の厳密な値を求めることは多大な困難が伴い、BCMの実務上の観点からも必ずしも適切とは言えない。推定されるPRTの値も、特段の重要性があり有限要素法等による厳密解の基づく数量積算を行う場合以外は、1週間以内であれば数日単位、それ以降は1週間単位や1ヶ月単位の大まかな推定とならざるを得ない場合が大半であると考えられる。第三章で解説した事業影響度分析においても、MTPDやRTOは1週間単位、1ヶ月単位となっていたことも振り返っていただきたい。このようなことから、ボトルネック率が1.5を超えた場合に、災害時のリソース確保に隘路が生じていると判断しては如何かと提案したところである。なお、ボトルネックの判定は、標準シナリオにおいても考えうるあらゆるリスクを注視し、過小評価しないようにPRTを見積もる姿勢でいるということが前提となっている。本来、正面から向き合うべきリスクから目をそむければ、BCMに必要な分析情報の根底が崩れ去るということにくれぐれも留意されたい。

図4.6-1のボトルネック率の累積分布の事例を参照すると、標準シナリオでは全てのリソースについて1.5未満であり、重大な隘路となるリソースは見当たらないと考えられる。しかしながら、1.0以上のリソースも17%含まれていることから、災害時におけるこれらのリソースの確保策について改めて確認しておくことが重要であると考えられる。

また、一方で各々のリソースの確保に関して極端な事態の発生も含めた最悪の事態を想定する最悪のシナリオにおいては、ボトルネック率1.5未満は60%であり、40%のリソースが重要機能の継続性に対する脅威となりえることが示唆されている。これらは、発生確率が低い事態であり、また対応自体に大きなコストと時間、労力を要するものも多いため、組織のマネジメントとしては、必ずしもにわかには対応する必要はないと判断されるかもしれない。しかしながら、中長期的な対応の可能性を検討するとともに、これら事態が引き起こす重要機能への負のインパクトを軽視せず、万一事態が発生した場合の対応の考え方を整理するなどのクライシスマネジメントの考え方に立った対応戦略が求められていると理解すべきであろう。

発見した隘路リソースを一覧し、リスク対応計画を作成するための作業シートの事例を表4.6-2に示す。作業シートは本章の表4.4-1に示された機能継続目標1（発災時の在港貨物の滞留の解消）をめざしたもので、RTOは5.5日とされている。図はDICTにおける検討結果の一部であるためリソースの具体の名称は伏せてあるが、標準シナリオ及び最悪のシナリオの下で推定したPRT*の値やそれをRTOで除したボトルネック率等に加えて、リスク対応計画の例が記入されている。図中、PRT*削減目標率は次式で定義される。

PRT*削減目標率＝（PRT* - RTO）／PRT*　　　　　　　（4.13）

PRT*削減目標率は、現下のPRT*をどの程度削減すればRTOを満たせるかという指標であり、表4.6-2では最大で82%の削減（資源11に関する最悪のシナリオ）が必要であることが分かる。

リスク対応計画の例は、本来各リソースごとに検討して記入されるものであることに注意されたい。ここでは、例示として、外部供給系リソース、人的資源系リソース、施設・設備系リソース、ICTシステム系リソース、建物・オフィス系リソースの区分ごとに、バックアップ手段の準備や耐震化・免震化の実施、緊急復旧資器材の備蓄等の典型的な事前準備事項を記すにとどめた。

表4.6-2　作業シートによるリソースの隘路分析結果

ボトルネック資源	PRT*		隘路度		PRT*削減目標率		リスク対応計画（例）
	標準シナリオ	最悪のシナリオ	標準シナリオ	最悪のシナリオ	標準シナリオ	最悪のシナリオ	
資源1	1	10	18%	182%		45%	①外部供給系リソース：バックアップ電源準備、受配電盤等高層階移転、貯水槽・貯油層増設等 ②人的資源系リソース：業務バックアップ体制、港湾相互間の応援体制等の整備。 ③施設・設備系リソース：施設・設備の耐震化・免震化の実施、荷役機械等港間相互融通協定の締結、緊急復旧資器材の備蓄等。 ④ICTシステム系リソース：サーバー等バックアップ体制整備、緊急時の一部マニュアルオペレーション化の推進等。 ⑤建物・オフィス系リソース：建屋の耐震化・免震化、バックアップオフィスの準備等。
資源2	2	7	36%	127%		21%	
資源3	2	7	36%	127%		21%	
資源4	2	7	36%	127%		21%	
資源5	2	15	36%	273%		63%	
資源6	2	7	36%	127%		21%	
資源7	2	7	36%	127%		21%	
資源8	2	14	36%	255%		61%	
資源9	3	15	55%	273%		63%	
資源10	3	15	55%	273%		63%	
資源11	5	30	91%	545%		82%	
資源12	7	14	127%	255%	21%	61%	
資源13	7	14	127%	255%	21%	61%	
資源14	7	14	127%	255%	21%	61%	
資源15	7	30	127%	545%	21%	82%	
資源16	7	14	127%	255%	21%	61%	
資源17	7	14	127%	255%	21%	61%	
資源18	7	14	127%	255%	21%	61%	
資源19	7	14	127%	255%	21%	61%	

第7節　港湾利用者の被害と復旧

第1節で述べたとおり、港湾BCPのRAは、①港湾機能のリスク分析・評価と、②港湾利用者の事業活動のリスク分析・評価に大別される。ここでは、②の港湾利用者の被害と復旧について述べる。

大規模災害時においては、被災地域の産業活動は、一旦大きく停滞する。その主要な原因は、地震動や津波による事業所等の直接被災であるが、電気・水道等のインフラの損傷や取引先の被災を原因とした間接的な停滞も少なくない。図4.7-1は、東日本大震災における主要な製造業・流通業の操業低下原因を把握したものであるが、津波浸水がなく、相対的に地震動も強くない事業所では、間接的な被害の割合が非常に多い。被害が、間接的に、広域にまで及ぶ大規模災害であったと言える[32)]。

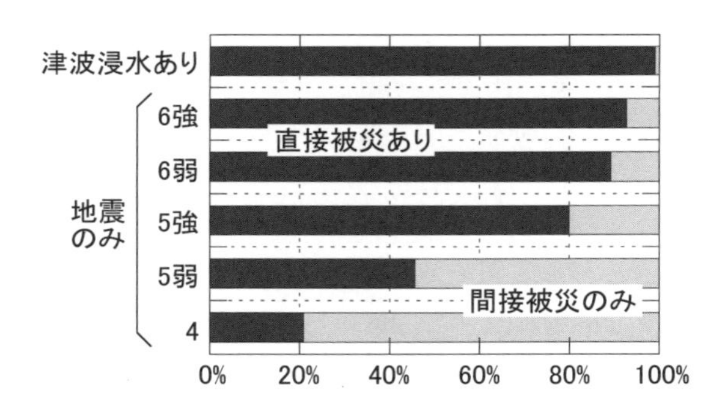

図4.7-1　東日本大震災における直接・間接被災率

被災地域の産業活動の状況である事業所の操業度は、このような種々の要因によって低下することを考慮に入れる必要がある。さらに、一旦大きく操業度が低下した事業所は、復旧までに長い期間を要する傾向があり、特に津波浸水を受けると、その傾向が強い。表4.7-1は、前出の国土交通省の企業アンケート結果を用いて東日本大震災における被災事業所の操業度の復旧状況を整理した結果であるが、津波浸水した事業所の操業度は、震度6強の被災事業所と比較しても、低下が大きく、復旧も遅かった。

被災県の製造業の操業度低下状況について、表4.7-1の結果と、製造業の動向を示す鉱工業生産指数とで比較した結果が、図4.7-2である。図より、アンケート結果は、鉱工業生産指数と傾向が一致しており、操業度推計に利用可能であることが判る[32)]。

表4.7-1　被災事業所の操業度の平均的な復旧状況

震災後期間		直後	1週間	2週間	1ヶ月	3ヶ月	半年	10ヶ月
津波あり	2m以深	0%	0%	3%	8%	18%	47%	65%
	2m未満	0%	4%	11%	34%	60%	83%	90%
地震のみ	6強	9%	18%	34%	59%	82%	88%	93%
	6弱	12%	19%	36%	62%	86%	92%	92%
	5強	27%	35%	55%	75%	91%	95%	96%
	5弱	52%	62%	71%	84%	93%	97%	95%
	4	60%	64%	72%	85%	94%	97%	95%

*東日本大震災被災事業所へのアンケートより作成。100%以上の事業所は100%とみなした。

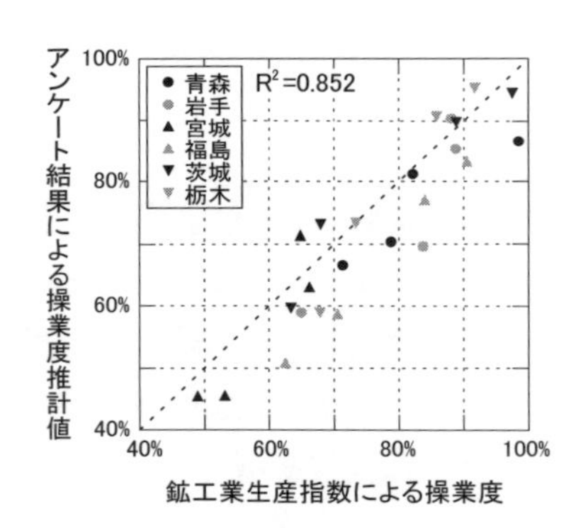

図4.7-2　鉱工業生産指数とアンケート結果の操業度の比較

なお、より精緻な被災事業所の操業度予測については、中野らが、地震動強さにSI値（Spectrum Intensity：地震動の破壊エネルギーを表す指標）を採用し、業種別に、操業能力の低下度合を定量化しており、復旧についても、電気・水道等のインフラの損傷を考慮できるものとなっている[33)]。

港湾貨物の輸送需要は、基本的に、経済活動に比例する。従って、事業所の操業度が低下すれば、輸送需要も低下し、操業度の復旧に歩調を合わせて輸送需要も復旧する。しかし、両者の関係性は、輸送ロットや在庫の介在によるタイムラグ、急ぐ場合には航空輸送やフェリーを使用する等他の輸送機関との競合、さらには、市場や取引先の状況を見ての出荷調整等各企業の状況によっても大きく変わってくる。以上の点を踏まえつつ、被災事業所の操業度とコンテナ貨物輸送需要との関係性を、定量化したのが図4.7-3である。用いたデータは第三章3.3.3で紹介した東北地方整備局及び近畿地方整備局の企業アンケート結果によるものである。明確な傾向があるとは言い難いものの、操業度が一定以下の場合には輸送需要は0、操業度が一定以上の場合は輸送需要が100となる傾向は見られたことから、その間を直線で補間した[32]。

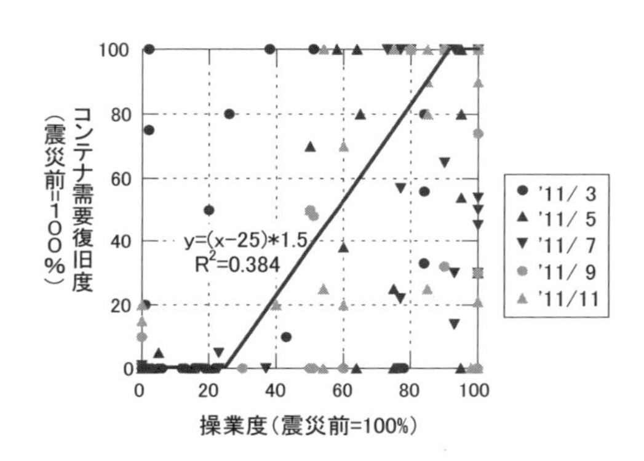

図4.7-3　被災事業所の操業度とコンテナ輸送需要の関係

アンケート結果による各事業所の操業度を、図4.7-3の関係性により、コンテナ輸送需要に変換し、推計曲線を当てはめると、平均的な需要の復旧曲線を導くことができる。図4.7-4に、コンテナ輸送需要復旧曲線と、そのパラメータを示す[32]。なお、アンケートではデータが得られなかった震度7については、文献[33]により別途推計をした。

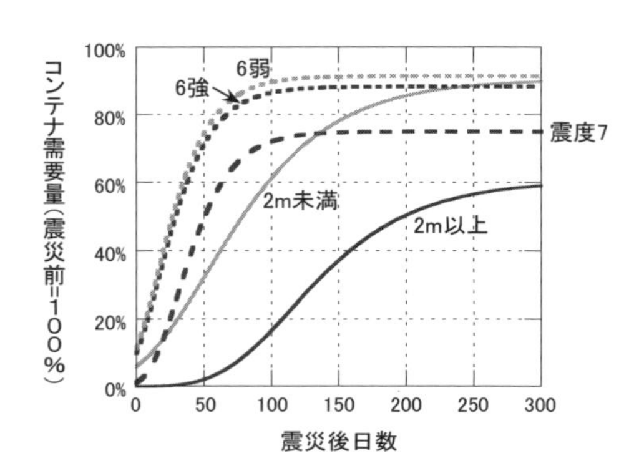

$f(x)=a\cdot b^{\exp(-cx)}$

外力強度		パラメータ		
		a	b	c
津波浸水深	≧ 2m	60.6	0.000121	0.019
	＜ 2m	90.5	0.0652	
気象庁震度階	7	75.0	0.015	0.046
	6強	88.3	0.112	
	6弱	91.4	0.125	
	5強	100.0	0.247	
	5弱	100.0	0.495	
	4	100.0	0.539	

図4.7-4　コンテナ輸送需要復旧曲線

地震による被災地域の震度・津波浸水深予測と荷主の地理的な配置状況、それにこの復旧曲線を用いれば、各港の平均的なコンテナ輸送需要を算定可能であり、その結果は港湾BCPにおいて、発災後に目標とする取扱能力の目安値とできる。ここで、この目安値はあくまで東日本大震災における平均的な状況を基にした推計であり、図4.7-3に見られるように、被災地域の産業構造や、各企業の状況により上下する可能性があることに注意する必要がある。例えば、図4.7-5は、米国輸出入貨物詳細データPIERSにより、東日本大震災前に仙台塩釜港を使用していた荷主の対米国輸出コンテナ需要量の復旧状況について、推計曲線の再現精度を確認した結果である[32)]。全般的には、ある程度の精度で再現できているものの、仙台塩釜港の対米国輸出は特定の1社がコンテナ貨物量の6割を占めていることもあり、4月は過小評価、7月は過大評価となっていた。

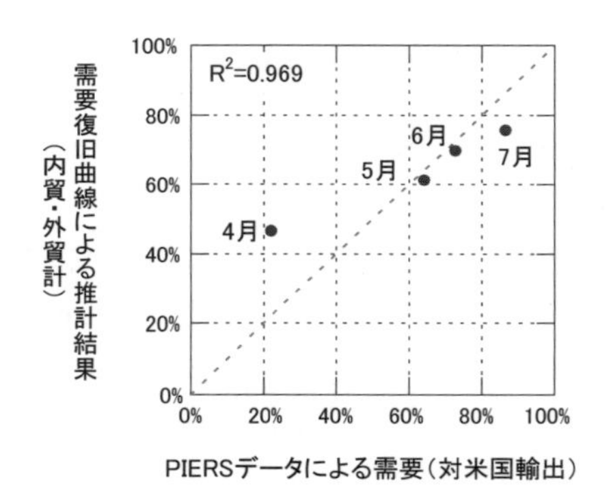

図4.7-5　コンテナ輸送需要復旧曲線の再現精度（仙台塩釜港）

第8節　リスクアセスメント実施上の留意点

リスクアセスメント（RA）においては、リスクを特定した後、重要機能の発揮に際して必要となるすべてのリソースについてリスクの分析を行うのが原則である。もちろん、災害が起こるまでは必要とされていたが、災害を契機に（または、BCPの作成を契機に）当該リソースが実は不要なものであったことが判明する可能性も全くないわけではない。しかしながら一般的に、平常時どおりの環境下で重要機能を発揮していこうとするとすべてのリソースが必要となることは自明であろう。

またこれらのリソースは、ヒト、モノ、情報の多岐にわたるものであり、本書では、BIA実施にあたって、外部供給、人的資源、施設・設備、情報通信システム、建物・オフィスに分類することを推奨しているが、1分類中に多い場合で20、全体で60を超えるリソースが抽出される場合もあり、それらの全てについて詳細なリスク分析を行うことには煩雑な作業が伴う。（第七章第4節のケーススタディを参照されたい）

一方、上記のような多種多様なリソースの全てについて、その脆弱性や復元性（レジリエンシー）を評価するための手法は未だ整備されていない。本章第6節では、港湾施設や外部供給系リソース、人的資源、オフィス機能等について現下の分析手法や過去の災害時のデータ、経験則等に基づく脆弱性、復元性の評価手法の一端を紹介したが、港湾BCPで求められるリソースのリスク分析の要請に応えるにはまだまだ程遠い。特に、人的資源の脆弱性、復元性の評価手法については、過去の災害時のデータや情報がほとんど蓄積されておらず、検討も進んでいない。

一方、本章第4節4.4.4では、港湾の基本的な施設の脆弱性評価手法について、FLIPのような有限要素法による厳密な解析手法から過去の被災例、経験に基づく簡便法までを紹介するとともに、両者の中間的な手法であるチャート式対診断手法や様々な脆弱性曲線のメリットについて述べた。これらの中間的な手法は、より安価で労力が少ない点で概略の脆弱性評価を行うための手法として実用性に優れるため、まずこれらの中間的手法を適用し港湾全体の施設の脆弱性評価を行った後に、特段の重要性を有する施設についてFLIP等によるより厳密な分析を行うと言った使い分けが各港のBCP検討時になされ始めている。BCP作成のためのRAのあり方として今後の参考にすべきものと考えられる。

出典・参考資料（第四章関係）

1）勝俣良介：ISO22301徹底解説，pp.185,（株）オーム社，平成24年7月
2）小野憲司，滝野義和，篠原正治，赤倉康寛：港湾BCPへのビジネス・インパクト分析等の適用方法に関する研究，土木学会論文集D3（土木計画学）Vol.71，No.5（土木計画学研究・論文集第32巻），pp.I_41-I_52，2015.
3）昆正和：実践BCP策定マニュアル，（株）オーム社，2009年
4）日本港湾協会：港湾の施設の技術上の基準・同解説，2007.
5）赤倉康寛，小野憲司：港湾BCPのための港湾施設の脆弱性評価手法，平成27年度京都大学防災研究所年報，No.58B，pp.15-25，2015年9月
6）Honda，K. and Tomita，T.：Damage to Port Facilities by the 2011 off the Pacific Coast of Tohoku Earthquake Tsunami，Proceedings of the 24th International Ocean and Polar Engineering Conference，pp.30-37，2014.
7）Kumagai，K.：Tsunami-induced Debris of Freight Containers due to the 2011 off the Pacific Coast of Tohoku Earthquake，JSCE Disaster Fact Sheet，FS2013-T-0003，pp.1-25，2013.
8）後藤智明：津波による木材の流出に関する計算，第30回海岸工学講演会論文集，pp.594-597，1983.
9）丹治雄一・加藤広之・中村隆・藤間功司：津波による車両・船舶の漂流実験，日本沿岸域学会研究討論会講演概要集，Vol.25（CD-ROM），2012.
10）津波シミュレーションを踏まえた被害軽減方策～海岸保全施設について～，国土交通省河川局海岸室（http:www.mlit.go.jp/river/shinngikai_blog/past_shinngikai/kaigandukuri/gijutsu-kondan/shiryou02.pdf）
11）河田惠昭・小鯛航太・鈴木進吾：東南海・南海地震発生時の港湾機能を活用した緊急輸送戦略，海岸工学論文集，Vol.54，pp.1326-1330，2007.
12）永野修美・今村文彦・首藤伸夫：数値計算による沿岸域でのチリ津波の再現性，海岸工学論文集，Vol.36，pp.183-187，1989.
13）八戸港BCP概要版，青森県地方港湾審議会資料，青森県港湾課，平成25年3月
14）一般社団法人FLIPコンソーシアムHP，（http://www.flip.or.jp/）
15）チャート式耐震診断システムの概要，国土交通省港湾局，（www.mlit.go.jp/common/000052151.pdf）
16）竹田晃，河崎尚弘：沿岸構造物の耐震性評価を安価で簡易に診断するシステムの開発について，平成23年度近畿地方整備局研究発表会論文集（調査・計画・設計Ⅰ部門），（http://www.kkr.mlit.go.jp/plan/happyou/thesises/2011/02.html）
17）南海トラフ巨大地震の被害想定（第二次報告），資料4被害想定項目及び手法の概要，pp.9，中央防災会議防災対策推進検討会議南海トラフ巨大地震対策検討ワーキンググループ平成25年3月18日
18）Ichii，K.：FRAGILITY CURVES FOR GRAVITY-TYPE QUAY WALLS BASED ON EFFECTIVE STRESS ANALYSES，13th World Conference on Earthquake Engineering，Vancouver，B.C.，Canada，August 1-6，2004
19）菅野高弘：マグニチュード9 地震と津波の複合被害の特徴と今後へ向けて，第9回国際沿岸防災ワークショップ講演概要集，2012.
20）下迫健一郎：東北地方太平洋沖地震津波による防波堤の被災，ながれ，Vol.31，pp.27-31，2013.

21）港湾事業評価手法に関する研究委員会：港湾投資の評価に関する解説書2011，2011.
22）国土交通省：津波に対する港湾の安全性評価，交通政策審議会港湾分科会第4回防災部会，資料3-1，2012.
23）3.11東日本大震災　小名浜港の記録，国土交通省東北地方整備局小名浜港湾事務所，平成24年9月
24）ライフラインの総合地震防災力の検証シンポジューム，関西ライフライン研究会，平成16年12月
25）東北地方太平洋沖地震を教訓とした 地震・津波対策に関する専門調査会 報告 参考図表集，内閣府中央防災会議，平成23年9月28日
26）首都直下地震対策専門調査会報告，内閣府中央防災会議，平成17年7月
27）中部圏・近畿圏の内陸地震に係る被害想定結果について，中央防災会議第34回東南海、南海地震等に関する専門調査会資料4，中央防災会議事務局，平成20年5月14日
28）首藤伸夫，津波対策小史，津波工学研究報告，第17号，pp.1-19，2000年3月
29）飯塚秀則，松冨英夫，津波氾濫流の被害想定，海岸工学論文集，第47巻，pp.381-385，2000年
30）加納修平，中野時衛，津波外力によるRC造・S造建物への被害想定，NTT建築総合研究所研究報告，pp1-6，2005年
31）小野憲司，赤倉康寛：ビジネスインパクト分析及びリスク評価の手法を取りいれた港湾物流BCP作成手法の高度化に関する研究，平成27年度京都大学防災研究所年報，No.58B，pp.1-14，2015年9月
32）赤倉康寛，邊見充，小野憲司，石原正豊，福元正武：海運依存産業における大規模地震・津波後のコンテナ貨物需要の復旧曲線，土木学会論文集D3（土木計画学），Vol.70，No.5，pp.I_689-I_699，2014.
33）中野一慶，梶谷義雄，多々納裕一：地震災害による産業部門の操業能力の低下を対象とした機能的フラジリティ曲線の推計，土木学会論文集A1（構造・地震工学），Vol.69，No.1，pp.57-68，2013.

第五章　リスク対応戦略

第1節　概要

リスク対応とは、リスク評価の結果を踏まえて、リスク対応計画等を実行しリスクレベルを引き下げることにより、リスク基準を満たす作業である。港湾BCPにおけるリスクアセスメント（RA）の場合、具体的には、重要機能のRTOを満たすように各リソースのPRT*を短縮するためのリスク対応計画を作成し、BCPに記述し、実行する。

一方で、これらのリスク対応計画を「絵に描いた餅」にしないためには、計画的な資金の確保や準備の体制づくり、人材育成などの実行に向けた戦略的なアプローチが重要となる。また、リスク対応計画が実行されるまでの間にインシデントが発生する場合に備えて、リスクの軽減策を検討しておくことも重要である。

本章では、上記のような、港湾BCPが念頭におくリスク対応の効率的、効果的な実行、実現に向けた戦略策定に向けて、リスク対応の基本的な考え方、リスク対応計画の方法論、戦略としての港湾BCPへの記述上の留意点などに関して解説する。

第2節　リスク対応計画の策定

前章第4節（リスク分析）で述べたように、各リソースのPRLを重要機能のRLOと同等以上とおいてPRTが推定される。このPRTは、機能復旧を阻む様々なリスクに対して事前に講じる対応策によって変化する、すなわち図4.4-1に言う機能復旧オプション（χ）の関数である。このようなことから、港湾BCP作成の手順においては、(5.1)式を満たすχの中でもっとも安価で確実なものを求め、その実施の方策をリスク対応計画としてBCPに記述する必要がある[1)]。

$$\{\chi \in A : PRL(\chi) = RLO\} \cap \{\chi \in A : PRT(\chi) \leqq RTO\} \quad (5.1)$$

なお、ここでAは、ある特定のリソースに関して想定される資源の機能復旧のためのオプション全体の集合である。岸壁クレーンの機能復旧を例にとると、クレーンの免震化等の事前の強靭化策から、事後におけるクレーンメーカー技術者による健全性診断や試運転、現場における様々なレベルでの応急修理・修繕、交換部品のストック等の事前の対応、トラッククレーンやモビールクレーンによる一時的な代替、本格的なオーバーホールや大規模修繕、新規建造・調達、他港における貨物の代替荷役に至る、クレーンの被災状況や当面の荷役需要、岸壁その他の周辺施設・設備等の被災状況に応じたあらゆる選択肢が含まれる。

上記のような機能復旧オプションは、第一章第3節の図1.3-2に示した、①港湾施設の耐震強化等による物流機能の頑健性強化、②早期復旧体制の事前準備による早期機能回復、③代替港湾機能確保によるリダンダンシーの拡大の3つの対策もしくはその組み合わせを念頭において選ばれる。港湾の強靭化と機能回復の迅速化に向けた機能復旧オプションは表5.2-1のようなものが考えられる。

表5.2-1には、平常時の港湾の管理、運営に必要なインフラ、人的資源、物的資源、供給処理系の各リソースについて、①構造耐力の強化、②備蓄、③インベントリーの情報共有・融通、④迅速な調達システムの整備、⑤供給の多重化といった復旧の迅速化のため、どのような事前の準備措置が可能かを示唆した。また、リソースの機能復旧のための工事についても示した。

一般的に岸壁や航路泊地、ふ頭用地のような港湾基本施設や臨港道路のような陸上アクセス手段については、地震等の外力に対する構造耐力の強化によって機能の頑健性強化を図るか、または他港においての代替機能を確保することが有効と考えられる。また港湾の管理や運営を支える港湾管理者スタッフや港長職員、ターミナルオペレーションセンターのオペレーターは、他港からの応援等による代替が難しいが、一方でパイロットや荷役、綱どり要員は大規模災害時の港間融通はこれまでも慣習的に行われてきている。東日本大震災時には東北地方の港湾に対して、主に西日本の港湾から荷役機械類の貸与、譲渡が行われた。また、今後に備えて3大湾の港湾運営会社間では荷役機械の部品等の交換、融通を協定化しようとする動きもある。被災した港湾施設の緊急復旧等のための工事については、あらかじめ締結した海上工事会社との協定の下に労働力や建設資機材を迅速に確保することが重要であるほか、国が設置する基幹的防災拠点などでは災害時に備えた応急普及用資機材の備蓄も行われており、各港におけるBCPの検討時にはそれらの事例を踏まえた検討を行う必要がある。

このような機能復旧オプションの中から利用者の要求（RTO及びRLO）に応える上で最も適切な対応策を各々のリソースについて選ぶ作業がここで言うリスク対応計画の策定である。図5.2-1にリスク対応計画検討のための作業シートの事例を示すので参考にされたい。

表5.2-1　港湾の強靭化と回復機能の強化のためのオプション

	インフラ		人的資源				物的資源				供給処理系					復旧工事		
				港湾運営				運営										
	港湾基本施設	陸上アクセス	港湾管理 *1	埠頭運営 *2	荷役	港湾サービス *3	港湾管理	埠頭運営	荷役・荷捌き *4	港湾サービス *4	電気	水道	ガス	通信	廃棄物処理	要員・労働力	工事資材	工事機材
1. 構造耐力の強化	○	○					○	○	○	○	○	○	○	○	○			
2. 備蓄																	○	
3. インベントリーの情報共有・融通					○	○	△	△	○	○						○	○	○
4. 迅速な調達システムの整備					△	△	○	○	○	○						○	○	○
5. 供給の多重化	○	○			△	△					○	○	○	○	○	○	○	○

*1：港湾管理者、港長業務、CIQ業務等
*2：ターミナルオペレーション、船舶代理店業務等
*3：パイロット、タグボート、綱取等業務
*4：荷役クレーン、フォークリフト、トレーラー、上屋・ターミナル施設等

平常時のリソース	インシデント	港湾運営リスク		リソースのレジリエンシーと復旧計画						リスク対応計画		特段の考慮事項（制度的枠組み等）
		被害想定	機能喪失／低下の内容	標準復旧シナリオ	PRT（標準）	復旧に要する概算費用（百万円）	必要となる要員、資機材等	最悪の状況シナリオ	PRT（最悪）	具体の改善策（機能復旧促進、代替機能確保等）	事前準備に要する概算費用(約万円)	
電力	上町断層地震:震度7,南海トラフ巨大地震:震度6弱、津波高さ5m	停電、津波による配電盤等の水没	供給停止	ﾀｰﾐﾅﾙ内送電線、配電盤の応急復旧/予備発電機駆動	2	20	専門技術要員、、予備発電機	外部電源供給停止の長期化による発電機燃料の不足。	7	通信ｻｰﾋﾞｽ供給者との緊急連絡網の強化。ﾀｰﾐﾅﾙ内送電線、配電盤等構内施設の耐震性、耐津波性改善。	50	中長期的な投資計画への組み込み
通信		電話回線混雑による通信不能	通話困難	電話回線、交換機、ｲﾝﾀｰﾈｯﾄｻｰﾊﾞｰの応急復旧/衛星通信ｼｽﾃﾑの活用	2	10	専門技術要員、衛星通信機	通信ｻｰﾋﾞｽ途絶の長期化	7	電力供給者との緊急連絡網の強化。ﾀｰﾐﾅﾙ内送回線、交換機等構内施設の耐震性、耐津波性改善。衛電話機増強等通信手段の多様化促進。	50	
水道		水道管破断による断水	供給停止	施設内配管点検/応急修理	2	5	専門技術要員	水道供給停止の長期化	7	水道管理者との緊急連絡網の強化。ﾀｰﾐﾅﾙ内配管、ポンプ等構内施設の耐震性、耐津波性改善。貯水槽増設	50～100	
燃料油		津波による給油施設の損傷、軽油･C重油供給の不足	供給量の低下	燃料油ﾀﾝｸ、給油施設の応急復旧、給油施設点検。	7	20	専門技術要員、給油業者職員。	燃料油供給停止の長期化	14	燃料油供給事業者との緊急連絡網の強化。ﾀｰﾐﾅﾙ内ﾀﾝｸ、給油装置等構内施設の耐震性、耐津波性改善。燃料油タンク増設。	100～200	
港湾管理者職員		地震動、津波による職員及びその家族の死傷、自宅等被害、緊急参集ﾙｰﾄにおける交通障害。	緊急参集困難･遅れ、欠員の発生	安否確認、個別連絡調整、緊急参集。	2	0	港湾管理者緊急参集要員､携帯連絡網。	特殊技能･専門知識を有する職員の喪失	7	安否確認ｼｽﾃﾑの強化。緊急参集要員宿舎の整備。	5～100	BCP協議会等における情報連絡網の強化。
港長職員					2	0	海上保安部緊急参集要員､携帯連絡網。		7		5～100	
ﾀｰﾐﾅﾙｵﾍﾟﾚｰｼｮﾝｾﾝﾀｰ職員				ｵﾍﾟﾚｰﾀｰによる安否確認、勤務体制調整。	3	0	ﾀｰﾐﾅﾙｵﾍﾟﾚｰｼｮﾝｾﾝﾀｰ緊急参集要員、携帯連絡網。	ﾄﾗｯｸｸﾚｰﾝ免許保持者の確保が困難	6		5～100	
ｶﾞﾝﾄﾘｰｸﾚｰﾝｵﾍﾟﾚｰﾀｰ				安否確認、元受港運からの連絡による作業手配。	2	0	元受港運緊急参集要員、携帯連絡網。	特殊技能･専門知識を有する職員の喪失	7	元受港運関係会社間の連絡体制の強化。他社との相互ﾊﾞｯｸｱｯﾌﾟ体制の整備。	0	相互ﾊﾞｯｸｱｯﾌﾟ協定の締結等
ﾄﾗｸﾀｰ運転手					3	0		運転手不足の長期化。	7		0	
ﾄﾗﾝｽﾃﾅｰｵﾍﾟﾚｰﾀｰ					3	0		ﾄﾗﾝｽﾃﾅｰｵﾍﾟﾚｰﾀｰ不足の長期化。	7		0	
ｹﾞｰﾄｸﾗｰｸ					3	0		ｹﾞｰﾄｸﾗｰｸ不足の長期化。	7		0	
航路	南海トラフ巨大地震による津波高さ5m	津波による海面浮遊物や海底障害物の発生。	大型船舶の航行障害。	浮遊物確認、ﾅﾛｰﾏﾙﾁﾋﾞｰﾑによる海底障害物探査	3	20	港湾管理者担当官、海洋調査会社技師、調査船及ぶｸﾙｰ、ﾅﾛｰﾏﾙﾁﾋﾞｰﾑ等調査機材。	多数の浮遊物、大型の海底障害物が発生。	7	海洋調査会社との緊急連絡網の強化。海洋調査機材、技術者の優先確保体制の整備。	0	海洋調査会社又は業界団体との災害時緊急対応協定締結。
回頭泊地					3	30			7		0	
岸壁	上町断層地震:震度7,南海トラフ巨大地震:震度6弱、津波高さ5m	岸壁構造体の変形、構造強度の低下。	船舶の接岸･停泊、荷役停止。	岸壁法線の変状確認、構造強度（杭変形、ｸﾗｯｸ発生等）の確認、一部の床版、杭頭部補強等。	5		・				・	
ｴﾌﾟﾛﾝ		地表面の不陸、陥没、舗装の構造強度の低下。	荷役機械の走行障害及びコンテナの蔵置不可。	舗装強度確認。陥没、段差の応急補修等	5		・				・	
ｶﾞﾝﾄﾘｰｸﾚｰﾝ		脱輪、横転等による脚部破壊	ｺﾝﾃﾅ積み込･積み降	ﾓﾊﾞｲﾙｸﾚｰﾝによる代用	3		・				・	

図5.2-1　リスク対応計画検討のための作業シートのイメージ

第3節　リスク対応の戦略的思考

5.3.1 概要

リスク対応計画には、岸壁の耐震強化等の災害に対する港湾施設の強靭化やバックアップ電源の設置、港湾間における作業員・荷役機械等の相互融通などのリダンダンシーの確保、貨物輸送の代替港湾・ルートの確保等の様々な事前対応方策が含まれることが想定される。これらの対応策は、すぐにでも実行可能なものから、一定の費用を要するため資金確保に時間を有するもの、また、多大な資金と労力を必要とするため、その意思決定に必要な時間も含めて中長期的な取り組みとなるものなど、様々なものが含まれる。

従って、港湾BCPに記述されたリスク対応計画を限られた資源の中でどのような優先順位を持って、どのような手順により実行していくかに関しての戦略（リスク対応戦略）が実効性あるBCMの実施上重要なものとなる。

一方で、港湾BCPを共有し、実施に直接関与する関係者には、施設の管理運営や安全・警備等の行政機能から、港湾物流や船舶航行に係る役務ビジネス等に渡る様々な利害関係者が含まれる。このため、リスク対応計画の実施にあたっての事前の合意が必ずしも円滑には進まないことが懸念される。しかしながら、一旦災害が発生すると、実行しうる機能復旧オプションの範囲は限定的なものになる他、リスク対応計画の中で事前に実行すべきと考えられるものについても、その時々の社会、経済情勢によって実行可能性が大きく変化することが考えられる。このようなことを勘案するとリスク対応戦略の策定にあたっては、リスク対応計画として想定される内容について関係者間の緩やかなコンセンサスを踏まえつつ、可能な限りの対応策を港湾BCPに記述するとともに、それ以外のオプションについてもそれらの情報が必要とされる時に供えて適切に保持しておくという姿勢が必要となる。

これまでも述べてきたように港湾BCPは、大規模災害後にあっても港湾ユーザーである荷主・船社の要請に的確に対応し港湾の持続的な発展を可能とすることを目標としている。そのためには、災害後に生じ得る「需給ギャップ」、すなわち貨物取扱能力が、貨物輸送需要に対して不足している状態への対処方法を予め準備しておくことが重要である。この貨物取扱能力の見積もり方法については第三章第3節3.3.3及び第四章第7節で述べたとおりである。

改めて、需給ギャップに対処するためのリスク対応計画を整理すると、図5.3-1に示すとおり、①耐震強化等による強靱性強化、②体制確保等による復旧の迅速化及び③

代替港湾における物流容量の確保の3つに分類される[2)]。以下、各項にてそれぞれについて見ていく。

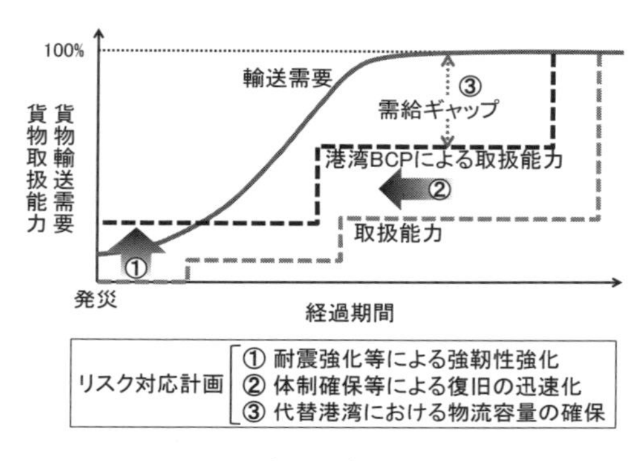

図5.3-1　需給ギャップとリスク対応計画

5.3.2 耐震強化等による強靭性強化

発災直後において一定程度の貨物取扱能力を確保するためには、施設の耐災害能力を向上させる、すなわち強靭性を強化する他に方法はない。大規模災害では港湾ユーザーである荷主企業の活動復旧にも時間を要するため、発災直後の輸送需要はまずERL（緊急物資輸送）が中心となり、次いで輸送途上で港湾に残された貨物の払い出しとなる。これらの輸送需要は予めある程度見積もることが出来る。これに対して、大規模災害で無被害あるいは簡易な応急復旧で使用できる施設が、どの程度残るのかが問題となる。

係留施設（岸壁、バース）については耐震性を高めた耐震強化岸壁がある。耐震強化岸壁と通常の岸壁との被災確率の比較を図5.3-2に示す（再掲）。例えば、計測震度6.0であれば通常岸壁の約7割が壊滅的な被害（被災ランク3）を受けると予測されるが、耐震強化岸壁ではその確率は約1割であり、過半数は無被害か2週間程度内には供用可能な被害（被災ランク1）に収まると見られる。

同様に、阪神・淡路大震災以降レベル2地震動に対して修復性を備えた荷役施設（免震クレーン）が導入されてきている。設計の考え方としては、基本的には耐震強化岸壁と免震クレーンはセットであるため、図5.3-2の関係性は岸壁上のクレーンにおいても適用される。従って、耐震強化岸壁・免震クレーンは大規模地震に対して、確実に強靭性を強化させる方法であり、想定される輸送需要に対応出来るように港湾計画等に従っ

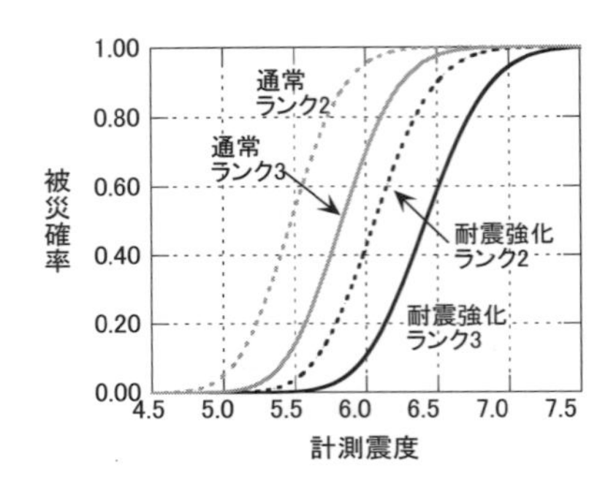

図5.3-2　通常岸壁と耐震強化岸壁の被災確率の比較（再掲）

て着実に整備しておくことが求められる。ただし、ここで留意しておかなければならないのは、耐震強化岸壁・免震クレーンは地震被害を低く抑える工夫がなされてはいるものの、全ての地震に対して無被害となることが保証されているものではない点である。そのような施設は物理的にあり得ない。従って、耐震強化岸壁・免震クレーンが被災した場合についても、港湾BCPの中において対処方法を検討しておくことが必要である。

一方、係留施設と荷役施設の耐津波特性には差がある。東日本大震災では、係留施設の津波被害は、裏込材の吸い出し、もしくは、前面の洗掘は特例が多く見られた。特に、主要な被害である吸い出しは、係留施設背後の液状化に伴う複合被害であるが、津波水圧（＝浸水深）との関係性が支配的である（図4.5-4）。一方、荷役施設（クレーン）は、津波浸水があった時点で、水洗い・オーバーホール・機器交換・検査が必要となるため、1～2週間で供用可能な軽微な損傷に終わることは期待できない。大規模津波後におけるコンテナターミナルでの緊急物資輸送や、残された貨物の払い出しについては、ガントリークレーンが使用できない場合を想定しておく必要がある。

水域施設については、津波によって航路にコンテナ等の障害物が沈没し得るため、ERLを担う船舶が入港可能な水深が確保されていることを、早急に確認する必要が生じる。また、外郭施設の被災によって、港湾内の静穏度が確保出来ない場合も発生し得る。このような場合には、荷役中の船舶をタグボートによって支援をすることも想定しておく必要がある。

5.3.3 復旧の迅速化

発災後に生じる"需給ギャップ"を可能な限り軽減させるために、なるべく速く貨物取扱能力を復旧させることが必要となる。そのためには、まず、事業影響度分析（BIA）に基づく重要機能に必要なリソース（資源）の明確化と、その被害状況の想定が不可欠である。BIAでは、復旧において隘路となるリソースが明らかになることから、このリソースを中心に、復旧を速める検討を行うこととなる。

例えば、東日本大震災においては、岸壁本体より、荷役施設（クレーン、アンローダー等）の復旧に時間を要した例が多かった。津波によって被災した荷役施設の復旧は、交換部品の納期に大きく依存しており、特に、浸水被害が生じやすいケーブルリール、走行モータ、走行減速機は生産工場が限られるため長い納期を要した。また、倉庫に備えていた予備品や設計図書が津波被害に遭ってしまった事例もある。クレーン類等の機械施設は、注文を受けて製造する特注品であり、製造できるメーカーも数が少ない。そのような状況下で、広域で同時に被害が多発すると、メーカーの製造能力が追いつかず、復旧期間が左右されることとなる。コンテナ用ガントリークレーンを1ヶ月半で応急復旧させた八戸港では、メーカーが他港へ納品するために製造していた部品を融通してもらうことで早期の復旧を実現した[3)]。

同様に、東日本大震災で発生した被害状況の中には、岸壁やクレーン本体は大きな被害が無かったものの、岸壁ケーソンの残留変位に差が生じ、クレーンレールが折れ曲がり走行不能となった例（写真5-1）が多く見られた。クレーンを走行可能とするためには、折れ曲がり角度を緩和させた上でのレールの交換（図5.3-3）が有効であるが[4)]、当該レールも特注品であるため、被害が発生してから発注すると長い納期が想定される。

写真5-1　クレーンレールの折れ曲がり被災（東北地方整備局提供）

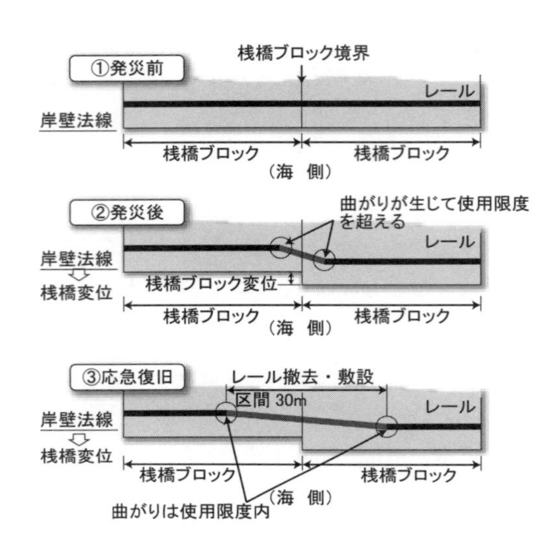

図5.3-3　クレーンレールの折れ曲がりに対する対応方法[4)]

以上のような事象は、南海トラフ巨大地震等の広域災害において再発が懸念されるが、各港湾において個別に対応するには限界がある。そのため、一般社団法人港湾荷役機械システム協会では、各港のクレーンの予備品リストを共有化することにより発災後に修理用部品の融通が可能な体制の構築を目指している[5)]。また、東日本大震災では、例えば、仙台塩釜港で震災前に11台あったストラドルキャリアのうち震災後に修繕して使用できたものが3台のみであったことから、名古屋・北九州・博多港からの無償提供を受ける等荷役機械自体の融通も行われた。早期復旧のためには、各港において対応可能なものも多いが、荷役施設のように広域的な備蓄や相互融通が有効な施設も多いことから、複数の港湾が参加する広域的な港湾BCPをその受け皿として、必要な体制の確保を図っていく必要がある。

5.3.4 広域的な港湾の連携と代替

大規模災害においては、被災各港が単独で"需給ギャップ"をなくすことは非常に困難である。荷主の企業活動等の復旧による輸送需要の復旧に対して、前項の貨物取扱能力の復旧の迅速化を図っても、施設の復旧が追いつかない期間があることが想定される。この場合は、一旦、他の港湾にて貨物取扱機能を代替させることが必要となる。

東日本大震災においては、被災した太平洋側港湾のコンテナ貨物輸送機能を、東京湾や日本海側港湾が代替した。また、仙台・千葉の製油所や各港湾の油槽所の被災に対して、西日本製油所で増産された石油製品が東日本地域の日本海側港湾まで海上輸送され、被災地域へ陸送された[6)]。トウモロコシ等飼料作物は北海道～九州の各港湾で輸入し内航船もしくは陸上輸送によって被災地に送り届けられた（表5.3-1）[6)]。石炭についても、被災地外の港湾で一旦荷揚げし内航船による被災地港湾への二次輸送が実施された[7)]。

表5.3-1　飼料の代替港湾における輸入、緊急増産及び二次輸送の状況

地方	輸入港湾（荷揚量前月比）	飼料生産量	飼料輸送方法（内航船荷揚港）
北海道	苫小牧（1.5倍）	約5.0万t増	海上（青森・八戸・能代・秋田・酒田港）
北陸	新潟（2.4倍）	約2.2万t増	陸上
中部	名古屋（1.3倍）	約4.3万t増	陸上
中国	水島（1.5倍）	約2.8万t増	陸上，海上（八戸・仙台塩釜港）
九州	志布志（1.2倍） 鹿児島（1.2倍）	約4.3万t増	海上（八戸・青森・能代・秋田・酒田・新潟港）

*) 文献6)のデータを筆者が整理．2011年3月実績．

バルク貨物（ドライ：石炭・鉄鉱石・穀物等、リキッド：原油・石油製品）については、限られた荷主による専用船での輸送であるため、荷卸港も限定される。すなわち、各荷主の災害時の輸送体系によって代替港湾が決まるため、代替輸送ルートの事前の想定も比較的容易である。

一方、多数の荷主企業が関与するコンテナ貨物やフェリー貨物については、船社が航路を決定するため、災害時にどこの港湾を経由するかを事前に想定することは容易ではない。また阪神・淡路大震災や東日本大震災では、被災港湾で扱えなかったコンテナ貨物が一部の代替港湾に集中し、輸送能力が限界に達した。そのため、ここでは外貿コンテナ貨物の代替港湾を事前に推計する方法について述べていく。

平常時に外貿コンテナ貨物がどの港湾を利用するのかを再現する港湾選択モデルについては数多くの研究がある（例えば、稲村ら[8)]、家田ら[9)]、黒田ら[10)]等）。これらは、内陸輸送の時間・コスト、各港湾での航路サービス状況等を与条件として各コンテナ貨物の輸送経路を推計するものであり、さらには、与条件を変化させた場合の予測に

ついても取り扱っている。

しかし、これらの港湾選択モデルは、平常時の需要推計や施設整備・運営計画への活用を主な目的として開発されており、災害時に適用した事例は見当たらない。災害時という特殊な環境下における港湾選択を表現する場合には、①荷主企業の被災により輸送需要が減少する、②被災港湾の機能が停止・低下する、③代替港湾にコンテナ貨物が集中し、能力の限界に達する場合がある、④輸送経路の選択指向（何を重視するのか）が変化する、といった点を考慮する必要がある。①については、第四章第7節において述べた需要復旧曲線を用いることにより定量化が可能である。なお、輸入コンテナ貨物については平常時になかった復旧関連の輸送需要が生じる場合があり注意を要する。東日本大震災では、水や仮設住宅用の断熱材の緊急輸入が確認されているため必要に応じこのような輸送需要も見込むこととなる[11)]。また、②については、被災港湾の機能が完全に停止した場合は、当該港湾がないものとして推計を行えばよいが、機能が低下している場合や、③の代替港湾の能力限界については、港湾選択モデルにおいて各港の取扱能力を評価する必要がある。④の選択指向の変化については、様々な製品の不足が生じる中で急ぐ貨物が増えることを再現する必要がある。

各港湾のBCPを策定する際の前提となるインシデント情報は、都道府県等による地震・津波被害想定を基本とする。従って、代替港湾の推計にあたってもこれらを前提条件とする必要がある。図5.3-4に代替港湾の推計フローを示す。震度・津波浸水深データに基づき推計時点（発災後何ヶ月か）を決定した上で、被災地域のコンテナ貨物輸送需要と被災港湾の残留取扱能力及び代替港湾の取扱能力を設定し、港湾選択モデルにて代替港湾を推計するという流れになる。

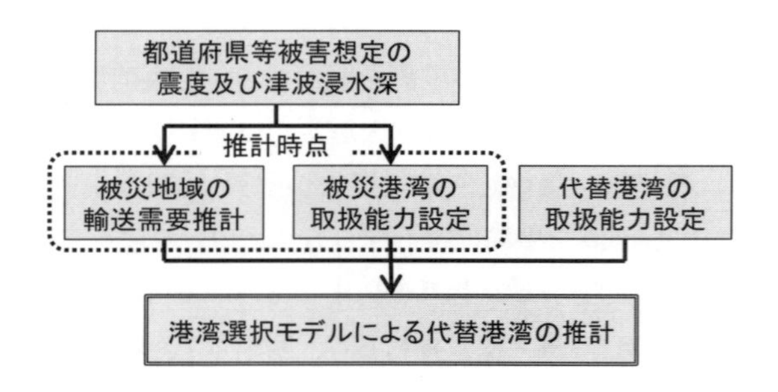

図5.3-4　代替港湾の推計フロー

代替港湾においては発災後に取扱量が急増する。阪神・淡路大震災後の大阪港及び東日本大震災後の酒田港の状況を図5.3-5に示す。大阪港で平常時の2.3倍、酒田港では2.7倍の取扱量となっており、両港とも取扱い能力が限界に達していたと推測される。ヒアリングによれば酒田港では、一部のコンテナ取扱要請を断っていた。

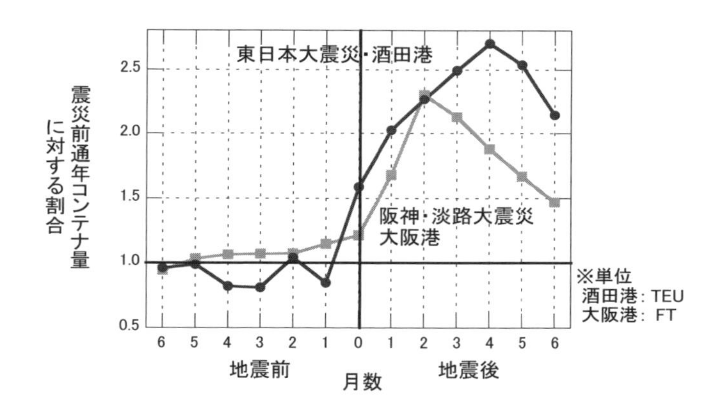

図5.3-5　発災後の代替港湾でのコンテナ取扱量の急増状況

港湾のコンテナ取扱能力は、様々な要件により定まるが、代替港湾の取扱能力は、以下の2つの能力のうち、小さい方で決まる[11)]。

✓蔵置能力：平常時は、ヤードの蔵置能力と平均回転数、ピーク係数等により定まる。災害時は、臨時ヤード（空コン置き場）による能力増加と平均蔵置日数の延長による能力低下を考慮する必要がある。

✓港湾運送業の対応能力：平常時は、ピーク時に対応する能力が準備されている。災害時は、被災港からの応援による能力増加を考慮することが出来る。

港湾選択モデルにおいて、代替港湾もしくは被災港湾の取扱能力を考慮するためには、繰り返し計算が必要となる。その算定フローを図5.3-6に示す。コンテナ貨物量の推計値が取扱能力を超える港湾がある場合、当該港湾での超過分は他港に割り当てられる。その結果、他の港湾においてもコンテナ貨物量が港湾取扱能力を超過する可能性がある。そのため、全ての港湾でコンテナ貨物量の推計値が取扱能力内に収まるまで、繰り返し計算を行うこととなる。

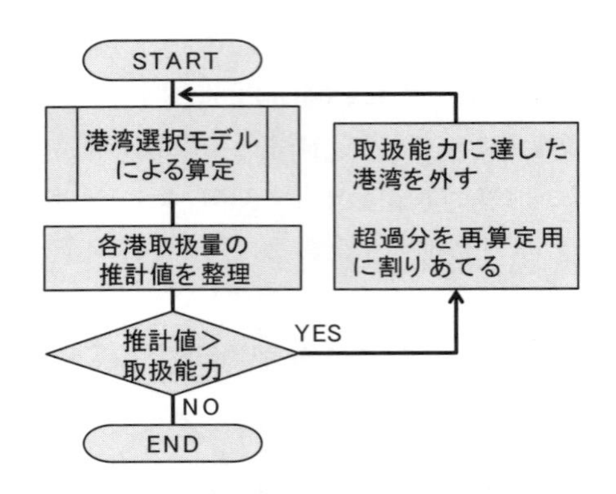

図5.3-6　取扱能力考慮のための港湾選択モデルの繰り返し計算フロー

また、代替港湾では、取扱能力の急増に応じて既存航路の臨時増便が行われる場合がありえる。東日本大震災後の秋田・酒田・新潟港におけるコンテナ取扱量と便数の増加割合を比較したのが図5.3-7である。両者は、概ね同じレベルにあることから、港湾選択モデルにおいては、取扱量の急増割合と同等の便数増を考慮に入れる必要がある。

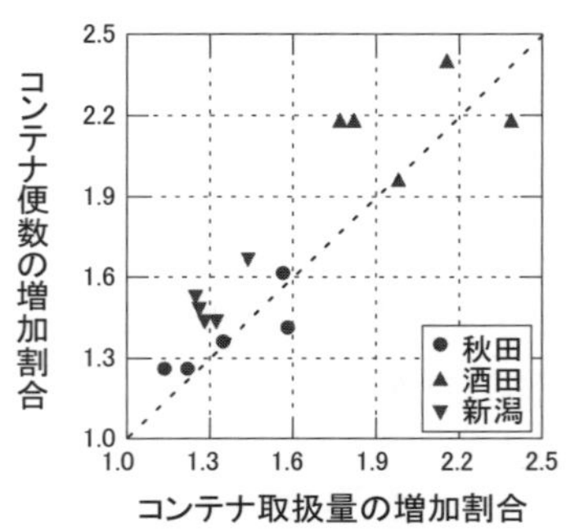

図5.3-7　代替港湾におけるコンテナ取扱量と便数の関係

震災時の輸送経路の選択指向の変化については、輸送コンテナ貨物の時間価値の上昇と捉えることが出来る。コンテナ貨物の時間価値は国土交通省で5年に1回実施されている全国輸出入コンテナ貨物流動調査といったデータの分析により推計可能であるが、震災時の貨物の時間価値を直接計測することは困難である。一方で、コンテナ貨物の金銭価値と時間価値との間には、比例関係が確認されている（図5.3-8左図）。

貿易統計（財務省）より東日本大震災におけるコンテナ貨物の価値（トン単位の単価）の変化を確認したところ（図5.3-8右図）発災直後の３月には、発災以前の10日間を含めても、大幅に貨物価値が上昇しており急ぐ貨物が増加していたと推察される。

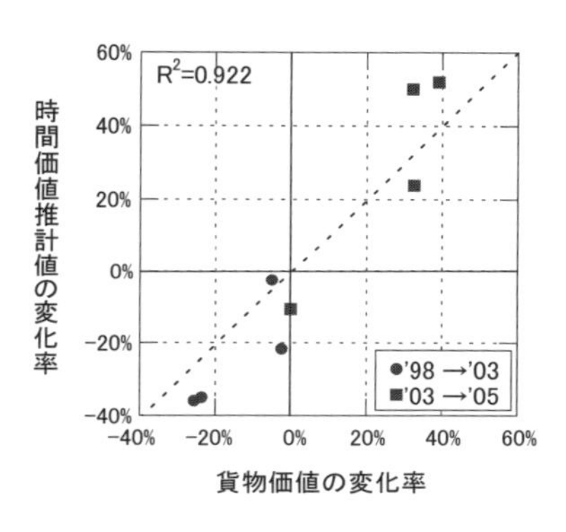

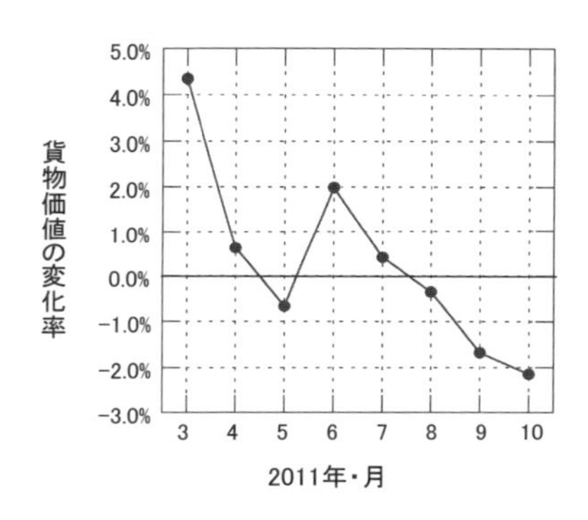

図5.3-8　貨物価値と時間価値の関係（左図）と発災後の貨物価値の変化（右図）

上述のような考察に基づき赤倉ら[11)]は、既往の犠牲量[12)]モデルを拡張し、これまで述べてきた災害後の状況、すなわち、①荷主企業の被災による輸送需要減少、②被災港湾の機能停止・低下、③代替港湾へのコンテナ貨物の集中（一部能力限界）及び④輸送経路の選択指向変化を考慮した代替港湾の推計手法を構築した。図5.3-9が、当該推計手法の東日本大震災に対する再現性を確認した結果であり、妥当な再現精度が確保出来た。なお、犠牲量モデルの概要及び推計手法の適用事例については本書第七章のケーススタディにおいて述べる。

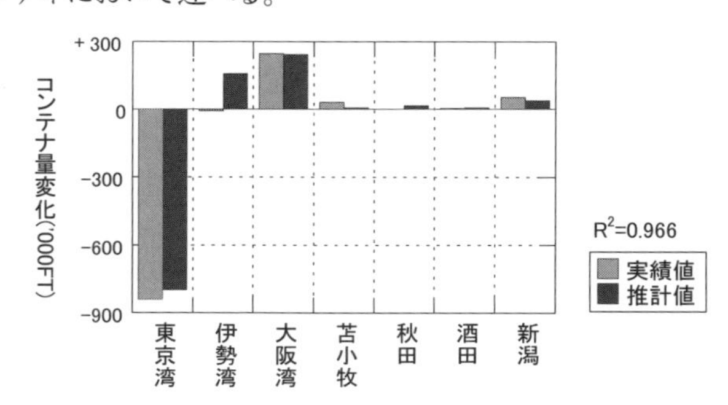

図5.3-9　赤倉ら[11)]による推計手法での東日本大震災の再現精度

コラム9◆外貿コンテナ貨物の経路選択モデル

経路選択モデルとは、各外貿コンテナ貨物が、どの港湾・航路を利用して輸出入をするのかを推計するモデルです。推計される経路は、以下の通り。

〔輸出〕国内生産地→国内港湾→（国内・海外港湾※）→海外消費地
〔輸入〕海外生産地→（海外・国内港湾※）→国内港湾→国内消費地
※海外・国内で積み替え（トランシップ）がある場合

例えば、ある県から米国に向けてコンテナ貨物を輸出する場合に、
①陸上輸送で五大港に輸送して、米国への直行便に載せる、
②陸上輸送で最寄りの地方港に輸送して、五大港へフィーダー輸送して、五大港で米国への直行便に積み替える、
③陸上輸送で最寄りの地方港に輸送して、釜山港等へフィーダー輸送して、釜山港等で米国への直行便に積み替える、
といった経路が比較対象となります。航路網を固定したモデルとしては、
A）犠牲量モデル：総犠牲量（輸送コスト＋輸送時間×時間価値）が最低の経路で輸送されると仮定したモデル。価格の高い貨物は、速い経路を選択するといった時間価値の相違による経路選択の相違状況を表現できる（詳細は、第七章第3節参照）。
B）ロジットモデル：各経路の様々な選択要因（コスト、頻度等）の効用と、選択結果との関係性をガンベル分布によって表現したモデル。概念図を以下に示すが、経路Aと経路Bの選択において、効用の評価点差が大きい場合には、ほとんど大きい方だけが選択されるが、評価点差が小さい場合には、どちらの経路も選択される可能性がある状況を再現できる。

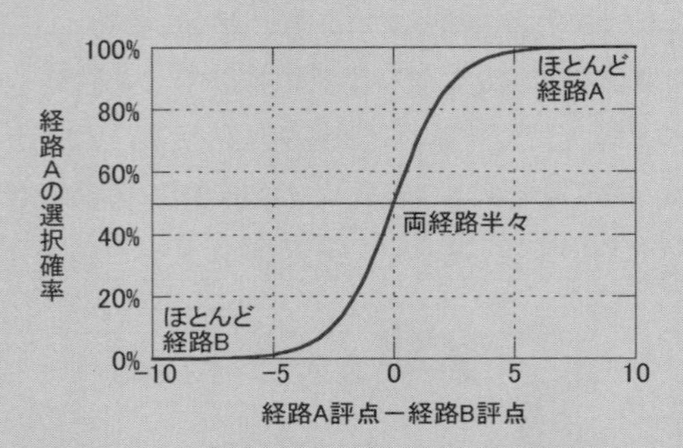

図　ロジットモデルにおける選択確率の概念図

が比較的良く使用されています。また、精緻なモデルでは、船社の航路網設定と荷主の経路選択との関係性を定式化した研究も見られます。

5.3.5 リスク対応戦略

一般的にリスクへの対応戦略には、「回避」「転嫁」「軽減」「受容」があり、重要機能の継続をあきらめる（回避）、保険を掛けたり事業そのものをアウトソーシングする（転嫁）、特段の対策を講じないでそのままにしておく（受容）と言ったことも対応戦略に含まれる。しかしながら重要な公共インフラである港湾において作成するBCPでは、基本的にこれらの極端な対応戦略は選択肢には入らず、もっぱら、図5.2-1に示されたようなリスク対応計画の軽減策を迅速かつ的確に実施していくための方針や技術的方策、行程表等を検討し文書化しておくことになる。港湾BCPにおける軽減策の主な選択肢は、本書第一章第3節で述べた通り、①港湾施設の耐震強化等による物流機能の頑健性強化、②早期復旧体制の事前準備による早期機能回復、③代替港湾機能確保によるリダンダンシーの拡大の3つの対策である。具体的には本章第2節の表5.2-1のようなリソースの構造耐力の強化や備蓄、相互融通、再調達の迅速化、供給の多重化の他、本章第3節5.3.4で解説した代替輸送港湾の活用であると言える。

一方で、リスク対応計画の中には、多大な費用や期間を要するなどすぐには実行できない対応策も含まれる。これらの対策がとられないうちにインシデントが発生するなどの事態に至った場合には、もはや港湾の重要機能の継続が困難となる場合もあり、クライシスマネジメントとしてのリスクの回避や転嫁、受容が求められることになる。例えば、当該港湾の物流機能を他港に完全に移転せざるを得なくなる可能性も全くないとは言えない。本章で述べた広域的な港湾の連携と代替の検討の延長にはそのようなクライシスマネジメントの方策もふくまれると考えられよう。

上記の様に、リスク対応戦略には、リスク対応計画を踏まえつつ最悪の事態をも念頭に置いた広範な選択肢を含めておくことが重要である。

またリスク対応戦略では、リスクの脅威を減らす一方で事業の拡大のチャンスを増大させることも考慮すべきである。港湾の重要機能に常にリスクが存在することを前提にすると、荷主にはリスクプレミアムが発生する。BCPのような備えを有すること自体に価値が生じたり、リスクを回避するための事前の対策にもコストが支払われる余地が生じる。より効果的で効率的なリスク対応策を有する港湾がより高い競争力を有し、顧客を獲得することにもつながる。すでに一般企業間では、経営戦略と連動することによって収益性を高める「儲かるBCP[13)]」に関心が寄せられ始めている。港湾においても戦略的にこのような視点を導入していくことが求められよう。

第4節　リスク対応の留意点

本章では、リスク評価に基づき検討されたリスク対応計画をもとに、港湾における事業継続マネジメント（BCM）を戦略的に実行していくためのリスク対応戦略策定の考え方を述べた。リスク対応戦略は、事業影響度分析（BIA）やリスクアセスメント（RA）、リスク対応計画とともにそのエッセンスをBCPとして文書化されるべきものであるが、クライシスマネジメントに至るような最悪の事態についても考慮の対象となるため、BCPへの記述の方法については十分な注意を要する。

一方で、港湾BCPに係る関係機関、団体、企業のトップマネジメントは、リスク対応戦略の中で、中長期を見据えた様々なリスク対応の選択肢と常に向き合うことが大切である。また、リスク対応戦略において掲げられた戦略的な課題は、今直ちには解決の糸口すら見つからないものもふくまれる可能性がある。そのような場合においても、現時点で行うことが出来る分析や検討を可能な限り実施し、結果を吟味し、共有するとともに未解決の問題点が残されたとしてもそれらを将来に向けた課題として向き合い続ける姿勢が重要である。そのような過程があって初めて、実際に危機に面した時により適切な対応が可能となるからである。

出典・参考資料（第五章関係）

1）小野憲司，赤倉康寛：ビジネスインパクト分析及びリスク評価の手法を取りいれた港湾物流BCP作成手法の高度化に関する研究，平成27年度京都大学防災研究所年報,No.58B,pp.1-14,2015年9月
2）赤倉康寛，小野憲司：港湾BCPのための港湾施設の脆弱性評価手法，平成27年度京都大学防災研究所年報,No.58B,pp.15-25,2015年9月.
3）（社）荷役機械システム協会事務局：3.11大震災による荷役機械関係の被害とその補修について，港湾荷役，Vol.57，No.6，pp.622-627，2012.
4）宮本卓次郎，新井洋一：地震災害に対応した港湾の国際物流サービス維持のための対策の提案−名古屋港における試行的実践と課題−，沿岸域学会誌，Vol.22，No.4，pp.93-104，2010.
5）（社）荷役機械システム協会事務局：東日本大震災における港湾荷役機械関連の被災状況調査結果の概要，港湾荷役，Vol.57，No.5，pp.530-536，2012.
6）国土交通省：災害に強い海上輸送ネットワークの構築、交通政策審議会港湾分科会第4会防災部会、資料5、2012.
7）日本海事新聞：東電　石炭火力再開で内航船投入へ、2011年5月6日付記事、2011.
8）稲村肇，中村匡宏，具滋永：海上フィーダー輸送を考慮した外貿コンテナ貨物の需要予測モデル，土木学会論文集，No.562／IV-35，pp.133-140，1997.
9）家田仁，柴崎隆一，内藤智樹：日本の国内輸送も組み込んだアジア圏国際コンテナ貨物流動モデ

ル，土木計画学研究・論文集，No.16，pp.731-741，1999.
10）黒田勝彦，竹林幹雄，武藤雅浩，大久保岳史，辻俊昭：外貿定期コンテナ流動予測モデルの構築とアジア基幹航路への適用，土木学会論文集，No.653／IV-48，pp.117-131，2000.
11）赤倉康寛，小野憲司，渡部富博，川村浩：広域港湾BCPのための大規模地震・津波後の代替港湾の推計，土木学会論文集B3（海洋開発），Vol.71，No.2，pp.I_689-I_694，2015.
12）井山繁，渡部富博，後藤修一：犠牲量モデルを用いた国際海上コンテナ貨物流動分析モデルの構築，土木学会論文集B3，pp.I_1181-I_1186，2012.
13）経営者のための事業継続計画（BCP）ガイド，特定非営利活動法人 危機管理対策機構HP（http://www.cmpo.org/bcp_index.html）

第六章　事業継続マネジメントシステムの構築

第1節　概論

事業継続マネジメントシステム（BCMS）は、組織のマネジメントシステムの一部である。内閣府の事業継続ガイドラインでは、BCMSはBCPを円滑に実施するための訓練や人材育成等の平時からの事業継続マネジメント（BCM）を的確に実行し事業継続を実現するためのマネジメントシステムであるとされている。BCMSは、どのような危機的事象に直面しても当該組織の機能を継続することが可能な体制・環境の整備を目指すものであり、文書としてのBCPをまとめることのみならず、BCP検討に係る分析の実施やBCP作成後のマネジメント活動を通じて、被害状況に応じた臨機応変な災害対応と組織の維持・さらなる発展をも可能とするマネジメントシステムの構築を目的としている[1)]。

上記の見地に立つと、港湾BCPガイドラインが目指すところも港湾における的確なBCMSの確立であると言える。

本書の第三章から第五章までで述べた事業影響度分析（BIA）とリスク評価（RA）の進め方並びにこれらに基づくリスク対応は、より合理的で、実効性の高いBCPの作成に向けたシステマティックな分析の方法論をあたえるものであった。BCPの作成者は、これらの手法を的確に用いることにより、効果的、効率的なBCM実施のための基本となる情報である重要機能の復旧に対する顧客の意向や必要リソース、対象とすべきリスクの規模、特性、社会・経済的インパクト、機能復旧上隘路となるリソースの特定やリスク対応戦略を手に入れることができる。

また港湾におけるBCMを的確に実行するためには、港湾BCPに実施に携わる関係者が平時から当該港湾の状況を十分熟知するとともに、関係者間の連携が効果的に行われるよう相互の連絡協力体制の整備や信頼感の強化に努めることが不可欠である。

BCMの実行が円滑に行われるように、本書第二章第3節2.3.2で参照した港湾BCPガイドラインでは、災害時の事中・事後のアクションプランとしての「対応計画」を策定することとしている。さらにこれらの活動を支え、港湾機能を継続していくための施設や資機材、情報等の確保のための事前の取組みや、BCMの意義や内容を浸透させるための教育・演習・訓練、策定後のBCPの見直し・改善などを行う平時からのマネジメント活動のためのアクションプランとしての「マネジメント計画」の策定も求められている。これらの計画は、BCPに記述され実施に移される。

これらのBCP実行の取組みは、上記の事前、事中・事後の様々な取り組みの全体像をBCPに定めた上で、早期に開始し、演習・訓練等を経て検証・評価し、PDCAサイクルを通じた継続的改善により徐々に質の向上を図っていくべきものである。

本章では、BCP作成に向けた分析作業の結果を生かして、上記のような対応計画やマネジメント計画、訓練その他の計画づくり、BCPとしての文書化等を含めた効率的、効果的なBCMSを構築してゆく道筋について、その概要を述べることにする。

第2節　BCP協議会の設置

港湾は単一のマネジメントシステムを持たないため、BCPの準備やBCMSの確立と運営の推進にあたっては、関係者間の連絡・調整の中心（Focal Point）となるべき組織的枠組みが必要となる。国土交通省港湾局が作成した港湾BCPガイドラインでは、BCPの検討・作成、実施の推進にあたっては、その主体となるBCP協議会を設置することが望ましいとされている。BCP協議会は、港湾管理者及び関係者から構成され、策定した港湾BCPに基づくマネジメント活動の推進主体ともなるものである。

BCP協議会では、異なるマネジメント体制を有する多数の組織が一堂に会して、港湾のミッション（重要機能の在り処等）やリスクに関する情報を共有し、それぞれのリスク対応の方針を確認するとともに、緊急時には一致した行動をとるためのネットワーク造りを行う。従って港湾ガイドラインでは、これらの活動内容を包括的に文書化するためのBCPの検討・作成主体としてもBCP協議会の設置を推奨しているところである。

BCP協議会の設置にあたっては、港湾管理者を中心として、当該港湾のミッションを共有する者を中心とした横断的な体制を構築する必要がある。また、協議会の構成員の選定にあたっては、BCPの実効性を高める観点から、可能な限り多くの関係者で組織することが望ましいことは言を待たないが、一方で、これら関係者の中には重要機能の提供者側に立つ関係者の他に、船社や主要荷主などの港湾サービスを受ける、いわば顧客側となる関係者や電力やガス、水道、通信サービス等の外部からのリソースの供給者が入る場合もあり、重要機能の継続に関する利害の在り処を分けることもありうることを十分に認識しておく必要がある。図6.2-1に港湾BCPに係る関係者の関係を模式化した図を示す。

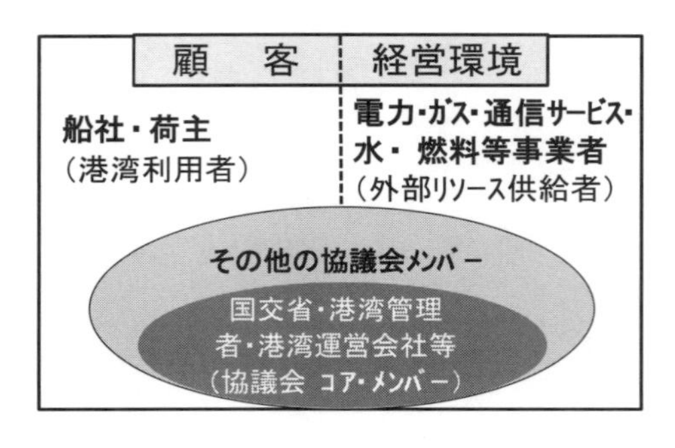

図6.2-1　港湾BCP協議会における関係者の区分

BCP協議会では一般的に、港湾管理者に加え、港湾インフラの整備・運営・管理等をつかさどる国の機関や港湾管理者、港湾運営会社等が協議会のコア・メンバーとなる他、安全や環境等の規制に携わる官署、港湾サービスの提供を担う民間事業者等が協議会メンバーとなる。港湾サービスの顧客や外部からのリソース供給者は港湾BCPの利害関係者（ステークホルダー）である。しかしながら、港頭地区に立地する発電所のように港湾機能の継続性が即自社の業務継続につながる場合などにおいては、これら顧客や外部供給者についても港湾BCP協議会のメンバー足り得ると考えられる。

コラム10◆BCPの役割に関する誤解（その1）

「BCP協議会は必ずしもBCPの実行部隊ではない！」ということが意外によく理解されていません。港湾BCPガイドラインでは、BCPの検討、作成にあってはBCP協議会の設置を強く推奨していますが、協議会はあくまで検討、作成主体であって実行主体ではありません。港湾に関係する様々な組織、団体、企業にとって港湾BCPは、当該港湾におけるリスクやミッションの共有化を図り、役割分担やスケジュール感をあらかじめ統一した対応計画を実施し、共同で訓練や人材育成に努めるためのガイドライン文書で、個々の組織等は災害維持にそれぞれの地域や、部門のBCP、緊急対応計画に基づいて行動するためのプロトコル（あらかじめ決められた手順やルール）です。従って、港湾BCP協議会は、BCP関係者間の連絡窓口や情報ハブになることはあっても、実行の主体とまでなる必要は必ずしもないわけです。

コラム11◆港湾BCPの実施をどうコントロールしようというのか？

港湾は、国や地方自治体の出先機関、港運事業者のような民間機関等の独自のミッションを有し時には相互に利害が相反する多数の団体が活動する場です。従って、民間企業のような1系統のマネジメンント体制がない港湾においては、国の各機関間や地方自治体（港湾管理者）、民間事業者が港湾BCP実施のために協調し、行動する枠組作りと全体の動きに目を配る幹事役のような組織（＝港湾BCP協議会）が必要です。独立した組織、団体が独自のマネジメント系統の下に災害対応を行う港湾では、災害対応にあたり全体を統括する（コントロールセンターになる）ことが可能な機関、組織はみあたらないため、かわりにこのような幹事役の部署が関係者間の調整や意思疎通を促進する役割を果たします。このようなプロセスは、しばしばガバナンス（統治性）と言う言葉で表現されます。BCPの作成を通じて港湾のミッションや想定されるインシデント等の情報を共有したり、災害対応計画を作成し緊急時の連絡体制や災害対応の手順を確認し、さらにはBCP実施の訓練を行う等の活動を通じて、災害発生時の協働体制の確立と信頼関係に基づく協調行動の基礎（ソーシャルキャピタル）を築くことが、港湾BCPにおけるガバナンスの形成であると考えられます。

第3節　対応計画の策定

本書の第三章から第五章で述べたような分析の結果に基づき、港湾の重要機能に求められる目標復旧時間や目標復旧レベルを達成するためのリスク対応戦略を的確に実行するためには、BCM実行のための体制を構築し、実行のための計画（港湾BCPガイドラインでは「対応計画」及び「マネジメント計画」と呼んでいる）を作成する必要がある。

この中で、対応計画は、災害の事中・事後にあって、当該港湾のBCMを実行していく上で重要な行動規範となるため、当該港湾の運営・管理に係る基本理念やビジョンなどを十分に踏まえ、港湾管理全般とも整合の取れたものとすることが必要である。

本節ではこのような対応計画の策定の考え方について述べることとする。

6.3.1 対応計画策定の基本的な考え方

対応計画は、災害の事中・事後での対応によって、BCPの使命である重要機能の継続のための目標復旧時間及び目標復旧水準の達成を目指すものである。このため、BIAやRAを通じて、これら重要機能の復旧に欠かせない人員・資機材等のリソースをどのように確保するかを検討し、その結果を踏まえたリスク対応計画の実施の具体の手順や内容が対応計画に書かれることとなる。すなわち対応計画においては、災害が発生した時点において、第一に、被災したリソースをどのように的確に応急復旧するか、第二に、もしリソースが利用できなくなった場合にどのように代替リソースを確保するか、の二点を主たる内容とする。港湾BCPガイドラインでは、前者を「復旧策」、後者を「代替策」と呼んでいる。

対応計画の策定にあたって特に注意を要するのは、計画の発動基準を明確化しておくことである。どのようなインシデント（危機的事象）が発生した時に、または、どのような被害が発生した場合に港湾BCPに位置付けられた対応計画を発動し対応活動を開始するかの時期を誤ると、対応計画を実施したとしても十分な効果を得られないこととなってしまう。必要に応じて、段階的な対応計画の発動も含めて、明確な計画発動基準を定めておくべきである。なお、港湾BCPにおける対応計画の発動基準の検討に際しては、地域防災計画等の発動基準との整合性に留意する必要がある。

また、事前に予想する被害の発生の程度と、災害によって実際に引き起こされる被害程度とには常に乖離が存在するため、リスクアセスメント（RA）に基づき復旧策を考える際には本書第四章でも述べたように、厳密な被害想定を追い求めることは適切ではない。場合によってはリソースに起こりうる被災の状況や復旧時間を定性的に記述することも含めて、柔軟に考えていくことが重要である。

一方、当該港湾の内外において、被災した施設にかわって機能を代替することができれば、地震、洪水、火災、テロなど幅広いインシデントに共通する方法論として高い効果を望める。

例えば隣接港湾との連携に基づく相互バックアップ体制の整備は、首都圏や大阪湾岸域が首都直下地震や上町断層帯地震のような内陸型地震に見舞われた場合に、その後の機能代替によって経済的損失を最小化することが出来る可能性が高い。大阪湾港湾機能継続協議会が作成した大阪湾諸港の機能継続指針（大規模災害時における港湾活動の維持・復旧に向けた大阪湾BCP）は、まさにこの考え方に立った代替策である。

また、国土交通省主導の下で作成された東北地方の港湾機能継続計画（東北広域港湾BCP）は、太平洋沿岸港湾と日本海沿岸港湾の間で港湾の重要機能が失われた場合の相互バックアップの体制を整備したもので、一港湾では対応が困難な東日本大震災のような広域災害に備える対応策として有効性が高い。このように今後の港湾BCPにおいて、復旧策と合わせて代替策の検討が不可欠なものとなりつつある。このような事から、港湾BCPにおいては、災害時に実行可能な代替策を検討しておき、その実行のための手順や方策、組織間の連携などを対応計画に定めておくとともに、次節で述べるマネジメント計画においてできる限り事前準備を行っておく必要がある。災害直後の混乱期に限られたリソースを駆使して代替策を実行するためには、代替施設・港湾における体制を速やかに確保する必要があり、これを可能とする関係者間の協働が不可決である。事前準備の出来が代替策の可否を決定付けると言っても過言ではないであろう。

なお、港湾BCPガイドラインでは、対応計画の内容として、①重要機能の継続・早期復旧、②情報共有・情報発信、③情報及び情報システムの維持、④人員・資機材の確保のための対策、の4項目を掲げている。ここではそれぞれを以下に説明する。

6.3.2 重要機能の継続・早期復旧

BCPの目的は、当該港湾の重要機能の的確な復旧を図り、機能継続を達成することである。そこで、対応計画では、この目的を達成するために、事前の準備を生かしつつ、災害の事中・事後においてどのような対応活動を行うかを主要な内容とする。

対応計画に盛り込む復旧策及び代替策は、リスク対応計画の検討を通じて得られる選択肢であるが、その実現可能性（Feasibility）を確保する上で、それぞれの選択肢のための事前それらの対策に要する費用や期間、必要となる技術、人員・資機材等を明らかにしておく必要がある。なお、復旧策の検討にあたっては、インシデントを特定し、それにより発生する被害を想定して作業を進める必要があるが、インシデントの被害の想定には常に不確実性が伴うことから、被害の程度や復旧の要請レベルに段階を設けて、それぞれに応じた対策を検討する必要がある

重要機能の継続・早期復旧に関して、対応計画において主体的に検討すべき主要な対策について港湾BCPガイドラインでは以下のような項目を掲げている[2)]。

①業務拠点（本社、支社、事務所等）に関する対策
- ✓各関係者の業務拠点や設備の被害抑止・軽減
- ✓各関係者の業務拠点についての当該港湾内での多重化・分散化（当面は場所だけでも決めておき、被災したら早急に多重化・分散化策を立ち上げる方法もある）
- ✓他港等との提携（相互支援協定の締結等）
- ✓在宅勤務、サテライトオフィスでの勤務

②資機材確保の観点での対策
- ✓図面等の情報や機器パーツ等の保管場所の分散化
- ✓ガソリン等、港湾運営を行う上で必要な物資についての調達先の複数化や代替調達先の確保（ただし、複数の調達先における同時被災や、2段階以上先の調達先が同一となりそこが被災する場合にも留意）

③人員確保の観点での対策
- ✓重要機能の継続に不可欠な要員に対する代替要員の事前育成・確保（クロストレーニング等）
- ✓応援者受け入れ（受援）体制・手順の構築、応援者との手順等の共通化

④緊急輸送を実施するための対応
- ✓岸壁の使用可否、被災状況の確認（早期の応急復旧）手順
- ✓使用可能岸壁に至る航路及び臨港道路の啓開手順
- ✓荷役手段の確保手順
- ✓輸送計画との調整（備蓄・保管箇所の調整等）手順

⑤船舶に関する対策
- ✓運航中の船舶への情報提供の手順

✓利用岸壁の調整の基本的考え方
✓荷役の可否判断に関する基本的考え方

6.3.3 情報の共有と発信

(1) 情報の共有

インシデントの発生時においても、関係者間の情報共有が確実に行えるようにあらかじめ適切な連絡体制と連絡手法を構築しておくことが災害対応の基本である。そのため、それらの連絡網や共通の連絡手段、情報提供等を行う頻度等を予め対応計画に定めておく必要がある。また、緊急対応がある程度落ち着いた時点で、必要に応じ、BCP協議会として関係者に参集をかけ一堂に会する形で情報共有を図ることも有効であると考えられる。

なお、危機的事象の発生時における対応は、事象の規模・種別、港湾の特性等に応じて臨機応変な対応が可能となるよう各組織・部署にある程度の権限委譲を行うことが望ましく、そのためにも情報の共有と発信のための手段の確保が重要となる。

また、特に大規模災害においては固定電話等の従来型の通信手段での情報共有が困難となることが想定される。このため、比較的安定的に利用可能な携帯電話間でのメールあるいはデジタル携帯型無線機などを用いた口頭でのやりとりや、事務局や協議会構成員の業務拠点における「張り紙」等の原始的な情報共有手段など、より具体的に確実性の高い情報共有手段をあらかじめ定め、訓練等を通じて操作に習熟しておくことが望ましい。

(2) 情報の発信

対応計画に基づく関係者の活動が適切に港湾利用者に伝わらない場合、港湾利用者は当該港湾の利用再開時期を検討することができず、その結果、代替港の利用に切り替えざるを得ない事態が生じる。また、復旧に関する情報を長期にわたって発信できない場合、港湾利用者のみならず、背後地域の社会、経済活動の復興にも影響を及ぼし、港湾の社会的責任を果たせない恐れがある。このため、港湾機能の被災状況や復旧の見通しを可能な限り的確に公表するための体制づくりが必要となる。

すなわち、港湾利用者が当該港湾を利用できる環境を少しでも早く整えることが港湾機能の継続の観点から重要であることを認識し、港湾利用者、地域住民、国・地方公共団体などへの迅速な情報発信や情報共有を行うための体制、連絡先（網）のリスト、情報発信手段の在り処などを適切に対応計画に盛り込んでおくことが肝要である。

例えば、酒田港港湾機能継続計画においては、専用のウェブサイトにおいて、以下の情報を提供することを取り決めている[3)]。

①緊急輸送物資対応施設の被災状況　及び　使用可否状況
②輸送路までの被災状況　及び　使用可否状況
③海域の被災状況（流出油、漂流物など）及び　対策状況
④コンテナ埠頭の被災状況　及び　使用可否状況
⑤優先施設の復旧予定時期　及び　復旧状況
⑥その他

6.3.4 情報及び情報システムの保持

重要な機能の継続には、当該港湾における文書などの重要な情報や情報システムを被災時においても的確に保護し、使用が可能な状態に保つことが不可欠である。特に、施設の設計図書、見取図、維持管理資料、災害復旧・代替措置等に必要な文書などの重要な情報については平時からバックアップを確保し、同じ危機的事象で同時に被災しない場所に保存することが求められる。また、重要な情報システムにもバックアップが必要で、それを支える電源確保や回線の二重化を確保することも重要である。その際、情報システムを構成する電子機器が水に弱いことを考慮し、浸水しにくい箇所に設置する、防水措置を講じる等の工夫が必要である。ただし、バックアップの準備には多額の費用を要することが想定されることから、常に費用対効果を考慮しつつ代替策を講じるべきである。

なお、情報のバックアップの実施頻度については、平時に使用している情報データが失われた場合に、どれくらいの期間のデータ損失を許容するかを慎重に検討して決定する必要がある。また、代替設備・手段による運用から平常運用へ切り替える際に、データの欠落や不都合による障害を防ぐための復帰計画も作成しておくことが望ましい。

6.3.5 人員・資機材の確保

対応計画においては、危機的事象による被害に対して的確に対応すべく、緊急時の体制（連絡体制、関係者の役割・責任、指揮命令系統など）を明確に定める必要がある。また、重要な役割を担う者が死傷したり連絡がつかなかったりする場合に備え、権限委譲や、代行者及び代行順位も定めておく必要がある。

緊急時には非日常的な様々な業務が発生するため、関係者の各部門を横断した特別な体制を作ってもよい。また、災害時の初動対応や二次災害の防止など、実施事項ごとや担当部署、班ごとの責任者、要員配置、役割分担・責任、体制などを定めることも必要である。

災害後の早期復旧を図る上で、復旧活動に従事する人員や復旧作業用・代替用の資機材等が必要となる。これらの人員・資機材について、あらかじめその連絡先、調達先リストを整理しておくことなどが必要である。

コラム12◆BCPの役割に関する誤解（その2）

BCPと緊急対応計画がしばしば混同されているという印象を受けます。ここでは、その話。
BCPも緊急対応計画も危機管理のために作成される文書ですので、しばしば混同されることは当然とも言えます。しかしながらその目的や内容にはおおきな隔たりがあります。
BCPでは、いかなる事態にあっても最善の対応を駆使して組織の存続をはかることがその使命です。一方、緊急対応計画（Contingency Planning）や緊急行動計画（EAP：Emergency Action Plan）では、緊急の事態が生じた場合にどのような行動すべきかを説明するもので、例えばEAPの場合、緊急対応要員の指名とその連絡方法、緊急対応上必要な様々な関係者との連絡体制・手段、緊急対応に必要な資器材の在り処と使用方法等を記してあります。いわば、緊急時に参照すべき行動マニュアルです。これらの文書の使命は、緊急事態が発生した現場において、最短時間で最善を尽くし被害を最小化することです。一方BCPは、事業継続マネジメント（BCM）を効果的、効率的に実施するための分析、BCM実施のための体制整備や資器材確保等の事前準備、事中・事後の行動計画（緊急対応計画や緊急行動計画はここに含まれる）、訓練や人材教育、計画の実効性のチェックとフィードバックの手続き（PDCAサイクル）等を記した文書ですので、分厚くなるのも仕方ない。緊急時にBCPを見ても何の参考にもならないという指摘は当たらないのです。

第4節　マネジメント計画の策定

内閣府の事業継続ガイドラインは、事業継続マネジメント（BCM）を、「BCP策定や維持・更新、事業継続を実現するための予算・資源の確保、対策の実施、取組を浸透させるための教育・訓練の実施、点検、継続的な改善などを行う平常時からのマネジメント活動」と定義し、経営レベルの戦略的活動として位置付けている。また、港湾BCPガイドラインでは、BCM実行のためのリソースの強靭性やレジリエンシーの強化、対応体制の整備等のもっぱら事前に行われる準備の計画に加えて、教育訓練の実施計画、見直し・改善の実施計画をマネジメント計画として策定することとしている。本節では、港湾BCPガイドラインにそって、BCPに盛り込むマネジメント計画の内容について解説することとする。

6.4.1 事前準備計画

本書の第五章第2節で述べたリスク対応計画では、港湾の継続に向けたリソースの確保策として、①港湾施設の耐震強化等による頑健性強化、②復旧工事や資材調達のための緊急体制の強化による早期機能回復、③代替港湾機能確保によるリダンダンシーの拡大の3つの対策もしくはその組み合わせを考慮する必要があることを述べ、表6.4-1（表5.2-1の再掲）を示した。

表6.4-1　港湾の強靭化と回復機能の強化のためのオプション

	インフラ		人的資源				物的資源				供給処理系					復旧工事		
				港湾運営				運営										
	港湾基本施設	陸上アクセス	港湾管理 *1	埠頭運営 *2	荷役	港湾サービス *3	港湾管理	埠頭運営	荷役・荷捌き *4	港湾サービス *4	電気	水道	ガス	通信	廃棄物処理	要員・労働力	工事資材	工事機材
1. 構造耐力の強化	○	○					○	○	○	○	○	○	○	○	○			
2. 備蓄																	○	
3. インベントリーの情報共有・融通					○	○	△	△	○	○						○	○	○
4. 迅速な調達システムの整備					△	△	○	○	○	○						○	○	○
5. 供給の多重化	○	○			△	△					○	○	○	○	○	○	○	○

*1：港湾管理者、港長業務、CIQ業務等
*2：ターミナルオペレーション、船舶代理店業務等
*3：パイロット、タグボート、綱取等業務
*4：荷役クレーン、フォークリフト、トレーラー、上屋・ターミナル施設等

表には、災害時においてもリソースの復旧、確保を容易にするための事前準備のメニューが記載されており、これらを基に作成されたリスク対応の内容について、具体の実施スケジュール、段取り等をマネジメント計画として決定する必要がある。

すなわち、港湾基本施設等のインフラ系施設のみならず、電力供給を例にとれば外部電源の引き込みを行う配電盤等の港湾内の外部供給系施設・設備の耐地震動、耐津波性能を向上させるためには一定の工事期間と資金を要するため、それらの計画的な実施の手順がマネジメント計画の重要な記述となろう。また、対応計画でも重視される代替策を災害時に緊急的に講じるためには、代替港湾施設や陸上輸送ルート、必要機材や労働力の確保に向けた検討と関係者間での合意、協定締結等が欠かせない。

緊急時に備えるだけの理由で目下供用している港湾ターミナルと同等の能力を持つターミナルを平時から別途確保することは投資効果や採算性の面で容易でなく、このような多重化は事実上、困難と考えるべきであろう。従って、周辺港の災害時における港湾取扱能力や道路容量等の確認は欠かせない他、そもそも、災害時の緊急代替輸送を荷主や船社が受け入れるか否かが重大な問題となってくる。本書第五章第３節や第七章第３節で解説するコンテナ貨物輸送の経路選択モデルのような手法を用いて、あらかじめ代替港湾と輸送ルートを想定し、貨物取扱能力の余力を明らかにしておくとともに代替輸送の立ち上げ訓練を実施するなど、緊急時に代替輸送が実現しやすい環境を平素より醸成しておくことが重要になる。

以上のような検討を踏まえ、災害発生時に迅速かつ的確な対応計画の実施を可能とするためにも、実現性が高く対外的にも説明できるような事前準備の方策を可能な限り多くマネジメント計画に盛り込んでおくことが重要である。

6.4.2 教育・訓練計画

港湾BCPガイドラインでは、港湾BCP協議会が自ら教育・訓練を実施または計画することとしている。ここでは、港湾におけるBCMを円滑に実行するための人材の育成（Human Resource Development）や組織の力量の向上（Capacity Building）のための事前準備を的確に行うための教育・訓練計画の考え方と内容について述べる。

(1) 基本的な考え方

港湾BCPを実効性の高いものとするためには、港湾BCP協議会メンバーが、協議会メンバー組織の職員・スタッフ、その他の関係者に対して、港湾BCPの重要性を十分認識させることが必要不可欠である。そのため協議会が率先して、継続的な教育・訓練を実施することが好ましい。従って港湾BCPのマネジメント計画の中で、教育・訓練を体系的かつ着実に実施するための教育・訓練の目的、実施体制、対象者、実施方法、実施時期等を含む「教育・訓練実施計画」を策定し、港湾BCPの必要性、想定される危機的事象の知識、当該港湾の港湾BCP概要、各々に求められる役割等について認識や理解を高める教育と訓練を実施する。

港湾BCPガイドラインではこのような教育・訓練のねらいとして以下の4項目を掲げている。

①関係者に対して当該港湾の現況（利用実態や課題、将来の方向性等）について熟知させる。

②対象者が知識として既に知っていることを実際に体験させることで、身体感覚で覚えさせる。

③手順化できない事項（想定外への対応等）について、適切な判断・意思決定が出来る能力を鍛える。

④港湾BCPやマニュアル等の検証（これらの弱点や問題点等の洗い出し）を行う。

教育・訓練計画の策定及び実施にあたって港湾BCP協議会は、協議会メンバー組織の職員、スタッフやその他の関係者が港湾BCPの趣旨やその内容を十分理解していることで港湾BCPの効果が最大限引き出されることを、まず意識しておくべきである。特に協議会内部においては、インシデントの発生時にはマニュアル等を読む時間的余裕がないことも多いため、港湾BCPの対応計画やマニュアル類を熟知し、その段取りに精通する要員をあらかじめ育成しておくが不可欠である。また、国・地方公共団体の関係機関や指定公共機関、港湾関係団体等との連携を想定し、これらの機関、団体との合同訓練等を実施しておくことも欠かせない。なお、港湾BCPの実効性を維持するためには、体制変更、人事異動、新規採用等による新しい責任者や担当者に対する教育が特に重要であり、教育・訓練計画の作成、実施に際しては特段の配慮を行う必要がある。

（2）内容

災害に係る教育、訓練の方法論についてはこれまでも多くの研究事例があり、既に様々な教育・訓練プログラムが提案されている。ここではまず教育、訓練プログラムの主な形式を分類したものを表6.4-2に示す。表では、訓練を座学、シミュレーション、実演の3方式に整理した。

表6.4-2　主な災害対策訓練の形式

訓練の種類		訓練の概要
座学形式	セミナー	■ 訓練対象者を会議室に集め、基礎的な講義や最新情報、事例などの解説を行う。 ■ 実施方法としては、講義の他にマルチメディアプレゼンテーション、パネルディスカッションなどがある。
シミュレーション形式	テーブルトップ（図上訓練）	■ 図上で災害事象を想定し、港湾防災のキーとなる関係者を参加させて行い、事態毎に発生する様々な問題点への対処方法を習得する。 ■ 実際に行う演習とは費用的、スケール的に対照的であり様々なケースに対してローコストで実施できる。 ■ 実施方法には事態のシナリオを固定した「固定シナリオ型」と状況に応じてシナリオを変動させる「ロールプレイング型」 等、様々な類型のものがある。
	ゲーム	■ 一定の制限時間内で、多種多様な状況下における迅速な判断を求め、危機管理の重要性や意志決定、行動のプロセスの理解力向上を図るために競合する2つ以上のチームにより実施する。 ■ パソコンを使用するゲーム方式では、インターネットの普及により自由かつ広域的に訓練に参加できる。
実演形式	操練	■ 特定の機器や装置について反復操作練習し、その操作・技術能力を向上させる。 ■ 新規導入した機器や装置、又は未経験者のトレーニングとして効果的である。
	機能別演習	■ 一つの機能を稼働させる為に複数の活動組織にまたがるオペレーションを対象に行うものである。 ■ 担当要員の能力、当該機能に含まれる複数の機能や活動、または活動組織相互に依存した機能などをテストし、評価する。
	フルスケール型演習	■ 想定した災害事象に対して関係者全てが参画し実施する。 ■ 予め準備されたシナリオに沿って訓練が展開されるが、途中シナリオを柔軟に変更させる事も可能で、現実と同様にリアルタイムの緊張した状況下で行われる。 ■ この演習では、組織と個人のパフォーマンス、複数部局間の協調設置機能の検証、通信システムの手順のテストなどが含まれる。

（出典：国土交通省東北地方整備局作成資料に基づく）

座学方式では、訓練対象者を会議室等に集め、専門家からの講義によって防災に関する基礎的な講義や最新情報、事例などを習得するセミナーが主流であるが、パネルディスカッションやグループに分かれての討議や作業を行い発表し討論を行う等の双方向の学習を行う場合もあり、より効果的であると考えられる。

またシミュレーションによる教育・訓練方式では、図上訓練やゲームを行うことを通じて災害に対してよりリアルな対応を机上で体験することが狙いとなっている。特に一般的に用いられる図上訓練では、時間軸を追って発生する様々な事態に対応する訓練を行い個人や組織の力量を高めることができるが、その際、付与される事態を予め決めておく「固定シナリオ型」の図上訓練と、状況に応じて様々にシナリオを変動させる「ロールプレイング型」の図上訓練に分かれる。ゲーム方式のシミュレーション訓練は、上記の図上訓練に競争性を持たせたり、コンピューターを使ってより高度なロールプレイング型シミュレーション訓練を行うものである。いずれにしても、自らが体験し、考えながら行う訓練であるため、座学方式に比べるとやや手間や費用はかかるが、災害対応行動を実際に行う実演方式に比べて様々な事態を想定した訓練を安価に行える特徴がある。

実演方式は、災害対応に用いる機器類の取り扱い訓練を行う「操練」と一般的に「演習」と呼ばれる実地での訓練に分かれる。「機能別演習」では災害対応活動の内の一機能に限って当該機能の担当要員の能力の向上や機器類の作動、関連する組織相互の連携等の確認を行うが、ある事態に対する災害対応活動全体を実際に再現してみようという場合は「フルスケール型演習」となる。これらの演習は、デモンストレーション効果が大きく、災害対応のPRとなる効果も高いが、様々な災害対応のための機器・装備類や多数の人員を動員する必要があるため、一般的に大規模なものになりやすく多大な費用が掛かる。このため、図上訓練等を十分積み重ねた上で、最も効果的なシナリオを選定し効率的に行うことが重要である。

一般的に防災担当者教育として行われるのは座学方式であり、港湾BCPの啓蒙や実施能力の養成に向けて、広く港湾関係者一般を対象としたセミナーやパネルディスカッションの手法が多用されてきた。また、港湾BCPを作成した港湾においては、BCPの実用化訓練と課題抽出によるPDCA（Plan-Do-Check-Act）サイクル実施に向け、図上訓練が実施される事例が多い。

なお、東日本大震災時の通信手段の途絶を契機として、災害時のコミュニケーション手段確保に関する関心が高まり、2014年度に高知港で行ったBCP訓練では、トランシーバーを使った実演訓練（操練）が行われている。

上記の訓練形式の内で最も頻繁に用いられていると考えられる図上訓練の訓練方法を表6.4-3に示す。

表に示した図上訓練は、その訓練参加の形式から、自己思考方式と集団思考方式に分類できる。集団思考方式はまた「討論型」と「対応型」に区分される。

自己思考方式では、付与された災害の状況に基づき、参加者それぞれが災害をイ

表6.4-3　主な図上訓練の方法

一般的な名称	方　法
状況予測型図上訓練	訓練進行者による簡単な状況付与の下で、参加者一人一人に具体的な災害状況等を経過時間ごとに予想させ、それをシナリオ代わり（前提）にしたときに、どのような意思決定と役割行動が求められるかを答えさせる形式の訓練。
目黒メソッド	一人で行うイメージトレーニング。「目黒巻」という災害発生時の自分を主人公とした物語を描くための記入様式を埋めながら、発災時のイメージを深めるもの。
災害図上訓練DIG（ディグ）	5～10人程度のグループ単位で行う。大きな地図をグループ全員で囲み、地域で起きる災害についてイメージトレーニングを行うもの。
防災グループワーク	訓練進行者による簡単な状況付与の下で、具体的な災害状況や必要とされる対策等を数名のグループ単位で検討させ、また発表させることによって認識の共有化を図るもの。
防災ワークショップ	方法は防災グループワークと同様。参加者の討論を通じて、何らかの成果物（防災計画、マニュアル、防災マップなど）を作りあげることを主目的とするもの。
防災クロスロード	5人程度のグループで行うゲーム。カードに記された災害後に起こるさまざまなジレンマを抱える問題について、自分ならどうするかを決めYESまたはNOの意思表示をし、お互いの意見を出し合うもの。
避難所運営ゲーム（HUG）（ハグ）	数人のグループで行うゲーム。避難者の年齢、性別、国籍やそれぞれが抱える事情が書かれたカードを、避難所にみたてた平面図にどれだけ適切に配置できるか、また避難所で起こるさまざまな出来事にどう対応していくかを模擬体験するもの。
訓練企画準備のための検討会	市区町村関係部局、消防、警察、都道府県、国（国土交通省工事事務所、気象台等）等の防災関係機関が集まり、図上型防災訓練の企画準備について検討を行うもの。関係者の認識の共有や確認を行うことができ、図上型訓練の一つととらえることができる。
図上シミュレーション訓練	実際の災害時に近い場面を設定し、訓練参加者が与えられた役割で災害を模擬的に体験する。付与される災害状況を収集・分析・判断するとともに、対策方針を検討するなど、災害対処活動を行う訓練。

（出典：国土交通省東北地方整備局港湾空港部作成資料）

メージし対策等を考えることを通じて学習する。状況創出型の意思決定訓練（状況予測型図上訓練）[4)、5)]や目黒メソッド[6)]がこれに相当する。

一方で討論型の集団思考方式訓練は、進行者の下で一定のルールに従ってグループで議論を進めることにより、地域の防災マップや防災対策等を作成するもので、災害図上訓練DIG[5)、7)]、（Disaster Imaging Game）や防災グループワーク、防災ワークショップ、防災クロスロード[8)]、HUG（避難所運営ゲーム）[9)]等がこれにあたる。対応型では訓練を統括するコントローラーの進行のもとで、プレイヤーである訓練参加者は与えられる役柄を演じ、ある組織の運用を模擬的に体験することにより、組織の運営計画や体制上の問題を洗い出し、共有する。図上シミュレーション訓練[5)]がこれにあたる。

港湾BCPでは、訓練参加者が一堂に会して、対応計画に基づいて作成された対応シナリオにそって取るべき行動を確認するとともに、付与された状況への対応方針をその場で考案する形式の訓練が一般的であり、上記の自己思考方式と集団思考方式が混合された形態で行われることが多い。なお大阪湾港湾機能継続計画推進協議会では、2013年度12月に海溝型地震時の大阪湾BCP（案）の検証のための図上訓練をDIG方式で実施している（詳細は付録Ⅳを参照されたい）。

6.4.3 見直し・改善の実施計画

「見直し・改善の実施計画」は、港湾BCP協議会が主導するPDCAサイクルを通じた港湾BCPの見直し・改善の実施のための計画である。

現下の港湾BCPの見直し・改善はもっぱら演習・訓練を通じて行われていると言える。BCPを作成しても実際に災害に会うことはそうはないから、演習・訓練によって主に対応計画の実行上の課題を抽出し、計画の見直し・改善を行うこととなる。しかし、ここで注意する必要があるのは、演習・訓練が必ずしも直ちにBCPやBCMS全体についての見直し・改善には繋がるとは限らないという点である。ISO22301においても、

コラム13◆BCPの訓練の意義はどこにある？

BCP実行の訓練は何のためにやるのか？ 三つ考えられます。一つは、BCPに基づく対応計画の手順の確認です。いわゆる「読み合わせ」型の訓練ですが、これを行うことによって、BCPの運用に係わる組織が担当者レベルでBCMの手順と連絡窓口等のネットワークを確認することができます。
二つ目は、行動計画実効性の確認のための訓練です。DIGのように状況を与えて訓練参加者がその都度の判断と対応を行う訓練を通じて対応計画の「穴」を見つけ、改善するというのがこの訓練の狙いです。換言すると、多忙な現場担当者が自ら判断し、行動してみて、より実戦的で実効性の高い行動計画の作り込みをする唯一ともいえる機会と言えます。この種の訓練からフィードバックを得た対応計画はPDCAサイクルの下でのBCPに見直しのための貴重なインプットとなります。
三つ目は、人材育成のための訓練です。これは、図上訓練やゲーム形式の訓練で特に想定外のハプニングを状況付与して、参加者に負荷を与えることで目標が達せられる訓練です。このような訓練を通じて災害担当者は、実際の災害発生時の様々なハプニングにも対応しつつBCMという困難な業務を遂行することが可能となると考えられます。

「9.パフォーマンス評価」の項においてBCMSの実動能力について「監視、測定、分析及び評価」を行うとともにBCMS全体にわたる「内部監査」を求めている。日本品質保証機構が実施するISO22301審査においても、①事業継続計画（BCP）と演習による適切性、妥当性、有効性の審査と並び、②事業インパクト分析・リスクアセスメントによる適切なリスク管理の審査、③マネジメントシステムの有効性の審査(注1)が行われている[10)]。

上記に鑑み港湾BCPガイドラインでは、まず、人事異動や関係者の変更等による当然必要な連絡先等の修正が行われているかの点検を求めている。また、地域防災計画等の改訂、事務所の移転、港湾サービス等の業務実施方法の変更、新規航路の開設、港湾利用者（荷主等）からの要求の変化、法令改正など様々な要因に対して、港湾BCPが合致しているか、必要な変更が行われているかの観点から点検・評価も必要としている。これらの「チェック」はもっぱら、BCPが前提とする組織内及び周辺環境の変化に対応して分析や文書が更新されているかどうかという視点から行われるものである。

これらに加えて、港湾BCPにおいて想定されているインシデントの種類や被害想定を拡大・拡充すべきではないか等、港湾BCPの拡充という観点での点検・評価を行うことも必要であるとされている。

このほか港湾BCPガイドラインは、点検・評価は以下の事項などについて、適切性・有効性等の観点から検証することを求めている。

○事前対策、訓練、点検等がスケジュール通り実施されているか

○対応計画は有効か、効果に対して過大な投資となっていないか

○教育・訓練は目標を達成しているか

○当該港湾の機能継続能力が向上しているか

港湾BCPガイドラインでは、上記の様な点検・評価を、少なくとも年1回以上定期的に実施することが望ましいとしており、点検・評価で見つかった問題のうち、港湾BCP協議会で決定する必要がない実務的なものについては、事務局が早急に是正・改善し、その内容をまとめて、港湾BCP協議会に事後報告することを推奨している。なお、調査・分析を要するもの、予算の確保、調整、その他の準備が必要なものなど計画的に実施する必要がある事項については、進捗管理を行うことが求められている。

（注1）組織が構築、運用している事業継続マネジメントシステムがPDCAサイクルに基づいて継続的に改善され、ステークホルダーを含めた組織のニーズを満たすものになっているかに重点を置いた審査。

第5節　BCM実行のための組織作り

6.5.1 リーダーシップ

ISO22301第五章では、BCMSの要求事項としてリーダーシップとトップマネジメント（経営者）について記載がある。ここで言うリーダーシップは、トップマネジメントだけではなくマネジメントの職責を担う地位にある中間管理職も含まれ、これらの「管理層」が具体的な取り組みの中でBCMの在り方を組織のスタッフに行動で示さなければならないとしている[11)]。

特にトップマネジメントに対しては、事業継続方針・目的の設定や組織の業務プロセスへのBCMS要求事項の組み込み、必要リソースの確保、求める結果の到達度の管理などに加えて、BCMSの意義と実施の重要性を組織内に浸透させ関与するスタッフを指導、支援することについても、強いリーダーシップとコミットメントが求められている。

従って港湾BCPにあっても、その検討に際して重要となってくる重要機能や機能復旧の優先順位等の決定、MTPDの決定、リスク対応戦略の構築時のリスク・ポジショニングの決定などへのトップマネジメントとしてのBCP協議会メンバー組織の長の関与は欠かせないものとなる。また、対応計画の実施に際しても、各機関、組織、企業の主要な現場責任者が的確に判断を下し、行動できるようにあらかじめその権限の一部を委譲しておく他、BCMの実行に必要な予算、人的・物的資源の確保等、スタッフにとっては日々の業務の埒外にある準備についても適切な指示を与えておくことが重要である。

また、極端なインシデントの発生などの最悪シナリオや想定外の事態にが発生しクライシスマネジメントを実施しなければならない場合には、トップマネジメントの強いリーダーシップと果敢な判断が不可欠となるものとして求められる。

さらに、他の港湾等を利用した代替輸送ルートの確保においては、協議会を代表しての他港湾との調整や、国等による広域港湾BCPの策定への働きかけを行わなければならない。平常では競争相手である隣接港湾等との災害時連携についても、強いリーダーシップが求められる。

6.5.2 BCMの実施体制の整備

BCPに定められた対応計画やマネジメント計画にそって円滑にBCMを実行していくためには、港湾BCP協議会メンバーによる協働と、協議会の牽引車となる港湾管理者や国の関係機関、港湾運営会社等のリーダーシップが重要となる。また、対応計画を的確に発動し実行していくためには、BCM実施のための組織体制を円滑に立ち上げ、必要な人員・資機材、事務機能を確保する必要がある。そのためには、協議会のコア・メンバーを中心に非常時の活動体制確立のための準備を常時から行っておくことが重要である。特に心がけることとして港湾BCPガイドラインが指摘している事柄は以下のとおりである。

1）災害時の緊急業務拠点の確立に関する事項

○各種マニュアル配備、パソコン、電話回線、机、各種書類、事務機器等の設置または確保

○通信、電源、水をはじめライフラインの代替対策（自家発電、回線多重化など）

○建物、設備等の防御のための対策（耐震補強、防火対策、洪水対策など）

2）災害時の業務活動のレジリエンシー強化に関する事項

○情報システムのバックアップ対象データ、バックアップ手順、バックアップシステムからの復帰手順の決定

○重要な情報・文書のバックアップの実施

○代替物流サービス体制の整備を含む業務拠点の多重化・分散化

○災害協定等の締結

○代替要員の確保・トレーニング

○備蓄品、救助用器具等の調達

3）発災時に緊急に行う減災措置に関する事項

○（遠地地震津波や台風等、被害が事前に予見できる場合の）クレーンの固定やコンテナ固縛等の被害防止・軽減策、その他

上述したような事前の体制構築に係る準備作業は、港湾BCP協議会の全てのメンバーにおいて着実に実行される必要がある。このため、協議会メンバーは相互に申し合わせて自らの準備の進捗状況を把握し協議会において報告、情報交換するとともに、準備に「穴」が生じないように港湾BCP協議会としても進捗状況の把握、集計を行い、メンバー各組織、団対等に公表していくことが望ましい。

コラム14◆災害時のリーダーシップはどうあるべきか？

災害現場にあって、組織の長はどう行動すべきか？ リーダーとして心がけておくこと、平常時とどこが異なるのか？ やっちゃいけないこと、日常より心がけておくことは何か？ コラム3でお話をうかがった宮本卓次郎さんに再度ご登場願うと、彼はこんな話をしてくれました。

「東日本大震災の発生当時、私は東北地方整備局副局長として港湾関係の陣頭指揮を執る立場だった。何より幸いであったことは、職員全員が無事だったことだろう。震災で親族を失った職員もいたし、自宅が流された職員もいた。しかし、事前に定められた避難行動や幸運にも恵まれて一人の死者も出なかったお陰で、その後の組織的対応に取り組むことが出来たと思う。

当時は地方整備局廃止論が盛んだった。このような雰囲気の中だったからこそ、震災への対応は全国の仲間の名誉を守るための戦いでもあるとの意識を職員と共有していた。

さて、私が震災直後にまず意識したことは「慌てず、騒がず」ということである。上が動揺すれば、下が動揺してしまう。次に「何ができるか？ 」ではなく「何をすべきか？ 」ということである。副局長という立場の私も、東北地方整備局港湾空港部という組織も、まずは「自分しか出来ないこと」を選んで行うようにした。組織の人的資源には限界があるので、業務を増やすだけでは上手くいかない。このため、組織を改変して24時間2交代に対応できるようにし、会議の数を減らす工夫もした。大まかな方針を伝えた以外は、極力、細かいことを言わないようにもした。これは、部下に恵まれていたお陰であるが、目標管理、時間管理、コスト管理、人的資源管理などに目配りするという意味では基本は平時と大差ないと言える。

現地の港湾事務所は津波により事務所庁舎が被災し、ライフラインも途絶えるといった状況であった。そのような状況下でも現地の職員には被災港湾での調査や緊急航路啓開などに邁進してもらわなければならない。このため、被災した現地事務所への補給・支援は本局の大きな仕事の一つだった。周辺の被災者よりも救援物資などを手厚くされることに躊躇する事務所長もいたが、「その分、仕事で返せ」というのが私の考えだった。職員には被災地にあって、共に被災者のままでは困るのである。

放射線被害が懸念された頃、小名浜港湾事務所の職員に現地に踏みとどまる指示を与えたことなど嫌なこともしなければならなかった。

ただ、どんな場合にも責任を取る覚悟をしていた。災害時の対応では人の個性が平時以上に出るような気がする。当時の東北地方整備局の対応の評価はさておき、港湾BCPは人の個性に左右されない災害対応の良い意味での品質確保につながるものと期待している」

皆さんはどう考え行動しますか？

第6節　港湾BCPの文書化

6.6.1 文書化の意義

ISO22301の第七章「支援」では、「文書・記録管理」や「経営資源管理」等といったマネジメントシステムを間接的に支える仕組みが規定されており、BCMの活動を支えるためのBCMSに文書としてのBCPが位置付けられている。

すなわち、BCPは、効率的、効果的にBCMを実行するためのBIA及びRA等の分析結果や重要機能の継続性を確保するために事中・事後に実施する緊急対応計画、そのための体制、資機材等の準備の内容（対応計画）、さらには適切にBCMSを維持し改善していくための訓練やPDCAサイクルの実施計画（マネジメント計画）などを記述した文書であると言える。

また、BCPを文書として作成し市場に示すことは当該組織の災害等に対する脆弱性を公表することにもなり、ライバル企業との競争上不利益を被ることにもなりかねないが、一方で、当該組織の災害等に対する備えの状況やレジリエンシーの高さを示すことができれば市場の信頼を高めることにつながる。近年のサプライチェーンの発達によって、もはや単独の組織のみで生産行為等を完結できなくなっていることから、特に東日本大震災以降取引相手からBCPの準備状況を情報公開するよう求められる事例も増加しており、このような市場への対応がBCP作成の動機付けになりつつあると考えられる。

6.6.2 文書化の範囲と内容

港湾BCPガイドラインでは、港湾BCPの確実な実施や、担当者の引き継ぎ等を確実に行うため、基本方針、実施体制及び対応計画等について、必要なものは文書化するよう求めている。一方で、「ただし、どこまで詳細に文書化するかについては、非常時に対応者が使用出来るよう、その内容に応じて適切に判断することが望ましい」とも記述しており、個別の顧客や市場との関係を考慮してBIAの分析結果などをどこまで公表するかなど、BCPへの記述と公表の範囲は作成者や経営者・トップマネジメント等の組織の判断にゆだねられていると言える。

また港湾BCPガイドラインでは、BCMの実施作業を円滑にするために、BCPの文書化にあわせて参考資料、マニュアル、チェックリスト等も必要に応じて作成することが望ましいとしている。危機的事象の発生後においては、時間の経過とともに必要とされる内容が変化していくため、それぞれの局面ごとに、実施する対応の優先順位を見定めることが重要である。このようなことから港湾BCPガイドラインでは、対応計画において、初動段階で実施すべき具体的な対応のうち、手順や実施体制を定め、必要に応じてチェックリストや記入様式など用意しておくことを求めている。なお、これらの対応の実施について時系列で管理ができる全体手順表なども用意しておくとよいとされている。

なお、港湾機能の回復後、BCPの見直しや改善を可能とするため、事象発生後の対応を記録することが重要である。そのために、予め記録する項目を掲示したフォーマットを用意しておくことが望ましい。今後のBCPの見直し・改善に備え、分析から対策の決定に至った根拠、経過の資料、選択理由等も、参考資料として保存しておくことが強く推奨される。

6.6.3 他の計画との関係

文書化された港湾BCPは、当該港湾の港湾計画、当該港湾を含む広域的なBCPや、国・地方公共団体・指定公共機関等の防災業務計画、地域防災計画等と十分な整合性を持たせることが重要である。また、必要に応じて、国・地方公共団体・指定公共機関等に対して、当該港湾のBCPを地域防災計画等に反映させるよう働きかけることも必要となるため、そのような動機付けを十分説明できるような構成と内容になっている必要がある。

とりわけ地域防災計画等に位置づけられた海上からの緊急輸送については、緊急輸送のための施設の被災可能性や復旧方法、復旧時間等をリスクアセスメント（RA）を通じて明らかにしておけば、緊急輸送を可能とするために必要となる事前準備や緊急対応を港湾BCPに盛り込むとともに、必要に応じて国・地方公共団体・指定公共機関等がとるべき措置や考慮すべき事項を防災業務計画に位置付け、実効性を担保していくことが可能となる。

このように、港湾BCPは法的な根拠をもった行政計画ではないが、自然災害等の危機的事象に対する港湾物流のレジリエンシー（復元性）の強化を通じて地域社会の持続的繁栄に貢献する点で、行政計画を補うものと位置づけることができるので、港湾BCP協議会の総意の下に関係者が一致して作成し、実行されることが求められる。

第7節　留意事項

本章では、港湾BCPガイドラインを踏まえつつ、港湾の事業継続に係るBCMSの全体像を示すとともに、災害の事前、事中・事後における行動計画である対応計画及びマネジメント計画の作成の在り方を解説し、さらにこれらの計画の実行を担保するための組織内の環境整備の在り方について論じた。

特に本書第六章で検討したリスク対応戦略の実施計画である対応計画及びマネジメント計画は、BIA及びRAの分析成果とそれらの立脚した港湾の事業継続に係る戦略を実際の港湾の現場において実行に移すためのアクションプランであり、港湾BCPの実施者にとって港湾BCPの実効性を担保する最も重要な行動規範である。しかしながらこれらの計画、戦略の概念や名称は、ガイドライン等においても様々な文脈の下に似通った名称、定義で登場するため読者にとっては紛らわしく、しばしば混乱を引き起こす。本書では、BIA及びRAから導き出される港湾の利用者ニーズと港湾の有するレジリエンシー（復元性、復旧能力）の乖離（需給ギャップ）を埋めるための対処の計画をリスク対応計画と呼び、その事前準備のための計画（港湾BCPガイドラインに言うところの「マネジメント計画」）と事中、事後の行動計画（対応計画）、想定外の事態やリスク対応計画が間に合わない場合の対処の仕方（クライシスマネジメント）等を総称してリスク対応戦略と呼ぶこととしている。

本書における第三章から第六章に至るこれら計画、戦略の全般的な流れと関係は、図6.7-1の様に書きあらわせるので、本章における記述の内容に照らしてそれらの相互関係、位置づけをご確認いただきたい。

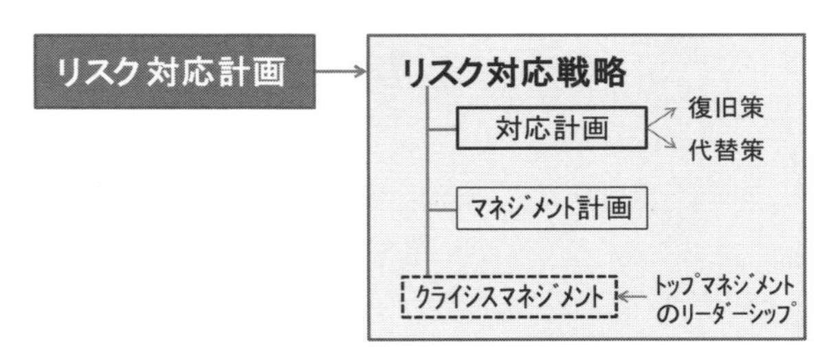

図6.7-1　港湾の機能継続におけるリスク対応のイメージ

出典・参考資料（第六章関係）

1）内閣府防災担当：事業継続ガイドライン　第三版–あらゆる危機的事象を乗り越えるための戦略と対応–，平成25年8月
2）国土交通省港湾局：港湾の事業継続計画策定ガイドライン，平成27年3月27日
3）酒田港港湾機能継続計画，酒田港港湾機能継続協議会，平成27年3月
4）日野宗門：地域防災実戦ノウハウ（26）—実践的な防災訓練を目指して（その3）—，季刊消防科学と情報，No.63（2001冬号），財団法人 消防科学総合センター，2001年
5）市町村による図上型防災訓練の実施支援マニュアル，図上型防災訓練マニュアル研究会，消防庁，平成20年3月
6）東京大学目黒公郎研究室HP,（http://risk-mg.iis.u-tokyo.ac.jp/meguromaki/meguromaki.html）
7）災害図上訓練DIGテキスト【埼玉県　地震基本編】（https://www.pref.saitama.lg.jp/a0401/zuzyokunren.html）
8）災害対応カードゲーム教材「クロスロード」【チームクロスロード】，内閣府HP（防災情報のページ），（http://www.bousai.go.jp/kyoiku/keigen/torikumi/kth19005.html）
9）静岡県HP，避難所HAG,（http://www.pref.shizuoka.jp/bousai/e-quakes/manabu/hinanjyo-hug/shiryou.html）
10）一般財団法人 日本品質保証機構ホームページ（https://www.jqa.jp/service_list/management/service/iso22301/）
11）中島一郎，渡辺研司，櫻井三穂子，岡部紳一：ISO22301：2012事業継続マネジメントシステム要求事項の解説（Management System ISO SERIES），日本規格協会，2013年

第七章　ケーススタディ

第1節　ケーススタディの狙い

本章では、港湾全体や港湾ターミナルにおける機能継続のための計画または枠組み作りの事例を紹介する。前章で述べたように、事業継続マネジメントの実施の対象は、大阪湾のような一単位の水域を共有する港湾群、東北地方の港湾のような共通の背後圏を有する港湾群、単独の港湾、港湾内のターミナルのような様々な単位をとる。従って、計画・枠組みの文書化（BCPの作成）においてもさまざまな構成、体裁がとられ、名称も「広域港湾BCP」、「港湾BCP（機能継続計画）」の様にBCPを前面に立てたものから、「機能継続のための対応指針」、「災害時連携方策書」等緊急時における港湾関係者の行動と連携のためのガイドラインやマニュアルとしての考え方を全面に出したもの、さらには「海上輸送機能継続計画」と言った海上輸送に係る広域的な連携を強調した計画もあり、それぞれの時点におけるBCP作成の考え方や港湾関係者間の論議の内容が反映されたものとなっている。それらを比較すると、国土交通省が港湾BCPガイドラインを作成した2014年度前後から港湾BCPの名称も定着し、ガイドラインにそって文書の名称、構成に統一性が見られるが、それ以前の取り組みにおいては、地震津波時の緊急活動計画の色合いが濃く、港湾関係者が協力してインシデントに対処していくための組織づくりに特段の重点が置かれていたことが伺われる[注1]。

このようなことから本章では、まずBCMのための組織の作りの枠組みを参照する目的で、高松港における港湾の事業継続のための関係者に対する指針としてのBCP作成事例を紹介するとともに、広域的な港湾機能継続の取り組みの事例として大阪湾BCP及び東北広域港湾BCPを取り上げる。また、これまでの港湾BCP作成例にみられないBIA及びRAの本格的な適用事例を大阪港夢洲ターミナルにおける分析結果から報告をすることとする。

（注1）計画の名称にBCPを前面に立てた事例としては、八戸港BCP及び青森港BCPが、また広域港湾BCPとしては東北地方整備局が作成した東北広域港湾BCPがあげられる。一方、港湾機能継続のための行動指針の事例としては、高松港の機能継続のための対応指針・同活動指針が参考となる。北陸地域の港湾においては、施設の脆弱性評価や復旧目標を掲げる新潟港BCP、佐渡地域港湾BCPが作成されているが、金沢港においては「災害時連携方策書」と言う名称を用いている。一方、千葉港、木更津港では緊急物資輸送活動等に係る災害時対応行動の目標、実施方針等の明確化に重点を置いた「千葉港、木更津港における東京湾北部地震発生時の震後行動」が作成されている。なお、清水港では、2004年に地域の緊急支援物資輸送拠点としての機能継続を目指し「清水港地震災害対策マニュアル」を作成したが、2015年には物流機能の復旧・継続も含めた「清水港みなと機能継続計画（案）」を発表している[1)-11)]。

第2節　BCMのための組織作りー高松港の事例ー

7.2.1 概要

本節では、BCMのための組織的な枠組みづくりの事例として、高松港における検討事例について紹介する。高松港は、四国及び瀬戸内海島嶼部の地域住民の生活、経済活動のための海上輸送基盤として重要な役割を果たしている港である。

2011年9月に公表された高松港の機能継続のための対応指針及び活動指針（以下、「高松港BCP」）は、指針の位置付けや高松港周辺における東南海・南海地震による被災想定、非常時の要員参集・対応体制の設置等についての基本的な考え方を関係者間で共有するとともに、①緊急物資輸送活動、②企業物流の継続活動、③人の海上輸送活動、④被災施設応急復旧活動の4つの活動について、その時間的、数量的目標、時間軸に沿った対処活動のイメージ、関係者間の役割分担、関係者間の連絡体制、情報共有等、対処活動上関係者が必要とする最小限の事項をまとめたものである[3)]。

高松港BCPは、各々の活動の目標、各関係者の対処行動等についての大枠を示した対応指針と各種活動を構成する個々の具体的な対処行動、各関係者に期待される役割等について詳細に示した活動指針の2部構成となっている。換言すれば高松港BCPでは、BCMの担い手となる関係者がそれぞれBCPを作成し、実行する体制を有することが前提となっており、高松港BCPはそれらの対処行動に対して枠組みを与えるものと考えられる。

なお、高松港BCPの策定に当たっては、国、自治体、民間の港湾関係者からなる高松港連絡協議会が設立され、想定災害である東南海・南海地震発生時には指針に基づいて協議会メンバーが中心とした対処行動がとられることになっている。以下、BCMのための組織作りに焦点を当てて高松港BCPの内容を紹介する。

7.2.2 高松港の機能継続のための対応指針

対応指針においては、上記4つの活動それぞれについて、①目標の設定、②対処行動と目標時間、③対処行動と関係主体及び④業務継続のための情報連絡系統の4項目が検討されている。

ここで、企業物流継続活動を例にして、上記4項目について紹介する。

(1) 目標の設定

企業物流継続活動においては以下のとおり、発災から72時間以内、1週間以内、2

週間以内及び1ヶ月以内という4段階の目標を設定している。

1）発災から72時間以内に、高松港における企業物流の再開の見通しを対外的に発信する。

2）発災から1週間以内に、高松港朝日地区耐震強化岸壁におけるコンテナ貨物の取り扱い、玉藻地区岸壁におけるフェリー貨物の取り扱いを一部再開可能とする。

3）発災から2週間以内に、高松港朝日地区耐震強化岸壁における外貿バルク貨物の取り扱い、香西西地区岸壁における内貿バルク貨物の取り扱いを一部再開可能とする。

4）発災から1ヶ月以内に、高松港朝日地区C地区、玉藻地区中央ふ頭における、フェリー貨物の取扱を再開可能とする。

（2）対処行動と目標時間

ｉ）対処行動

各関係者の対処行動の流れは、図7.2-1のとおりとなっている。

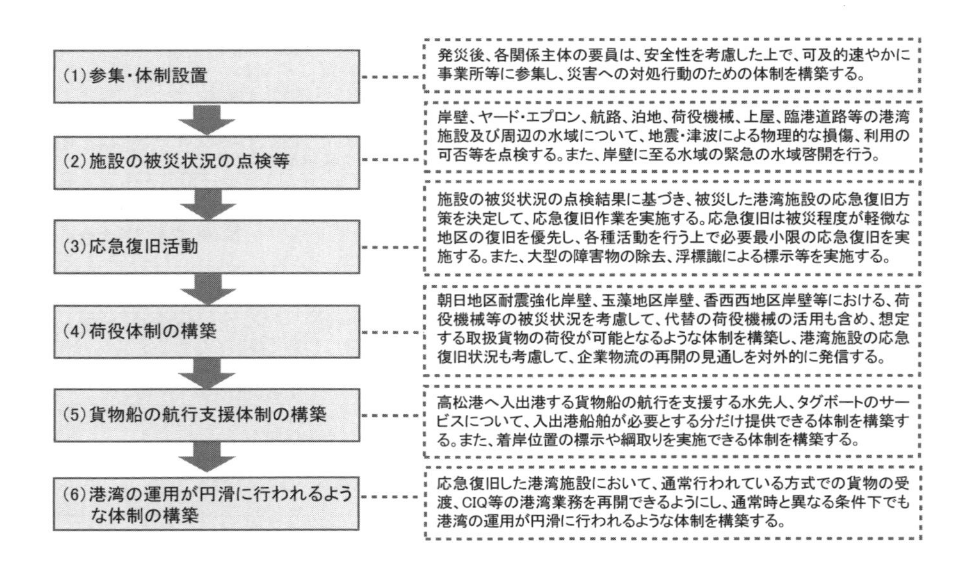

図7.2-1　各関係者の対処行動の流れ

ⅱ）目標時間

対処行動の実施方針と目標時間は、図7.2-1に示された対処行動毎に表7.2-1（a）、表7.2-1（b）のとおりとなっている。

また、対処行動の流れと関係主体の関係は、図7.2-2のとおりとなっている。

表7.2-1（a）　対処行動の実施方針と目標時間

	対象地区	目標時間 発災からの経過時間 （）内は津波警報解除*からの経過時間	行動目標
参集・体制設置		1時間以内	参集場所の付近にいる者は、直ちに参集場所に参集する。
		3時間以内	参集場所が津波の影響を受けない場所にある者は、参集する。
		15時間以内（3時間以内）	参集により津波の被害を受けるおそれのある者は、津波警報の解除の後に参集する。
施設の被災状況の点検等	朝日	16時間以内（4時間以内）	朝日地区耐震強化岸壁とその周辺の港湾施設（岸壁、ヤード、臨港道路等）の被災状況の点検を開始する。
			朝日地区耐震強化岸壁とその周辺の港湾施設（荷役機械）の被災状況の点検を開始する。
		20時間以内（8時間以内）	朝日地区耐震強化岸壁とその周辺の港湾施設の被災状況の点検を終了する。
		24時間以内（12時間以内）	朝日地区C地区の港湾施設（岸壁、ヤード、臨港道路等）の被災状況の点検を開始する。
		48時間以内（36時間以内）	朝日地区C地区の港湾施設（岸壁、ヤード、臨港道路等）の被災状況の点検を終了する。
	香西西 玉藻	24時間以内（12時間以内）	香西西、玉藻地区の港湾施設（岸壁、ヤード、臨港道路等）の被災状況の点検を開始する。
		48時間以内（36時間以内）	香西西、玉藻地区の港湾施設（岸壁、ヤード、臨港道路等）の被災状況の点検を終了する。
		20時間以内（8時間以内）	朝日、香西西、玉藻地区に至る水域について、緊急の水域啓開、障害物の除去等を開始する。
		24時間以内（12時間以内）	玉藻地区に至る水域について、緊急の水域啓開を終了する。
		48時間以内（36時間以内）	朝日、香西西地区に至る水域について、緊急の水域啓開を終了する。
応急復旧活動	朝日	24時間以内（12時間以内）	朝日地区耐震強化岸壁とその周辺の港湾施設（岸壁、ヤード、臨港道路等）の応急復旧方策を決定する。
			朝日地区耐震強化岸壁とその周辺の港湾施設（岸壁、ヤード、臨港道路等）の応急復旧作業を開始する。
		48時間以内（36時間以内）	朝日地区耐震強化岸壁に接続する臨港道路等を啓開し、背後圏へのアクセスを確保する。
			朝日地区耐震強化岸壁とその周辺の港湾施設（岸壁、ヤード、臨港道路等）の応急復旧作業を完了し、供用を開始する。
		60時間以内（48時間以内）	朝日地区C地区の対象とする港湾施設（岸壁、ヤード、臨港道路等）の応急復旧方策を決定する。
			朝日地区C地区の対象とする港湾施設（岸壁、ヤード、臨港道路等）の応急復旧作業を開始する。

*:前提条件として、津波警報は発災12時間後に解除されるものと仮定している。

表7.2-1（b）　対処行動の実施方針と目標時間

	対象地区	目標時間 発災からの経過時間 （）内は津波警報解除* からの経過時間	行動目標
応急復旧活動	朝日	1週間以内	朝日地区に至る水域の、航行の障害となる大型の障害物の除去等を終了する。
		1ヶ月以内	朝日地区C地区の対象とする港湾施設（岸壁、ヤード、臨港道路等）の応急復旧作業を完了し、供用を開始する。
	玉藻 香西西	60時間以内 （48時間以内）	香西西、玉藻地区の対象とする港湾施設（岸壁、ヤード、臨港道路等）の応急復旧方策を決定する。
			香西西、玉藻地区の対象とする港湾施設（岸壁、ヤード、臨港道路等）の応急復旧作業を開始する。
	玉藻	1週間以内	玉藻地区の臨港道路等を啓開し、背後圏へのアクセスを確保する。
			玉藻地区に至る水域の、航行の障害となる大型の障害物の除去等を終了する。
			玉藻地区岸壁等の対象とする港湾施設（岸壁、ヤード、臨港道路等）の応急復旧作業を完了し、供用を開始する。
		1ヶ月以内	玉藻地区中央ふ頭の対象とする港湾施設（岸壁、ヤード、臨港道路等）の応急復旧作業を完了し、供用を開始する。
	香西西	2週間以内	香西西地区に至る水域の、航行の障害となる大型の障害物の除去等を終了する。
		2週間以内	香西西地区の臨港道路等を啓開し、背後圏へのアクセスを確保する。
			香西西地区の対象とする港湾施設（岸壁、ヤード、臨港道路等）の応急復旧作業を完了し、供用を開始する。
荷役体制の構築	朝日 玉藻	1週間以内	荷役機械等の被災状況を考慮して、代替の荷役機械の活用も含め、朝日、玉藻地区の対象とする岸壁において、コンテナ、フェリー貨物の荷役が可能となるような体制を迅速に構築する。
	朝日 香西西	2週間以内	荷役機械等の被災状況を考慮して、代替の荷役機械の活用も含め、朝日、香西西地区の対象とする岸壁において、外貿バルク貨物、内貿バルク貨物の荷役が可能となるような体制を迅速に構築する。
		72時間以内	港湾施設の応急復旧状況等を考慮して、企業物流再開の見通しにつき、対外的な発信を開始する。
貨物船の航行支援体制の構築		1週間以内	水先人を必要とする船舶について、水先人が乗船できる体制とする。
			タグボートによる操船支援が必要な船舶について、必要な隻数を用意できる体制とする。
			貨物船の着岸を支援するための着岸位置の標示、綱取り等の業務が実施できる体制を構築する。
港湾の運用が円滑に行われるような体制の構築	朝日 玉藻	1週間以内	朝日地区耐震強化岸壁における、CIQ業務の実施体制を構築する。
			朝日地区耐震強化岸壁において、通常の貨物受渡ルールによる外貿・内貿コンテナ貨物の受渡の手続き等が実施できる体制を構築する。
			高松港の朝日、玉藻地区の岸壁の利用可能状況について情報発信し、外貿・内貿コンテナ貨物、フェリー貨物の取り扱いを一部再開可能とする。
	朝日 香西西	2週間以内	朝日地区耐震強化岸壁において、通常の貨物受渡ルールによるバルク貨物の受渡の手続き等が実施できる体制を構築する。
			高松港の朝日、香西西地区の岸壁の利用可能状況について情報発信し、外貿・内貿バルク貨物の取り扱いを一部再開可能とする。

*:前提条件として、津波警報は発災12時間後に解除されるものと仮定している。

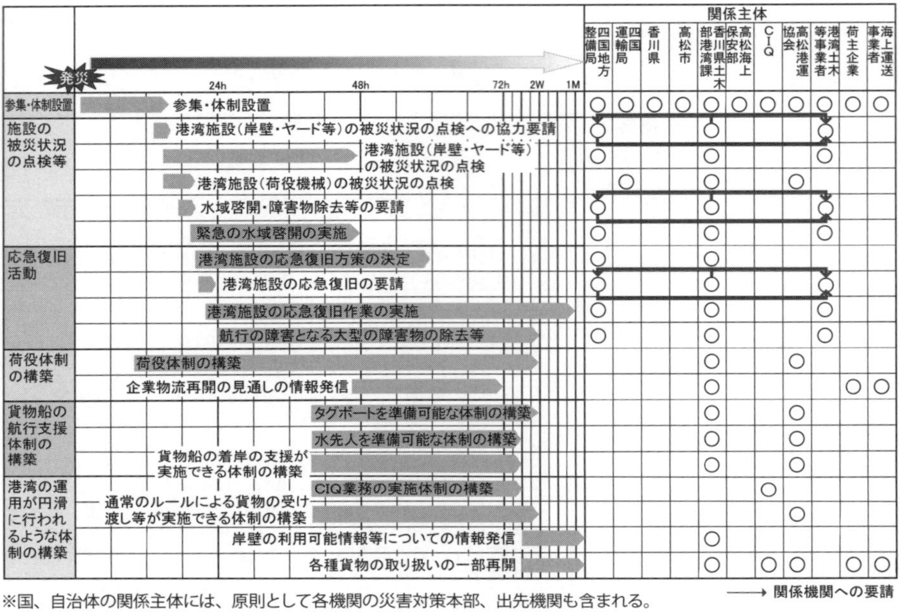

発災　24h　48h　72h　2W　1M

区分	対処行動	四国地方整備局	四国運輸局	香川県	高松市	香川県土木部港湾課	高松海上保安部	CIQ	高松港運協会	港湾土木等事業者	荷主企業	海上運送事業者
参集・体制設置	参集・体制設置	○	○	○	○	○	○	○	○	○	○	○
施設の被災状況の点検等	港湾施設（岸壁・ヤード等）の被災状況の点検への協力要請	○				○				○		
	港湾施設（岸壁・ヤード等）の被災状況の点検	○				○				○		
	港湾施設（荷役機械）の被災状況の点検		○			○			○			
	水域啓開・障害物除去等の要請	○				○				○		
	緊急の水域啓開の実施	○				○				○		
応急復旧活動	港湾施設の応急復旧方策の決定	○				○						
	港湾施設の応急復旧の要請	○				○				○		
	港湾施設の応急復旧作業の実施	○				○				○		
	航行の障害となる大型の障害物の除去等	○				○				○		
荷役体制の構築	荷役体制の構築					○			○			
	企業物流再開の見通しの情報発信					○					○	○
貨物船の航行支援体制の構築	タグボートを準備可能な体制の構築					○			○			
	水先人を準備可能な体制の構築					○			○			
	貨物船の着岸の支援が実施できる体制の構築					○			○			
港湾の運用が円滑に行われるような体制の構築	CIQ業務の実施体制の構築							○				
	通常のルールによる貨物の受け渡し等が実施できる体制の構築								○			
	岸壁の利用可能情報等についての情報発信					○						
	各種貨物の取り扱いの一部再開					○		○	○		○	○

※国、自治体の関係主体には、原則として各機関の災害対策本部、出先機関も含まれる。

→ 関係機関への要請

図7.2-2　対処行動の流れと関係主体

（3）業務継続のための情報連絡系統

ｉ）全体の連携体制

企業物流継続活動は、図7.2-3に示すような関係主体の連携体制により実施することとされている。基本的には、通常業務の関係を活かし、必要に応じて港湾管理者及び国を中心とした横断的な連携活動を実施することとされている。また、高松港連絡協議会のメンバー間では、港湾施設の被災状況の概要等、基本的な情報はすべて共有することとされている。

ⅱ）関係者間における対処行動の情報疎通体制

各活動における情報収集と情報連絡体制については、図7.2-4に示すように既存の連絡網、業務実施上の連絡関係を活用することとされている。

情報連絡手段については、既存の通信手段を活かした連絡体制を構築することとされている。また、高松港連絡協議会のメンバー間では、港湾施設の被災状況の概要等、基本的な情報はすべて共有することとされている。

このように、企業物流継続活動について紹介したが、この他の３つの活動においても実施内容及び関係する主体は異なるものの、実施体制については同様に活動毎にきめ

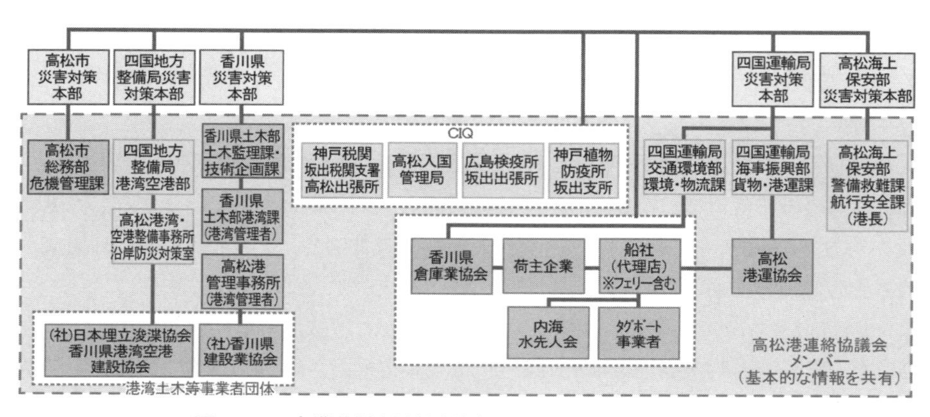

図7.2-3　企業物流継続活動全体の関係主体の連携体制

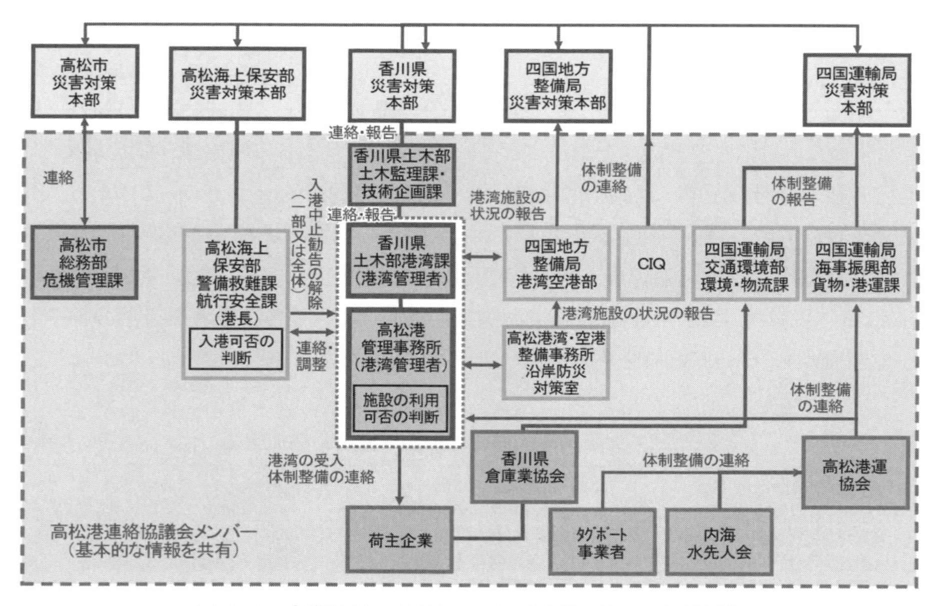

図7.2-4　企業物流の再開の見通し判断に関する情報疎通

細かく設定されている。いずれも、関係主体間の行動の流れがわかりやすく記述されており、港湾管理者及び国がリーダーシップを発揮して対処行動を行う体制となっている。

また、活動指針においては、関係主体と役割の関係や対処行動のシナリオ等が詳細に設定されており、関係主体が行動しやすい内容となっている。

第3節　BCMのための広域連携ー大阪湾BCP及び東北広域港湾BCPの事例ー

7.3.1 大阪湾BCP

(1) 概要

BCMのための広域連携の事例として、ここでは、日本の国際貿易の中枢的な拠点である国際戦略港湾における物流機能継続戦略の検討事例について紹介する。機能継続の対象となっているのは、神戸港及び大阪港の阪神港と、その他の港湾から構成される大阪湾諸港である。

大阪湾諸港の港湾機能継続戦略は、2011年度から近畿地方整備局が主導して設立された「大阪湾港湾機能継続推進協議会」において検討され、2014年3月に「海溝型地震時の大阪湾BCP(案)」、「直下地震(上町断層帯地震)時の大阪湾BCP(案)」、「直下地震(六甲・淡路島断層帯地震)時の大阪湾BCP(案)」として公表(以下「大阪湾BCP」と総称する)された。ここではその内容について概説するものとする[12)]。

(2) 大阪湾諸港の機能継続のための指針検討の経緯

災害時においても港湾機能を継続させるには、関係者による広域協働体制を構築し、港湾活動の停滞の短縮、活動再開に向けた早期復旧を図る必要がある。このため、国土交通省近畿地方整備局は、表7.3-1に示す大阪湾の港湾関係者(42機関)により「大阪湾港湾機能継続推進協議会(以下「大阪湾BCP協議会」)」を設立し、2011年度から2013年度にかけて、直下地震時や海溝型地震時における各関係者の役割分担やとるべき行動等について議論を進めてきた。

表7.3-1　大阪湾港湾機能継続推進協議会参加機関

・(公社)関西経済連合会	・神戸旅客船協会	・神戸市
・(社)日本船主協会	・(株)NTTデータ関西	・大阪税関
・阪神地区船主会	・関西電力(株)	・神戸税関
・大阪港運協会	・(株)東洋信号通信社	・大阪入国管理局
・兵庫県港運協会	・大阪港埠頭(株)	・大阪検疫所
・近畿トラック協会	・神戸港埠頭(株)	・神戸検疫所
・近畿倉庫協会連合会	・神戸海難防止研究会	・神戸植物防疫所
・大阪湾水先区水先人会	・(社)日本埋立浚渫協会近畿支部	・動物検疫所神戸支所
・内海水先区水先人会	・大阪府	・第五管区海上保安本部
・(社)大阪府タグ事業協会	・関西広域連合	・陸上自衛隊
・(一社)大阪港タグセンター	・兵庫県	・海上自衛隊
・(協)神戸タグ協会	・和歌山県	・近畿運輸局
・日本内航海運組合総連合会	・大阪市	・神戸運輸監理部
・近畿旅客船協会	・堺市	・近畿地方整備局

これらの検討に際しては、大規模災害発生時においても国民生活を維持するため、海上からの緊急物資の供給を迅速に行うこと（緊急物資輸送活動）及び、社会経済への影響を最小限とするために国際物流機能を確保すること（国際コンテナ輸送活動）が港湾の社会的な責務であるとの認識の下、ソフト面の防災対策として、大規模災害が発生した際の対応について関係者間で事前に協議し、港湾機能の回復を図るため関係者間での連携による協働体制を構築することとしており、これにより、港湾活動の停滞の短縮、活動再開に向けた早期復旧を図ることを目標としている。

大阪湾BCP協議会では、直下地震として上町断層帯地震及び六甲・淡路島断層帯地震、海溝型地震として南海トラフの巨大地震による被害想定を基にそれぞれ検討を行い、その結果を協議会関係者の活動指針として取りまとめている。以下にそれぞれの活動指針について概要を紹介する。なお、協議会での検討では、緊急物資輸送活動及び国際コンテナ物流活動の両方について検討がなされているが、ここでは大阪湾が阪神国際コンテナ戦略港湾として位置づけられていることに鑑み、上町断層帯地震時及び南海トラフの巨大地震時の国際コンテナ物流の継続性確保に関する検討内容について紹介する。

（3）上町断層帯地震時

大阪府を中心とする地域の直下地震リスクについては、中央防災会議「中部圏・近畿圏の内陸地震に係る被害想定結果（2008年5月）」より、上町断層帯地震（M7.6）の最大被害を被災想定として検討がなされている。このため、大阪港における岸壁等港湾施設の被災は甚大なものとなり、また発災後、利用可能な岸壁についても応急復旧資材の不足によって短期間での利用再開は困難なものとなる恐れがある。一方、耐震強化されたコンテナターミナルや免震化されたガントリークレーンの数は大阪湾内全体でそれぞれ12バース、10基となっている。大阪湾BCP協議会では、主要なコンテナターミナルについて耐震照査結果等の既存の資料及び沿岸構造物のチャート式耐震診断システムを用いた岸壁変位量等の検討を行い、被災程度、復旧量（日数、必要資機材）を算定し、岸壁等のいち早い復旧に向けた活動指針に反映している。

こうした状況の中で大阪湾諸港の国際物流機能を確保するため、活動指針（案）では、

ⅰ）災害時に被害の少ない耐震強化岸壁等の早期使用開始と被災の少ない神戸港等での受入を実現する。

ⅱ）急な耐震強化岸壁の応急復旧を行い、施設利用の最適化を目指す。

ⅲ）災害時の取扱能力を最大化するとともに、限られた施設を公共的に利用する。

という3つの目標を掲げている。これらの目標に基づき、図7.3-1に示すように大阪湾諸港で分担して国際コンテナ物流活動を継続することとしている。

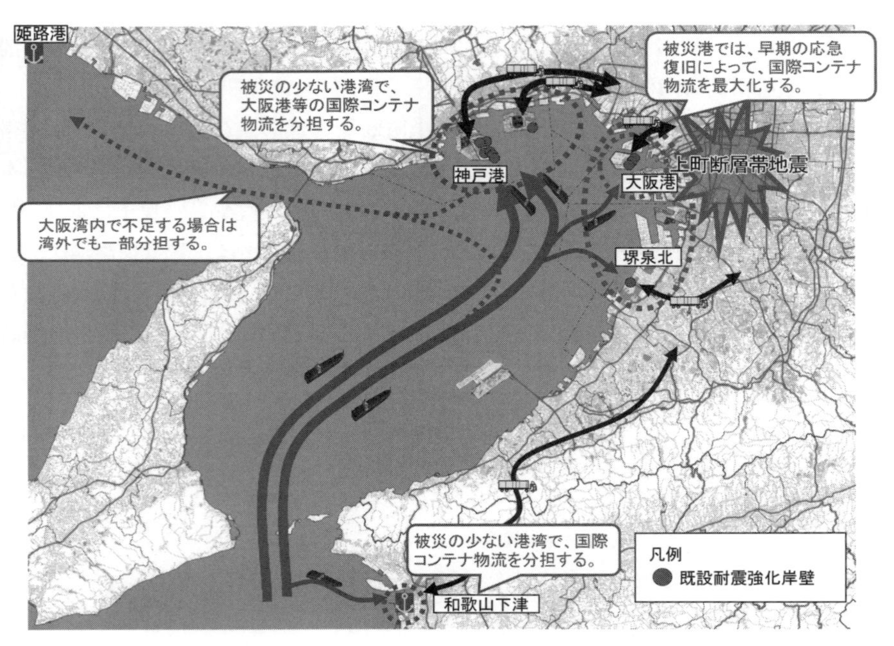

図7.3-1　国際コンテナ物流活動の活動イメージ

以上を踏まえ、大阪湾BCPの活動指針では具体的な対処行動を、以下の手順で行うこととしている。

ⅰ）被災情報の収集：近畿地方整備局、港湾管理者が、発災後速やかに耐震強化岸壁の被災状況を確認し、情報の共有を行う。

ⅱ）コンテナターミナルの復旧：近畿地方整備局は、港湾管理者との調整結果に基づき、一般社団法人日本埋立浚渫協会へ耐震強化岸壁の応急復旧の要請を行う。その後、臨港道路の啓開、航路啓開を行い、一体的な物流ルートを早期に確保する（発災後7日以内）。その上で、耐震強化岸壁（夢洲C10−12, 助松9号）については発災後遅くとも2ヶ月以内に暫定使用ができるよう応急復旧を行う。

こうした応急復旧の後、被災の大きい一般のコンテナターミナル（耐震強化岸壁以外）については1年以内に使用できるよう本格復旧を行う。また、暫定使用した耐震強化岸壁（夢洲C10–12,助松9号）については発災後遅くとも2年以内に本格復旧を行う。

ⅲ）利用可能な岸壁・ヤードの利用方策：効率利用のための関係者間の情報疎通や連携体制を確保する。また、施設の利用効率維持のため現状利用を優先するものの、関係者間で調整のうえ公共的に利用する。

ⅳ）隣接支援港での受入方策：隣接港では発災当日からできる限り被災港からのシフト船の受入れを行う。

以上の直下地震に対する活動指針（案）の効果は図7.3-2に示すとおり、発災後2ヶ月後（活動指針（案）によらない場合は4ヶ月後）において耐震強化岸壁の暫定復旧が完了するとともに、その他の岸壁の復旧も早まることが期待されている。

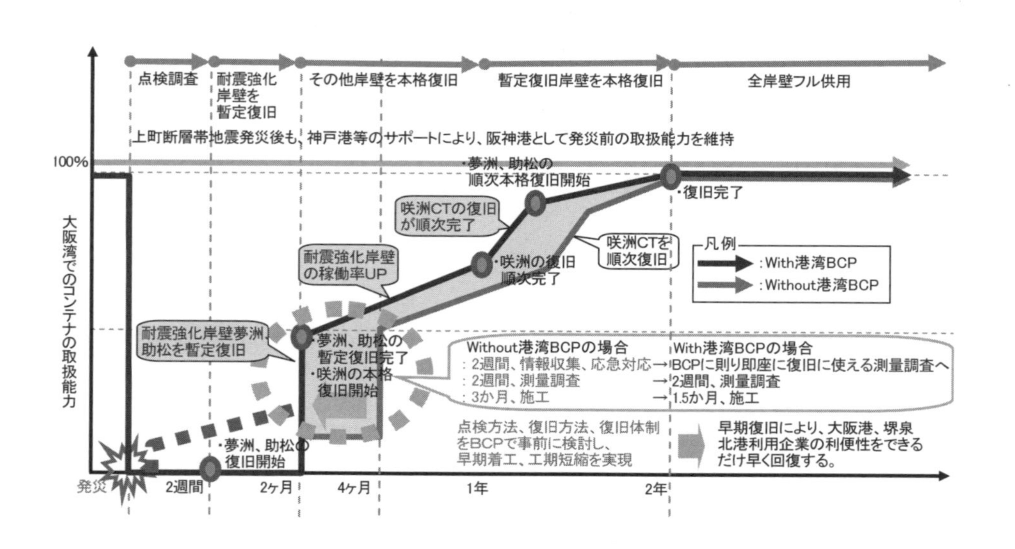

図7.3-2　直下地震に対する国際コンテナ機能復旧活動指針の効果

(4) 海溝型地震（南海トラフの巨大地震）

海溝型地震による大阪湾沿岸域の被災リスクについては、内閣府南海トラフの巨大地震モデル検討会「報道発表資料一式（2012年8月）」が、南海トラフの巨大地震の最大被害を被災想定として検討している。南海トラフの巨大地震による地域の地震動は震度6弱の程度の揺れであるため、一般の岸壁では、一部の施設で被害発生が見込まれるものの、耐震強化岸壁については被災の度合いは比較的小さいものと予想されている。また東日本大震災時の震度6弱エリア（鹿島港背後）では、7日間後くらいから工場の出荷が再開され始めたことに鑑み、大阪湾諸港においては、7日間程度で港湾物流を再開する必要があるとしている。

一方、大阪湾には4～5mの津波が進入するため、家屋等のがれき（約56.3万トン）、車両（約11,600台）、小型船舶（約4,720隻）、木材、漁具等が漂流・海底ごみとして大阪湾に流入し、港湾機能が阻害されることが想定されるとしている（近畿地方整備局が行った大阪湾内における浮遊瓦礫等の発生試算結果の一例を図7.3-3に示す）。このため、港湾機能の再開のためには、港湾に接続する水域でがれき等の啓開作業が必須となるものと見込まれている。

また海溝型地震についても大阪湾BCP協議会は、既存資料やチャート式耐震診断システムを用いた岸壁変位量等の検討を行い、変位量の軽微な岸壁の簡易な修復や1m以上の変位が予測される岸壁については渡版の落下等に対する応急復旧量（日数、必要資機材）を算定し、活動指針に反映している。

こうした状況の中においても国際物流機能を確保するため、大阪湾BCPの活動指針では、ⅰ）災害時に被害の少ない耐震強化岸壁等の早期使用開始を実現する、ⅱ）早急な航路啓開を行い、施設利用の最適化を目指す、ⅲ）災害時の取扱能力を最大化するとともに、限られた施設を公共的に利用する、という3つの目標を掲げている。協議会では、これらの目標に基づき、図7.3-4に示すように津波注意報解除後、航路の啓開、被災岸壁・ヤード等の復旧、及び臨港道路の復旧等を実施し、早急に国際コンテナ物流を再開することとしている。

以上のように、海溝型地震時における国際コンテナ物流機能の速やかな復旧に向けて大阪湾BCPでは以下のような手順を示している。

ⅰ）湾内の国際コンテナ物流機能を早急（発災～7日以内目途）に応急復旧（：神戸港、大阪港の国際コンテナ物流活動用の航路泊地は、緊急物資関連の水域と重なっており緊急物資輸送の航路と同時に啓開を実施し、発災後遅くとも7日間

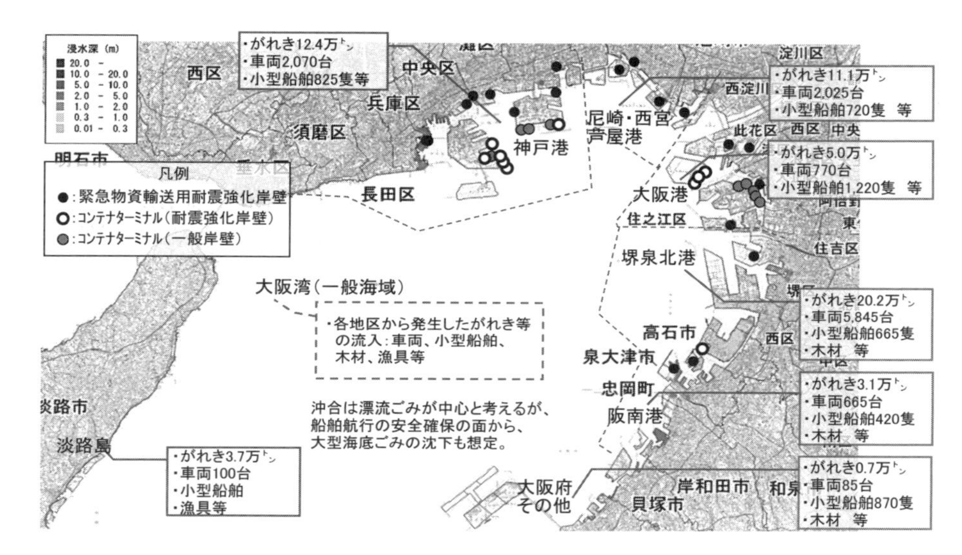

図7.3-3　大阪湾内で想定される主な海上流出物

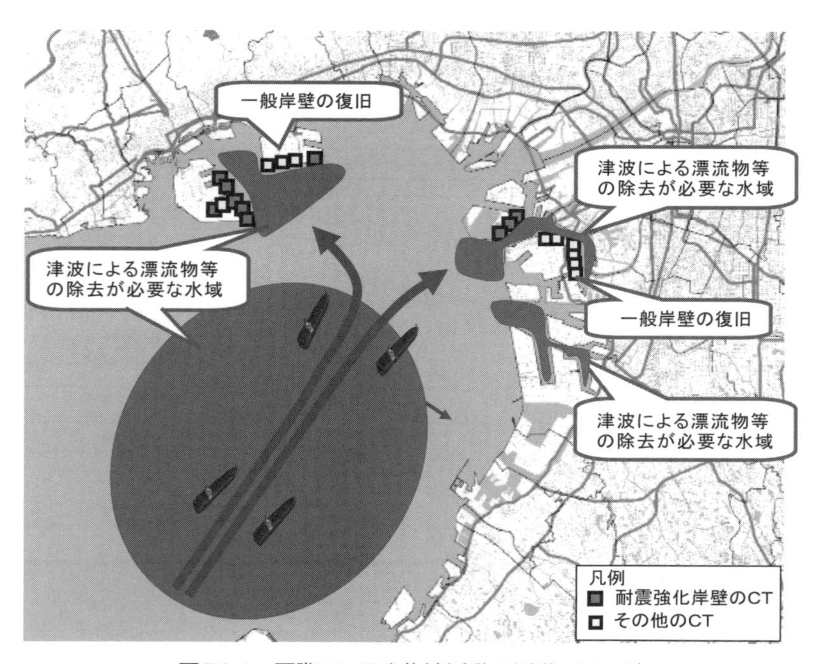

図7.3-4　国際コンテナ物流活動の活動イメージ

以内に啓開を完了）

ii）堺泉北港のコンテナ関連の航路泊地等は、発災後遅くとも2週間以内に啓開を完了（エネルギー関連の航路泊地等の啓開については、需要や被災の状況に応じ手順を変更）

iii）港湾区域内の水域は、発災後遅くとも3ヶ月以内に啓開を完了（港湾区域内の安全確保後、水深30m以浅の一般海域について、測深及び異常点の撤去を実施）

iv）被災の大きい一般のコンテナターミナル（耐震強化岸壁以外）については1年以内に使用ができるよう本格復旧

以上の海溝型地震に対する大阪湾BCPの活動指針の効果は図7.3-5に示すことができる。発災後2ヶ月後（大阪湾BCPの活動指針によらない場合は4ヶ月後）に耐震強化岸壁の暫定復旧が完了するとともに、その他の岸壁の復旧も早まることが期待されている。

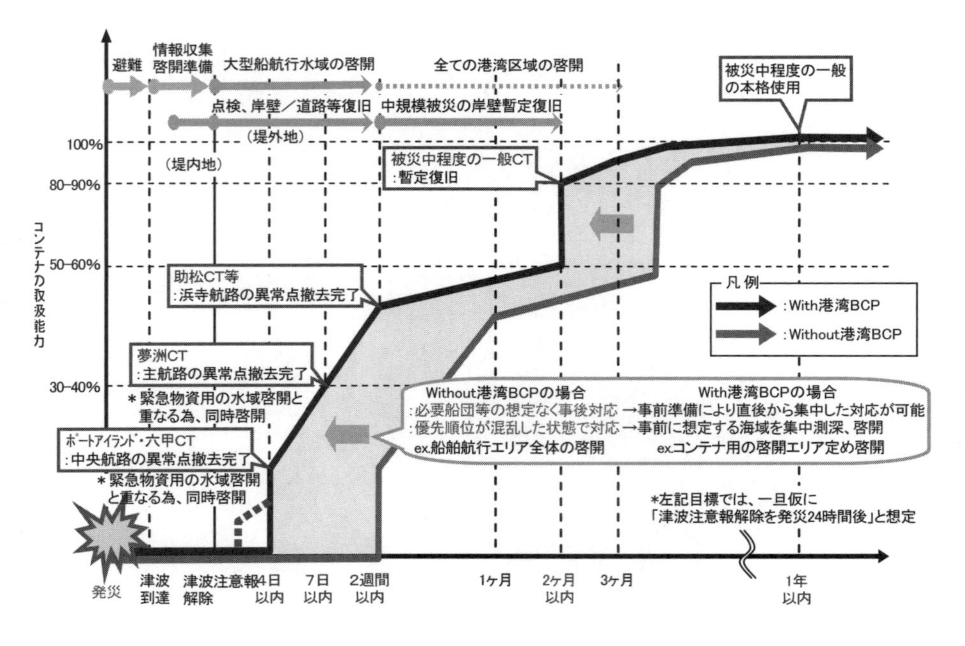

図7.3-5　海溝型地震に対する国際コンテナ機能復旧活動指針の効果

（5）BCPの実施

大阪湾港湾機能継続推進協議会に参加している国の機関及び地方自治体、港湾管理者、民間企業等の港湾関係者等は、大規模災害発生時においても国民生活を維持するため、海上からの緊急物資の供給を迅速に行うこと（緊急物資輸送活動）や、社会経済への影響を最小限とするために国際物流機能を確保すること（国際コンテナ輸送活動）等の港湾が果たすべき社会的な責務の円滑で効率的、効果的な遂行に向けて、本指針に基づき訓練を行う等の具体の活動に入っている。また、ソフト面の防災対策のなお一層の充実に向けて、大規模災害が発生した際の対応について関係者間で事前に協議し、港湾機能の回復を図るため関係者間での連携による協働体制の強化に努めている。

7.3.2 東北広域港湾BCP

（1）概要

東北の港湾では、東日本大震災の教訓を踏まえ、港湾BCPの策定が進んでいる。2015年7月時点において、重要港湾以上の全14港湾のうち、12港湾で既に策定済みである（全国目標は、2016年度末に策定完了）。しかし、大規模地震・津波においては、各港湾がどれだけ対策を充実させたとしても、地震・津波被害を皆無にはできず、復旧中の被災港湾では、輸送需要に対して取扱能力が不足する"需給ギャップ"が発生する。

そのため、東北広域港湾防災対策協議会は、2015年2月に、東北地方全体を対象地域とする東北広域港湾BCPをとりまとめた。同BCPでは、以下の2つの広域連携が大きな柱となっている[4)]。

✓港湾機能の早期復旧に向けた広域連携：航路啓開のための作業船や資機材の広域調達と荷役機能復旧のための荷役機械等の広域調達

✓コンテナ貨物の代替輸送の広域連携：被災したコンテナ港湾の取扱能力が復旧するまでの間、代替港湾においてコンテナ取扱能力を補完

東北広域港湾BCPでは、これらの広域連携について、事前の準備と発災後の行動とが整理されている。コンテナ貨物の代替輸送を実施するためには、各港が代替港湾として受け入れるコンテナ量の目安値が必要となることから、赤倉ら[13),14)]が推計を行った。

(2) 推計手法

推計手法は、第五章5.3.4において述べたとおりである。港湾選択モデルには、国土技術政策総合研究所港湾研究部にて継続的に開発されてきた犠牲量モデル[15)]を採用した。犠牲量モデルは、全てのコンテナ貨物が、(7.1) 式に示す総犠牲量（一般化費用）：Sが最小の経路で輸送されると仮定したモデルである。

$$S = C + T \cdot \alpha \qquad (7.1)$$

ここに、C：輸送費用、T：輸送時間、α：時間価値である。犠牲量モデルの概要を図7.3-6に示す。図の上半分が総犠牲量と時間価値の関係であり、直線形状の各経路のうち、最も下部にある経路が選択される。したがって、選択経路は、時間価値により異なる。図の下半分が、時間価値の確率密度分布であり、各経路の選択確率は分布形上の面積比となる。国内発着地は全国幹線旅客純流動調査（国土交通省）の207生活圏ゾーン、国内港湾は35港湾（三大湾、北部九州及び各都道府県1港湾）、海外の積替港湾は5港湾（釜山、上海、高雄、香港及びシンガポール）であり、世界の11の国・地域、輸出入別に算定を行った。平常時におけるモデルの再現精度を、図7.3-7に示す。なお、推計経路は、最初船積・最終船卸港と仕向・仕出港であり、直行の場合、両者は同一となる。本推計モデルでは、2008年の全国出入コンテナ貨物流動調査（国土交通省）のデータを用いて、時間価値分布を推計している。

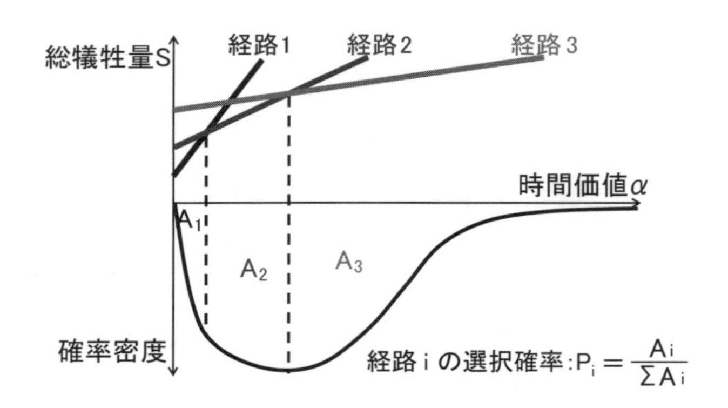

図7.3-6　犠牲量モデルの概要

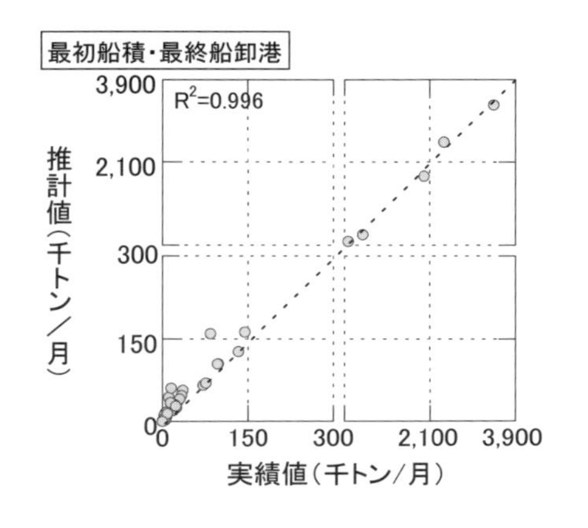

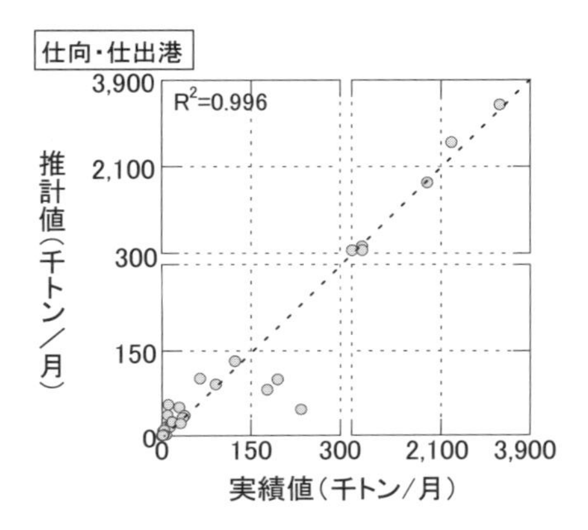

図7.3-7　犠牲量モデルの平常時の再現精度

(3) 推計シナリオの設定

まず、各シナリオにおける地震・津波については、表7.3-2のように設定した。太平洋側被災シナリオについては、宮城・福島県が東日本大震災後に想定地震を替えてなく、岩手県は東日本大震災の再来を想定していることから、本推計でも、東日本大震災の再来とした。日本海側被災シナリオについては、秋田・山形・新潟県の地震・津波被害想定で採用されている最大規模の地震・津波が、震源が佐渡島北方の山形県〜新潟県沖で、ほぼ同一であることから、同じ地震・津波であると見なした。

表7.3-2　各シナリオにおける地震・津波

シナリオ	被災港湾	東北代替港湾	想定地震・津波
太平洋側被災	八戸港 大船渡港 仙台塩釜港 小名浜港 （茨城港）	秋田港 酒田港	東北地方太平洋沖地震（M9.0）
日本海側被災	秋田港 酒田港 （新潟港）	八戸港 大船渡港 仙台塩釜港 小名浜港	秋田県：海域A＋B＋C連動（M8.7） 山形県：佐渡島北方沖地震（M8.5） 新潟県：佐渡北方沖地震（B）（M7.8）

ベースとなる平常時のコンテナ貨物取扱量は、2013年の月別平均値とした。また、東日本大震災後に、仙台塩釜港高砂コンテナターミナルが3ヶ月間機能しなかったこと

を踏まえ、最悪の状態として、全被災港湾が機能停止とした。一方、代替港湾については、純粋に各港湾の輸送需要を確認するために取扱能力を設定しないケース（以下、「需要ケース」）と、実際の状況として東北地方の代替港湾にて取扱能力を設定したケース（以下、「現実ケース」）の２ケースを設定した。代替港湾における臨時ヤードの蔵置能力については、東日本大震災及び阪神・淡路大震災の主要港湾の実績を踏まえて、平常時の４割を確保するものとした。

ただし、ターミナル後背地に土地のない仙台塩釜港だけは、臨時ヤードが確保出来ないとした。港湾運送業の対応能力については、東日本大震災の日本海側港湾の実績を踏まえ、代替港湾のピーク時能力に対して、被災港湾からの応援により、５割の増加が見込めるものとした。

(4) 推計結果

太平洋側被災シナリオの推計結果を、図7.3-8に示す。左図の各港別の棒グラフは、平常時と震災後のコンテナ取扱量である。

酒田港では、需要ケースでは7.1万t/月の需要があったが、取扱能力が1.5万t/月のため、残りは他港湾利用を余儀なくされた。秋田港では、需要ケースの6.9万t/月に対して、現実ケースでは酒田港の能力超過分の一部が追加され7.2万t/月となり、取扱能力近くにまで達していた。この結果からは、酒田港は、太平洋側港湾が完全に機能停止した場合の代替港湾としては、能力が大きく不足していたことが示唆された。東北最大の仙台塩釜港から最も近い代替港湾であることが、この大きな要因である。

右図の円グラフは、現実ケースにおいて、平常時に東北の被災港湾で取り扱われていたコンテナ貨物が、どの港湾にシフトしたのかを示したものである。航路数・便数が多い東京湾が過半数を占め、新潟港も含めると東北以外の港湾が約四分の三を担っている。できるかぎり距離の近い東北内の港湾で代替輸送を提供するとの観点からも、やはり酒田港の代替港湾としての能力不足は否めない。

日本海側被災シナリオの推計結果を、図7.3-9に示す。左図の各港別には、仙台塩釜・八戸港の両港とも似た状況で、需要ケースの取扱量が取扱能力を超え、現実ケースでは超過分が他港湾利用を余儀なくされていた。右図の、現実ケースにおける、東北港湾の代替港湾では、八戸港が半分弱、仙台塩釜港も約２割を担っていた。これは、被災した東北港湾が秋田・酒田港であり、両港湾の荷主は、地理的に東京湾が遠いこと、八戸港や仙台塩釜港は秋田・酒田港より取扱能力が高いことが挙げられる。その

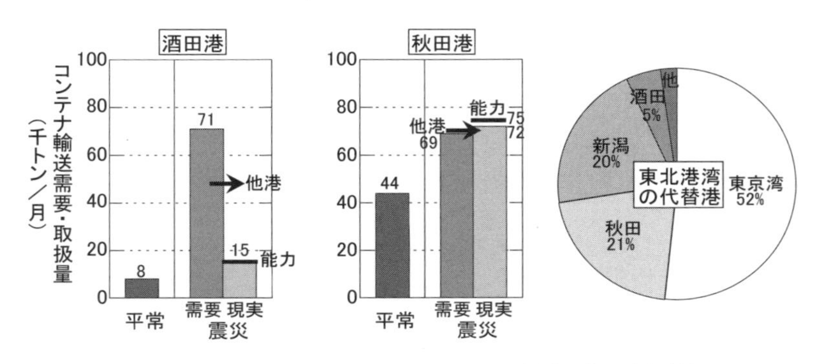

図7.3-8　太平洋側被災シナリオにおける代替港取扱量推計結果

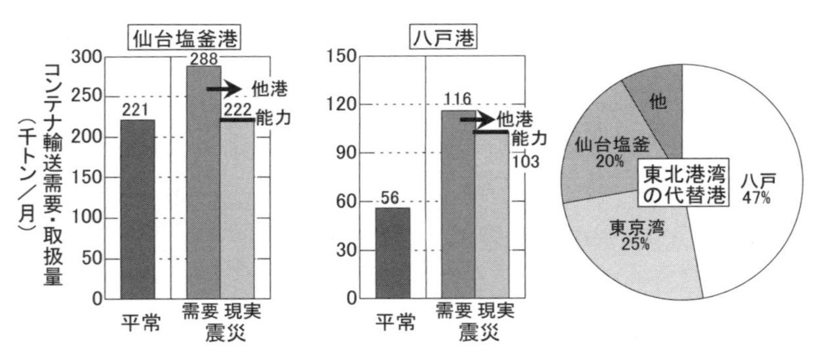

図7.3-9　日本海側被災シナリオにおける代替港取扱量推計結果

意味では、東北内の港湾である程度代替できてはいるが、八戸・仙台塩釜港共に能力限界に達しており、最寄りの代替港湾を使用できずに東京湾等を利用せざるを得ない荷主が一定程度存在することから、代替港湾としての能力拡充が必要な状況にあると言える。

(5) 円滑な広域連携の推進

シナリオ推計の結果に基づき、今後、各港湾においては、港湾BCPの一環として、事前対策を行っていくこととなる。表7.3-3に対策の内容を示す。まず、代替港湾としての取扱能力の確保については、以下の二つに大別される。

✓蔵置能力増加のための臨時ヤード想定：専用施設の整備ではなく、一時的に空いているスペースを活用

✓港湾運送業の対応能力増加：上屋の増加やゲート・荷役の時間延長等であり、発災後に、被災港湾からのトレーラ・シャーシや人材の応援を考慮することができる。

貿易手続き体制については、東日本大震災において、平常時に代替港湾では取扱のなかった動植物検疫貨物の取扱のため、出張検査が必要となったことを踏まえている。大規模地震対策施設の整備は、被災港湾の能力低下をできる限り防ぐことによって、代替港湾の負担軽減を図るものである。情報発信については、各機関の発災後の行動として、発信すべき情報が整理されている。

表7.3-3　コンテナ貨物の代替輸送の広域連携のための事前準備

対策	内容	関係機関
代替港湾としての取扱能力の確保	代替港湾となった場合の、臨時ヤードの想定、仮設上屋の設置、ゲートオープン時間の延長、荷役時間の延長等の臨時措置を検討する。	港湾管理者ターミナル管理者港湾運送事業者
代替港湾における貿易手続き体制の確認	代替港湾において、大量の貨物の流入や、通常時に扱っていない品目の流入に備え、貿易手続き（通関、検疫）体制を確認する。	植物防疫所動物検疫所
大規模地震対策施設の整備	港湾計画に位置付けられた大規模地震対策施設の整備を着実に進め、港湾機能の充実を図る。	国土交通省港湾管理者
情報発信	予め情報発信すべき事項について整理し、情報発信体制を整備する。（被災・復旧状況、代替港湾の状況等）	国土交通省（整備局・保安庁）港湾管理者

上記のような事前準備を十分に行っておくことにより、代替港湾利用における混乱を未然に防ぐことが可能となる。これは、大規模地震・津波に対して各港湾が単独でどれだけ対策を推し進めたとしても物流機能の停滞は避けることができないため、東北地域全体として、効率的かつ効果的な対策であると言える。このように、想定される巨大災害に対して、被災しない地域を含めた広域での港湾BCPは、代替港湾の確保や、航路啓開のための作業船や資機材の広域調達と荷役機能復旧のための荷役機械等の広域調達を円滑に進めることが可能となり、結果として各港の港湾機能の継続に非常に有効な対策の一つである[14)]。

第4節　BCP検討のための分析ー大阪港夢洲コンテナターミナルの分析事例ー

7.4.1. 概要

大阪港夢洲コンテナターミナル（DICT）は、国家戦略として港湾の国際競争力強化を推進するための国際コンテナ戦略港湾の一角を形成する我が国最先端の港湾物流ターミナルである。（図7.4-1参照）DICTは、55haの敷地に、水深-15m〜16mのコンテナ岸壁3バース（延長1,100m）とコンテナガントリークレーン8基、トランスファークレーン33基、10,354の蔵置スロット、29の搬出入ゲート（In：18、Out：11）を有する。ターミナルは夢洲コンテナターミナル株式会社（DICT（株））によって運営されており、年間約100万TEUのコンテナを取り扱う。（図7.4-1及び表7.4-1参照）[16]

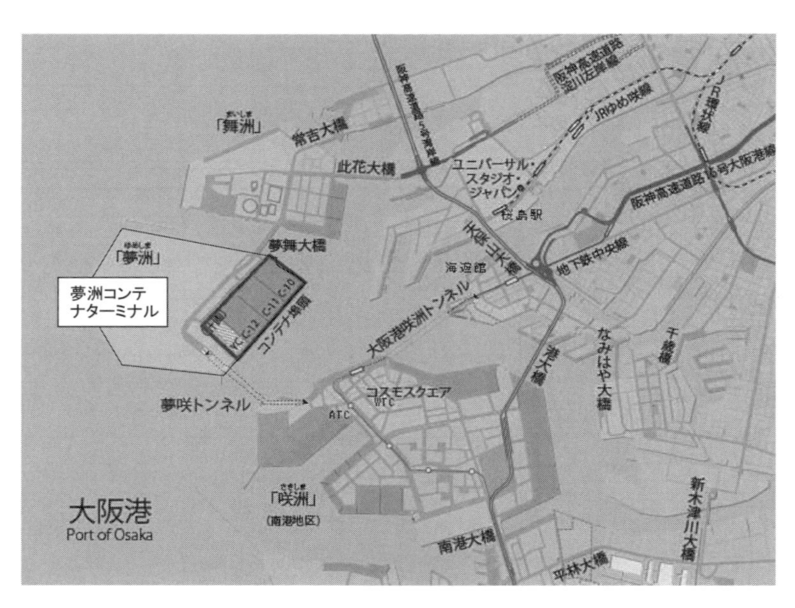

図7.4-1　DICTの位置

DICTでは近隣アジアの巨大コンテナ港湾との競争が可能な大型コンテナターミナルとしてDICT（株）の一体的な経営の下で発展を遂げてきたが、本格的な事業継続計画を有さないことから、東日本大震災以降、ますます発生が懸念されるようになった南海トラフの巨大地震や上町断層帯地震等の地震・津波によるターミナル経営リスクに強い関心をいだいている。

このような事を背景として京都大学防災研究所社会防災研究部門港湾物流BCP研究分野の研究者と一般財団法人みなと総合研究財団のスタッフから成る共同分析作業チーム（以下「分析作業チーム」という）は、主要な研究テーマである港湾物流BCPの分析手法開発の成果を社会実装する試みとして、DICTにおける事業影響度分析（BIA）及びリスクアセスメント（RA）のケーススタディを2014年度に実施した[17]。

BIA及びRA等のBCP分析手法のケーススタディを実施するにあたっては、分析作業チームから分析、検討の場として関係者が出席するワーキンググループ（WG）を設置することが提案され、DICT（株）や阪神国際埠頭株式会社のスタッフ、港湾運送事業者等の参画が得られることになった。WGは2014年度中に3回開催され、DICTにおける業務フローの検討やリソースの依存性分析、リソースの脆弱性等に関する議論を行った。本節では、それらの成果の一端を紹介することとする。

表7.4-1　DICTの施設、設備一覧

			C-10	C-11	C-12
岸壁	延長		350m	350m	400m
	水深		-15m	-15m	-16m
	係船能力		60,000DWT	60,000DWT	100,000DWT
コンテナクレーン	基数（計画）		3基	2基	3基
	定格荷重	コンテナ	40.6t	40.6t	40.6t
		重量物	50.0t	50.0t	50.0t
	アウトリーチ		50.5m	50.5m	50.0m
	レールスパン		30.5m	30.5m	30.5m
トランスファークレーン			33基		
蔵置能力	ヤード全体		2,910TEU（ｸﾞﾗﾝﾄﾞｽﾛｯﾄ）	2,900TEU（ｸﾞﾗﾝﾄﾞｽﾛｯﾄ）	4,544TEU（ｸﾞﾗﾝﾄﾞｽﾛｯﾄ）
	冷凍プラグ数		240個	420個	198個
	危険物		18TEU（ｸﾞﾗﾝﾄﾞｽﾛｯﾄ）	18TEU（ｸﾞﾗﾝﾄﾞｽﾛｯﾄ）	18TEU（ｸﾞﾗﾝﾄﾞｽﾛｯﾄ）
搬出入ゲート	IN		8レーン	10レーン	-
	OUT		-	5レーン	6レーン
管理棟			-	1棟	-
マリンハウス			-	1棟	-
メンテナンスショップ			-	1棟	-
その他施設			照明施設、受変電施設、総合監視所、全天候型支援施設、作業員休憩所、トラックスケール等		

（出典：DICTホームページ[16]）

7.4.2. 事業影響度分析

DICTの重要機能は夢洲コンテナターミナルの運営であることから、BIAの作業は、DICTにおけるコンテナ船の入出港、コンテナ貨物の積み下ろし、蔵置、輸出入手続き、トラックによる内陸輸送との受け渡しを記述する業務フロー図の作成から開始された。業務フロー図はコンテナ輸送を行う一般の港湾ターミナルの事例を念頭において分析作業チームが作成した原案をもとに、WGにおいて議論し修正する形式で検討を進めた。DICT用に作成した業務フロー図を図7.4-2(a)~(c)に示す。

また分析作業チームは、図7.4-2に示す業務フロー図に基づき、作業シートを用いてDICTのターミナル運営業務に必要なリソースの抽出を行いWGに提示した。まず、表7.4-2に示すとおり、コンテナ船の入出港及び荷役に関して5、輸入コンテナのヤード搬入・蔵置、輸入手続き、引き渡し等に関して6、輸出コンテナの引取り、ヤード搬入・蔵置、輸出手続き等に関して5、合計で16の業務活動が抽出された。

WGでの議論を経て抽出されたリソースの数は61あり、その分類、一覧は表7.4-3に示すとおりとなった。

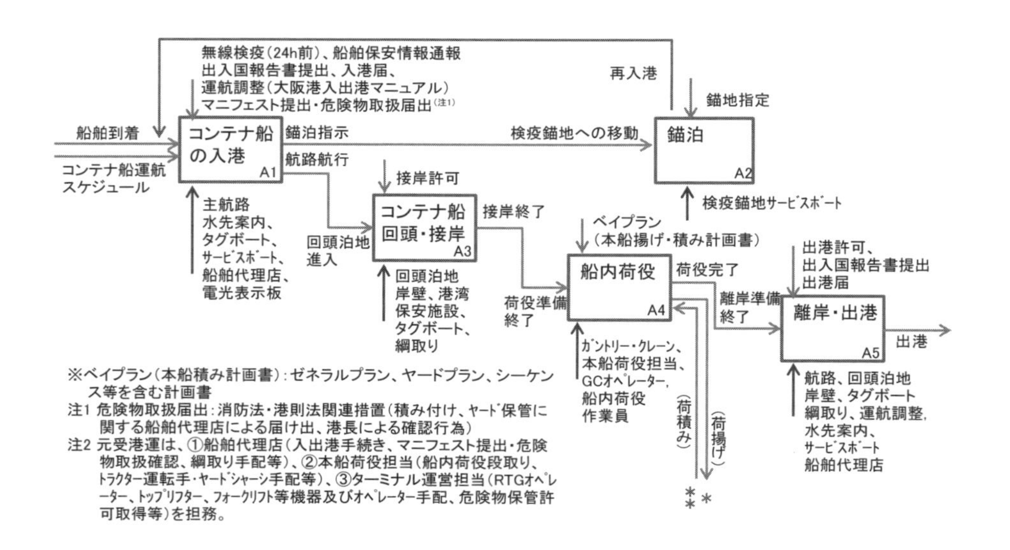

図7.4-2(a)　DICT業務フロー図(コンテナ船入出港・船内荷役)

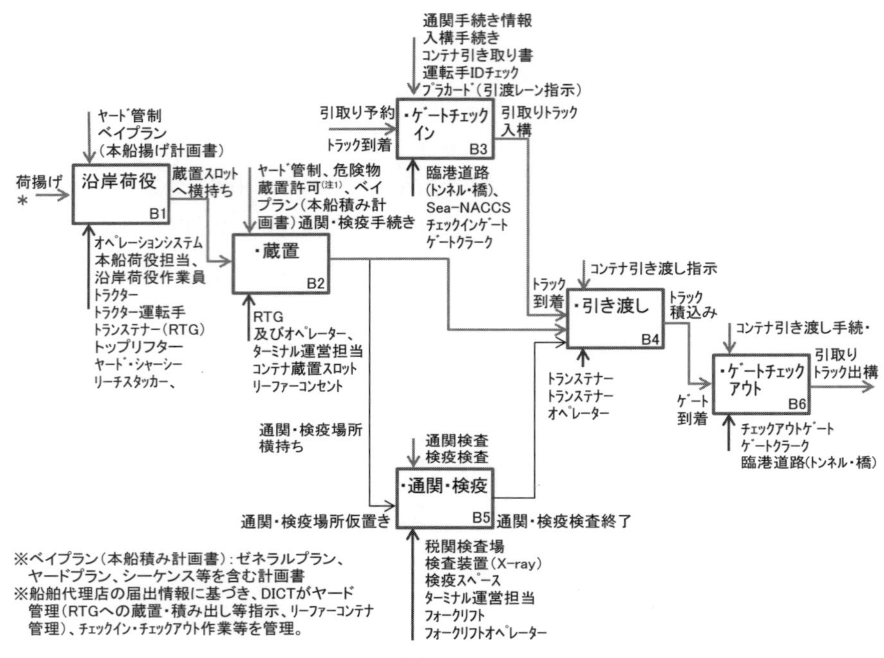

図7.4-2（b）　DICT業務フロー図（輸入コンテナのヤード横持ち・蔵置・搬出）

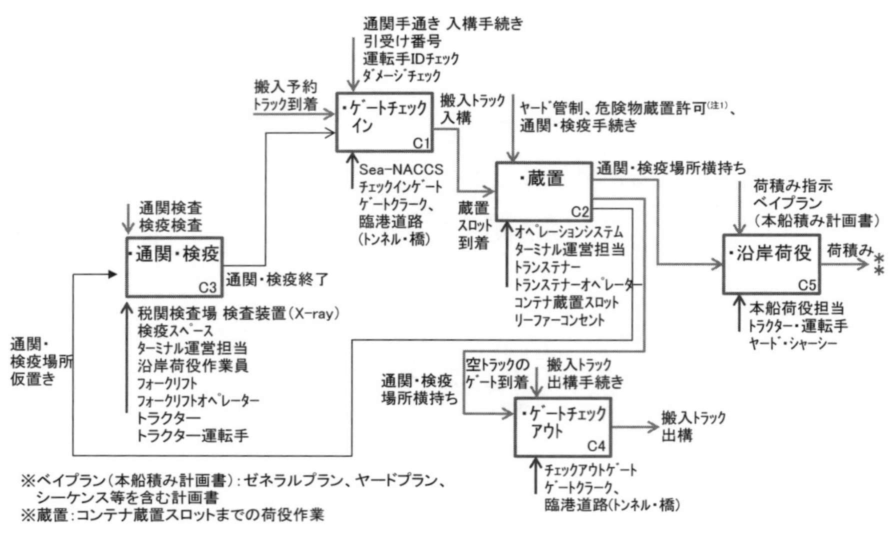

図7.4-2（c）　DICT業務フロー図（輸出コンテナの搬入・蔵置・岸壁への横持ち）

表7.4-2　DICTのターミナル運営業務活動

業務活動区分	A：入出港・船内荷役	B：ﾔｰﾄﾞｵﾍﾟﾚｰｼｮﾝ・貨物輸・移入	C：ﾔｰﾄﾞｵﾍﾟﾚｰｼｮﾝ・貨物輸・移出	事業活動合計
活動区分数	5	6	5	16

表7.4-3　DICTのターミナル運営業務のリソース一覧

業務資源				
外部供給	人的資源	施設・設備	情報・通信	建物・ｵﾌｨｽ
電力、通信、水道、燃料油、ガス （5項目）	税関職員、検疫職員、入管職員、埠頭管理事務所職員、海上保安部職員、水先案内人、綱取作業員、港湾運送会社担当及び作業員、ｶﾞﾝﾄﾘｰｸﾚｰﾝｵﾍﾟﾚｰﾀｰ、DICTｵﾍﾟﾚｰｼｮﾝｾﾝﾀｰ職員、ﾄﾗｸﾀｰ運転手、ﾄﾗﾝｽﾃﾅｰｵﾍﾟﾚｰﾀｰ、ｹﾞｰﾄｸﾗｰｸ等 （18項目）	主航路、検疫錨地、回頭泊地、岸壁、ﾀｸﾞﾎﾞｰﾄ、ｻｰﾋﾞｽﾎﾞｰﾄ、ｴﾌﾟﾛﾝ、ｶﾞﾝﾄﾘｰｸﾚｰﾝ、ﾄﾚｰﾗｰ・ｼｬｰｼｰ、ﾄﾗﾝｽﾃﾅｰ（RTG）、ｺﾝﾃﾅ蔵置ｽﾛｯﾄ、ﾘｰﾌｧｰｺﾝｾﾝﾄ、ﾁｪｯｸｲﾝ（ｱｳﾄ）ｹﾞｰﾄ、臨港道路（トンネル・橋）、税関検査施設、検疫検査施設、港湾保安施設　等 （24項目）	SeaNACCSｼｽﾃﾑ、港湾出入管理ｼｽﾃﾑ、ﾎﾟｰﾄﾗｼﾞｵ、DICTｵﾍﾟﾚｰｼｮﾝｼｽﾃﾑ、港湾保安管理ｼｽﾃﾑ （5項目）	入国管理局庁舎、港湾合同庁舎、埠頭管理事務所、航行安全情報センター、船舶代理店事務所、阪神国際港湾大阪事業所、DICTｵﾍﾟﾚｰｼｮﾝｾﾝﾀｰ、元請港運現場事務所、ﾏﾘﾝﾊｳｽ （9項目）

分析作業チームは、上記のリソースが依存性を有する他のリソースの抽出を行ったうえで、リソースの相互依存マトリックスを作成した。

また、WGではDICTのターミナルユーザーに関する最大機能停止時間（MTPD）の推測を行った。MTPDの推測に際しては、まず、ターミナルの機能停止による影響度と顧客の受容性を判断するために、顧客として考慮すべき利害関係者を抽出し、これらを念頭に置いて評価基準（影響度指標）を設定した。（表7.4-4及び表7.4-5参照）

表に示すとおり、DICTの経営では基幹航路及びアジアの近海航路に就航するコンテナ船社が重要な顧客となる。従って、DICTのコンテナターミナルの機能が長期間にわたって停止することは、発災時にこれら船社が蔵置しているコンテナが港湾に留め置かれたり、寄港が困難となって迂回輸送を余儀なくされ荷主への配送に遅れが生じる等の影響となって表れ、ひいては船社が他港に寄港地を変えたり、DICTターミナルへの信頼性の低下が将来的な抜港を誘引する危険性がある。表7.4-5の評価基準では、港湾機能停止の影響は大、中、小で評価され、「中」が影響の回復が可能であるのに対して、「大」は、影響が長期化し回復が困難とされている。MTPDは影響が「中」から

「大」に変わる時点を指すものとなる。

なお、4項目について検討された港湾機能停止の影響のうちの、発災時在港貨物の滞留は、DICTのターミナル運営責任者から指摘された事項である。

表7.4-4　DICTターミナルの主たる利害関係者

中核業務名	夢洲コンテナターミナル（DICT）の運営
主な利害関係者	エバーグリーン、マースクライン、MSC、ハパグロイド、現代商船、COSCO、OOCL、APL、ワンハイ、陽明海運、ANLコンテナライン、威蘭徳船務、中国対外貿易運輸、共同海運、徳翔海運等

表7.4-5　ターミナル機能停止の影響度評価基準

港湾機能停止の影響	小（L）	中（M）	大（H）
発災時在港貨物の滞留 近海・アジア航路の他港移転 基幹航路の他港移転 中長期的な航路の減少	影響は無し／限定的。	影響は一時的で、回復可能。	影響が長期化し、回復困難。

機能停止のインパクト	1週間以内	2週間以内	1ヶ月以内	2ヶ月以内	3ヶ月以内	6ヶ月以内	1年以内	MTPD（日）	RTO（日）	RLO
在港コンテナの滞留	L～M	H	H	H	H	H	H	7	6	内航コンテナ船やトラックによる発災時コンテナの払い出し機能の確保
近海・アジア航路の他港移転	L	L	L	M	H	H	H	60	59	近海・アジア向けコンテナ航路の再開（水深−12m、ガントリークレーン1基/バースの確保等）
基幹航路の寄港取りやめ	L	L	L	L	M	H	H	90	89	基幹航路の寄港再開（水深−15m、ガントリークレーン2基/バースの確保等）
中長期的な航路の減少	L	L	L	L	M	H	H			

図7.4-3　DICTにおけるMTPDの推定

上記の表7.4-4及び表7.4-5に基づきDICTにおけるMTPDの推定を行った作業シートを図7.4-3に示す。WGでは、港湾機能停止の影響4項目のうちの優先すべき3

項目を選び、それぞれについてMTPDを推定し、RTO及びRLOを設定した。「近海・アジア航路の他港移転」は、韓国、中国、東南アジア向けのコンテナ航路がDICTにおける取扱貨物量の太宗を成すこと、また、「基幹航路に寄港取りやめ」は、DICTの大口使用者であるエバーグリーン社を繋ぎ止めることが出来なければDICTの将来の経営が成り立たないことから考慮されたものである。なお、MTPDとRTOの差分となるBCP発動及び復旧後の施設運用に係るリードタイムは合せて1日を見込んだ。

7.4.3. リスクアセスメント

(1) リスクの特定

RAの対象リスクとしてWGでは、南海トラフの巨大地震及び上町断層帯地震を選定し、DICTを含む港湾地帯及びその近傍において、震度7〜5弱、津波高さ5mを想定することとした。(図7.4-4参照)

これらは内閣府中央防災会議の想定による上町断層帯地震時の最大震度7及び南海トラフの巨大地震時に大阪港に襲来する津波高さの予測値を踏まえたものである[18)、19)]。

また、これらの外力に対して、WGでは上記のRTO及びRLOを踏まえて、DICTの機能復旧時の目標を表7.4-6の通り設定した。

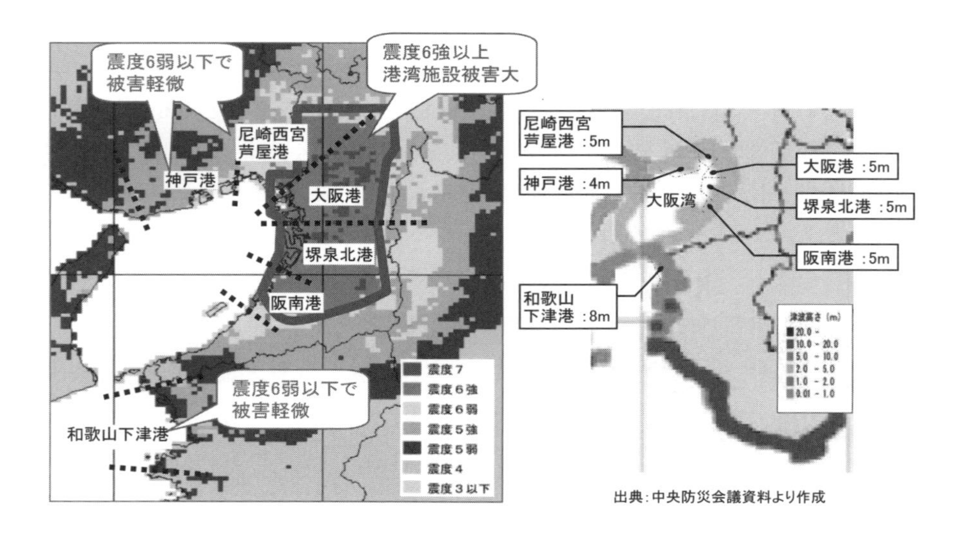

図7.4-4　大阪湾沿岸域の想定震度と津波高さ

表7.4-6　DICTのターミナル復旧目標

機能継続目標	1 発災時在港ｺﾝﾃﾅの滞留解消	2 近海・ｱｼﾞｱ航路の他港移転防止	3 基幹航路の寄港取りやめ防止
目標復旧時間（RTO）	6日	59日	89日
目標復旧水準（RLO）	内航ｺﾝﾃﾅ船やﾄﾗｯｸによる発災時ｺﾝﾃﾅの払い出し機能の確保	近海・ｱｼﾞｱ向けｺﾝﾃﾅ航路の再開（水深-12m、ｶﾞﾝﾄﾘｰｸﾚｰﾝ1基/ﾊﾞｰｽの確保等）	基幹航路の寄港再開（水深-15m、ｶﾞﾝﾄﾘｰｸﾚｰﾝ2基/ﾊﾞｰｽ確保 等）

（2）リスクの分析

本書第四章第2節で述べた手順に基づき、DICT運営に必要なリソースの脆弱性とレジリエンシーの評価を行った。評価は、分析作業チームは大阪港における各施設の位置や耐震性、地盤高さその他の属性を勘案してリソースの脆弱性とその復旧に要する時間（PRT）の見積もりを行い、WGにおいてその精査を行う形で進められた。途中、DICT運営責任者等からリソースの脆弱性に関する想定外の様々な懸念が示されたことから、標準的な脆弱性・レジリエンシーに加えて、最悪のシナリオのケースを併せて設定した。それらの作業結果の概要を表7.4-7に示す。

例えば機能継続目標1（発災時在港コンテナの滞留解消）を参照すると、機能継続目標に対応するPRLを満足するためには、外部供給系リソース、人的資源、設備・施設、情報システム、建物・オフィスのそれぞれのリソースについて、標準的なシナリオの場合、それぞれ最大で2日間、3日間、5日間、4日間、2日間を必要とするものと予想されるが、最悪のシナリオを想定すると、それぞれが最大14日間、7日間、30日間、10日間、14日間となり、PRTの値は飛躍的に増大する。最悪のシナリオでは耐震化し

表7.4-7　DICTのターミナル運営リソースのPRT

（単位：日）

運営資源の分類	機能継続目標1			機能継続目標2			機能継続目標3		
	資源数	標準ｼﾅﾘｵ	最悪ｼﾅﾘｵ	資源数	標準ｼﾅﾘｵ	最悪ｼﾅﾘｵ	資源数	標準ｼﾅﾘｵ	最悪ｼﾅﾘｵ
外部供給	4	2	7〜14	5	2	7〜14	5	2	7〜14
人的資源	7	2〜3	6〜7	18	5〜7	10〜15	18	5〜7	5〜7
施設・設備	10	3〜5	5〜30	24	30〜60	60〜180	24	30〜90	60〜180
情報ｼｽﾃﾑ	1	4	10	5	7〜35	14〜70	5	7〜35	14〜70
建物・ｵﾌｨｽ	4	2	5〜14	9	2	5〜14	9	2	5〜14
合計	26			61			61		

た施設に予想外の被害が生じたり、部分的な波高増大によって思わぬ場所で津波浸水が発生するなどの想定を行ったため、設備・施設や建物・オフィスといったハード系のリソースでPRTが著しく増大する結果となった。WGでは、最悪のシナリオはまず生じない事態であると考えられるものの、万一の場合にも想定の幅を広げておくことによって、必要以上に状況を悪化させない、クライシスマネジメントとしての意義を有すると評価された。

(3) リスクの評価

上記(2)で得られたDICTのターミナル運営リソースのPRTは、重要機能のRTOと比較することによってリスクの程度を評価することができる。(本書第四章第6節)すなわち、BIAで求めたRTOからは、機能継続目標1(発災時在港コンテナの滞留解消)では6日間、機能継続目標2(近海・アジア航路の他港移転防止)では59日間、機能継続目標3(基幹航路の寄港取りやめ防止)では89日間で所要の機能の回復を求められるということが想定されているが、現実のリソースの復旧に表7.4-7に示されたようなPRTの期間が必要であるため、両者の比較の結果PRT≦RTOが満足されなければ、なんらかの措置を講じることなしには、顧客である船社の離反を招く恐れが生じる。

ここで、PRTはリソース間の依存性を考慮したものでなければならない。DICTの運営リソースについてリソース間の依存性を考慮すると多くのリソースにおいてPRTが大きな値をとる。それ自体の復旧に要する時間よりも関連するリソースのPRTが大きいと、当該リソースのPRTは依存する資源のPRTに支配されてしまうからである。

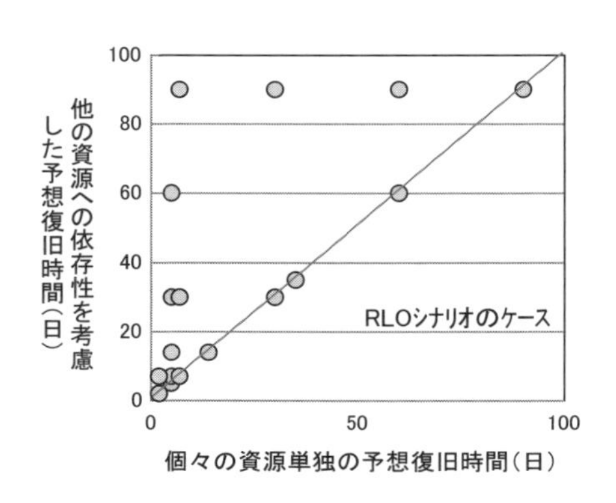

図7.4-5　資源単独での予想復旧時間と依存性の波及を考慮した場合の比較

図7.4-5はリソースの元々のPRTとリソース間の依存性を考慮した場合のPRT*を比較したものである。元々のPRTの値に依らずPRT*が著しく増大しているリソースがあることが分かる。

機能継続目標1～3について依存性を考慮したPRTをRTOと比較すると図7.4-6(a)~(c)のようになる。

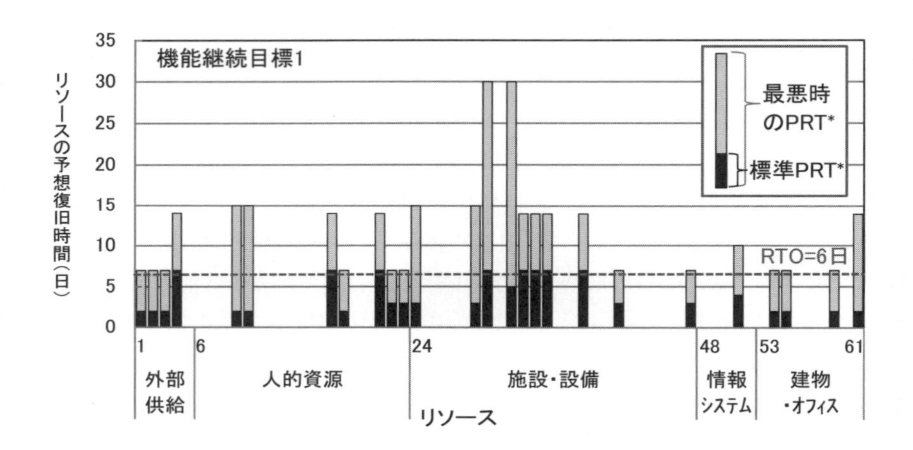

図7.4-6(a)　機能継続目標1についてのリスク評価

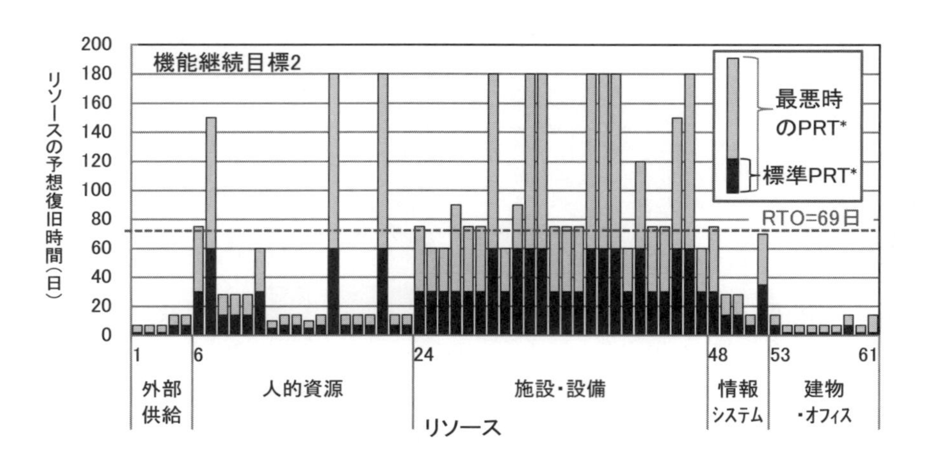

図7.4-6(b)　機能継続目標2についてのリスク評価

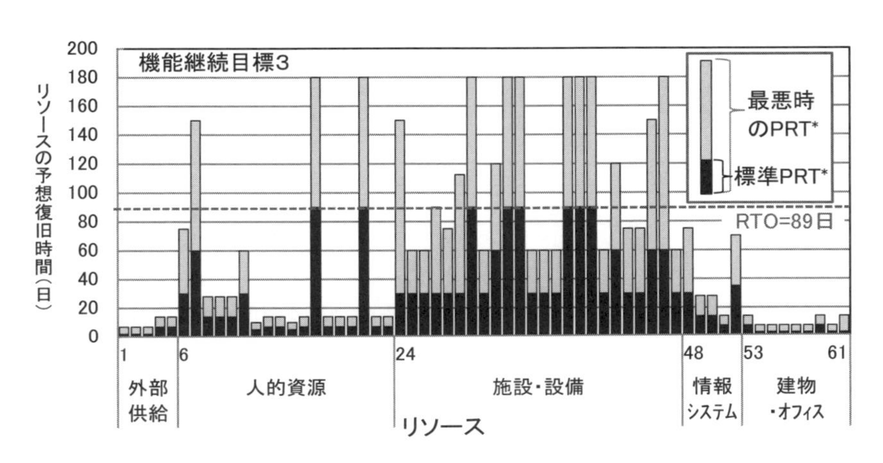

図7.4-6（c）　機能継続目標3についてのリスク評価

リソースの依存性を考慮した結果、機能継続目標2と3ではPRT*はそれほど変わらなくなるが、リスク評価基準のRTOには20日の差がある。このため機能継続目標3の達成は、機能継続目標2に比べて格段に困難の度合いが高いわけではないと言う結果となったが、機能継続目標3において要求される大型施設の復旧には時間を要することから、これらに関連するリソースにおいては一様にボトルネック率が100%となった。

図7.4-7及び表7.4-8に機能継続目標1～3についてのボトルネック度の分布を示す。

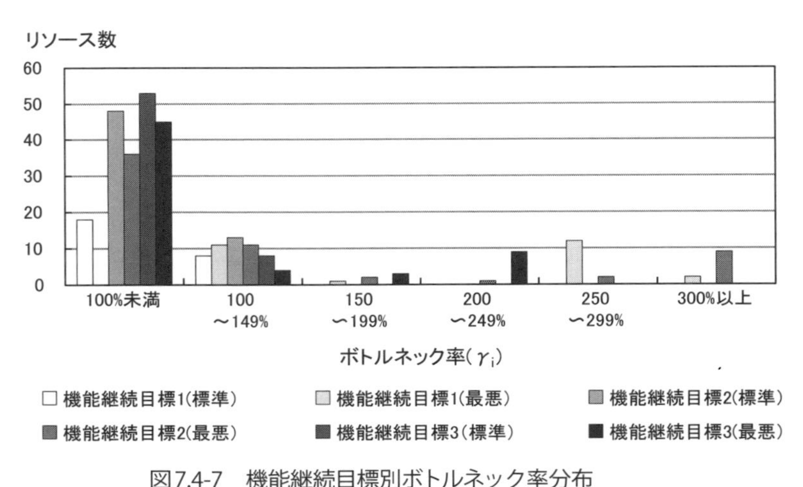

図7.4-7　機能継続目標別ボトルネック率分布

表7.4-8　機能継続目標別ボトルネック率一覧

ボトルネック率	目標レベル1		目標レベル2		目標レベル3	
	（標準）	（最悪）	（標準）	（最悪）	（標準）	（最悪）
100%未満	69.2%	0.0%	78.7%	59.0%	86.9%	73.8%
100～149%	30.8%	42.3%	21.3%	18.0%	13.1%	6.6%
150%以上	0.0%	57.7%	0.0%	3.3%	0.0%	4.9%

ボトルネック率が100%を超えリスク対応が必要となるリソースは、標準シナリオ下においては機能継続目標1について30%、機能継続目標2では21%、機能継続目標3で13%であるが、最悪のシナリオの場合、機能継続目標1で100%となる。このことは、発災時在港コンテナの滞留解消を目指す機能継続目標1はRTOが6日間しかないため、迅速なリソース復旧を実現しないと所与の目的を達成できず、また、リソースのどれかでの復旧上の不測の事態が生じるとそのインパクトが大きいことが分かる。

上記図7.4-7及び表7.4-8に示したリソースのボトルネックは、リスク対応策を講じ

表7.4-9（a）　ボトルネックリソースと対応策の例（発災時在港貨物の滞留解消時）（表4.6-2再掲）

危機のﾚﾍﾞﾙ1：発災時在港貨物の滞留解消　RTO（日）=5.5

ボトルネック資源	PRT*		ボトルネック率		PRT*削減目標率		リスク対応策（例）
	標準ｼﾅﾘｵ	最悪のｼﾅﾘｵ	標準ｼﾅﾘｵ	最悪のｼﾅﾘｵ	標準ｼﾅﾘｵ	最悪のｼﾅﾘｵ	
資源1	1	10	18%	182%		45%	①外部供給系リソース：バックアップ電源準備、受配電盤等高層階移転、貯水槽・貯油層増設等。 ②人的資源系リソース：業務バックアップ体制、港湾相互間の応援体制等の整備。 ③施設・設備系リソース：施設・設備の耐震化・免震化の実施、荷役機械等港間相互融通協定の締結、緊急復旧資器材の備蓄等。 ④ICTシステム系リソース：サーバー等バックアップ体制整備、緊急時の一部マニュアルオペレーション化の推進等。 ⑤建物・オフィス系リソース：建屋の耐震化・免震化、バックアップオフィスの準備等。
資源2	2	7	36%	127%		21%	
資源3	2	7	36%	127%		21%	
資源4	2	7	36%	127%		21%	
資源5	2	15	36%	273%		63%	
資源6	2	7	36%	127%		21%	
資源7	2	7	36%	127%		21%	
資源8	2	14	36%	255%		61%	
資源9	3	15	55%	273%		63%	
資源10	3	15	55%	273%		63%	
資源11	5	30	91%	545%		82%	
資源12	7	14	127%	255%	21%	61%	
資源13	7	14	127%	255%	21%	61%	
資源14	7	14	127%	255%	21%	61%	
資源15	7	30	127%	545%	21%	82%	
資源16	7	14	127%	255%	21%	61%	
資源17	7	14	127%	255%	21%	61%	
資源18	7	14	127%	255%	21%	61%	
資源19	7	14	127%	255%	21%	61%	

ることによってその影響の緩和が図られ、リスク対応戦略に組み込まれBCPに記載されることは第四章に掲げた表4.6-2及び第五章で述べたとおりである。ボトルネックとその対応策は機能継続目標（危機のレベル）毎に検討されるため、ここでは表7.4-9（a）～（c）に示すような3表が作成された。上述したように、ボトルネックは、RTOとPRTの比較で決まるため、ボトルネックとなるリソースの数は必ずしも機能継続目標が

表7.4-9（b）　ボトルネックリソースと対応策の例（近海・アジア航路の他港移転防止時）

危機のﾚﾍﾞﾙ2：近海・アジア航路の他港移転　RTO（日）=58.5

ボトルネック資源	PRT*		ボトルネック率		PRT*削減目標率		リスク対応策（例）
	標準シナリオ	最悪のシナリオ	標準シナリオ	最悪のシナリオ	標準シナリオ	最悪のシナリオ	
資源1	30	75	51%	128%		22%	（省略）
資源2	60	150	103%	256%	2%	61%	
資源3	30	60	51%	103%		2%	
資源4	60	180	103%	308%	2%	68%	
資源5	60	180	103%	308%	2%	68%	
資源6	30	75	51%	128%		22%	
資源7	30	60	51%	103%		2%	
資源8	30	60	51%	103%		2%	
資源9	30	90	51%	154%		35%	
資源10	30	75	51%	128%		22%	
資源11	30	75	51%	128%		22%	
資源12	60	180	103%	308%	2%	68%	
資源13	30	60	51%	103%		2%	
資源14	60	90	103%	154%	2%	35%	
資源15	60	180	103%	308%	2%	68%	
資源16	60	180	103%	308%	2%	68%	
資源17	30	75	51%	128%		22%	
資源18	30	75	51%	128%		22%	
資源19	30	75	51%	128%		22%	
資源20	60	180	103%	308%	2%	68%	
資源21	60	180	103%	308%	2%	68%	
資源22	60	180	103%	308%	2%	68%	
資源23	30	60	51%	103%		2%	
資源24	60	120	103%	205%	2%	51%	
資源25	30	75	51%	128%		22%	
資源26	30	75	51%	128%		22%	
資源27	60	150	103%	256%	2%	61%	
資源28	60	180	103%	308%	2%	68%	
資源29	30	60	51%	103%		2%	
資源30	30	75	51%	128%		22%	
資源31	35	70	60%	120%		16%	

表7.4-9（c）　ボトルネックリソースと対応策の例（基幹航路の他港移転防止時）

危機のレベル3：基幹航路の他港移転　RTO（日）:88.5

ボトルネック資源	PRT*		ボトルネック率		PRT*削減目標率		リスク対応策（例）
	標準シナリオ	最悪のシナリオ	標準シナリオ	最悪のシナリオ	標準シナリオ	最悪のシナリオ	
資源1	60	150	68%	169%		41%	（省略）
資源2	90	180	102%	203%	2%	51%	
資源3	90	180	102%	203%	2%	51%	
資源4	30	150	34%	169%		41%	
資源5	30	90	34%	102%		2%	
資源6	30	112.5	34%	127%		21%	
資源7	90	180	102%	203%	2%	51%	
資源8	60	120	68%	136%		26%	
資源9	90	180	102%	203%	2%	51%	
資源10	90	180	102%	203%	2%	51%	
資源11	90	180	102%	203%	2%	51%	
資源12	90	180	102%	203%	2%	51%	
資源13	90	180	102%	203%	2%	51%	
資源14	60	120	68%	136%		26%	
資源15	60	150	68%	169%		41%	
資源16	60	180	68%	203%		51%	

高い場合に多くなるとは限らない。表からわかるように、発災時在港貨物の滞留解消時に隘路となるリソースは8（最悪シナリオ時：19）、近海・アジア航路の他港移転防止時には13（最悪シナリオ時：31）、基幹航路の他港移転防止時には8（最悪シナリオ時：16）となり、最悪のシナリオを考慮すると近海・アジア航路の他港移転を防止しようとする際に最も多くのリソースがその隘路となる可能性があることが分かる。一方、標準シナリオのボトルネック率を見ると、発災時在港貨物の滞留解消時に隘路となる8リソースのボトルネック率が127%になっており、RTOが短いため着実にリソースの復旧を図ることの重要性が示されている。

ここではDICT（株）のターミナル運営上の詳細な経営情報に触れることから個別のリソースの名を伏せて分析結果を示したが、ここまでで述べた内容から、BIA及びRAを実施することによって事業継続上のリスク対応がより詳細かつ具体的に行いうることが容易に理解されよう。より実効性の高いBCPを作成するうえでBIA及びRAを組み合わせた分析を実施することの重要性がここに明らかになったと言える。

なお、上記分析作業においては、61のリソースを分析する必要が生じ、作業シートの作成、転写、修正等に多大な労力を要し、人力のみでの作業が困難となったため、エクセルシート上においてVBAマクロの支援を得て作業を行った。その概要については、小野らの研究成果を参照されたい[20]。

出典・参考資料（第七章関係）

1）八戸港BCP，青森県県土整備部港湾空港課，平成25年3月，（http://www.pref.aomori.lg.jp/soshiki/kendo/kowan/komiyamayoshiro.html）
2）青森港BCP，青森港港湾機能継続協議会，平成26年3月（http://www.pref.aomori.lg.jp/soshiki/kendo/kowan/komiyama_kanno.html）
3）高松港の機能継続のための対応指針及び活動指針，高松港連絡協議会，平成23年9月（http://www.pa.skr.mlit.go.jp/takamatsu/main/takamatsubcp/bcpmain.html）
4）東北広域港湾BCP（概要），東北広域港湾防災対策協議会，平成27年2月，（http://www.pa.thr.mlit.go.jp/kakyoin/effort/bousai/bousai001.html）
5）新潟港　港湾BCP，新潟港港湾BCP協議会，平成26年3月（http://www.pref.niigata.lg.jp/niigata_kouwan/1356783221260.html）
6）佐渡地域港湾BCP，佐渡地域港湾BCP協議会，平成26年3月（http://www.pref.niigata.lg.jp/sado_seibi/1356792223456.html）
7）金沢港災害時連携方策書，金沢港災害時連携協議会，平成26年3月
8）千葉港における東京湾北部地震発生時の震後行動，千葉港BCP連絡協議会，平成26年6月（http://www.pref.chiba.lg.jp/kouwan/chibanokouwan/kouwankeikaku/kouwanbcp.html）
9）木更津港における東京湾北部地震発生時の震後行動，木更津BCP連絡協議会，平成26年6月
10）清水港地震災害対策マニュアル，清水港地震災害対策協議会，平成16年3月
11）清水港みなと機能継続計画（案），清水港防災対策連絡協議会，平成27年2月
12）大規模災害時における港湾活動の維持・早期復旧に向けた大阪湾BCP（案），大阪湾港湾機能継続計画推進協議会，平成26年3月（http://www.pa.kkr.mlit.go.jp/information/kouikibousai.html）
13）赤倉康寛，小野憲司，渡部富博，川村浩：大規模地震・津波後の国際海上コンテナ貨物の代替港湾推計と港湾BCPへの適用，平成27年度京都大学防災研究所年報．No.58B,pp.26-34,2015年9月
14）赤倉康寛，小野憲司，渡部富博，川村浩：広域港湾BCPのための大規模地震・津波後の代替港湾の推計，土木学会論文集B3（海洋開発），Vol71，No2，pp.I_689-I_694，2015.
15）井山繁，渡部富博，後藤修一：犠牲量モデルを用いた国際海上コンテナ貨物流動分析モデルの構築，土木学会論文集B3（海洋開発），pp.I_1181-I_1186，2012.
16）DICT施設案内，夢洲コンテナターミナル株式会社（http://dict-tml.co.jp/sisetu.html）
17）小野憲司，滝野義和，篠原正治，赤倉康寛：港湾BCPへのビジネス・インパクト分析等の適用方法に関する研究，土木学会論文集D3（土木計画学）Vol.71，No.5（土木計画学研究・論文集第32巻），pp.I_41-I_52，2015.
18）南海トラフの巨大地震モデル検討会（第二次報告）資料，平成24年8月29日
19）中部圏・近畿圏の内陸地震に関する報告，中央防災会議 東南海、南海地震等に関する専門調査会，平成20年12月12日
20）小野憲司，皆川幸弘，海野敦，赤倉康寛：港湾における事業継続計画策定のための分析支援ツールの開発，土木学会論文集F6（安全問題）vol.71，No.2特集号，平成27年11月

あとがき

本書では、港湾における事業継続計画(BCP)策定時に行うことが求められる事業影響度分析(BIA)やリスクアセスメント(RA)の手法を中心に港湾におけるBCPの作成と実践のための方法論の解説を試みた。特に、BCPやBCMに関する一般の解説書では詳細には扱ってこなかったBIAやRAの実務について、港湾を事例として具体的な手順と手法を可能な限りていねいに解説することに努めた。本書で紹介した業務フロー分析や作業シートを用いた分析方法は、手順が煩雑で手数がかかるとも見えるが、「急がば回れ」である。BCP検討の現場において、誰もが容易に理解し、実行し、周囲に説明できる平易な分析ツールとして活用されることを期待している。

BCPが求める的確なリスク管理を実践するためには、災害時に遭遇すると思われる様々な事態を先入観にとらわれることなく的確に予想し、取りうる対応策を可能な限り抽出し、事態に合わせて最適に対処していく必要がある。

BCPの作成に求められる「誰もが参加するBCP造り」のためには、分析者でなくとも、またその場にいなくても、後日その分析の内容が容易に理解されることが重要ではないかと考える。そのことがより多くの者の分析作業への参加を促すからである。

また、よりよいBCPを作成するためのPDCAサイクルでは、分析の詳細な記録やデータが組織内部で継承される必要がある。それらの情報に基づいてBCPの見直し作業が行われるからである。

さらにマネジメントを行う管理者・経営者には、こういった分析の結論だけでなく過程についても「絵」としてごらんいただき、詳細はともかく全体像を俯瞰していただくことをお勧めしたい。BCMではリーダーシップの役割が重視されるが、真のリーダーシップとは状況を的確に把握し、それと率直に向き合い、最適の判断を下し、自らが率先して行動することである。よくある「部下任せ」、「下請け任せ」はリーダーシップの対極にあり、とりわけBCMのようなリスクへの準備と対応のための管理者・経営者の行動の在り方とは相容れないものと考えるべきであろう。

本書で述べたBIAやRAに関する分析の手順や方法論、ツールが、BCPのためのシステマティック(体系的)な分析手法として、上記の要請に寄与できればこの上ない幸せである。

一方で本書では、分析の手続きや手法の論理的妥当性を検証するため、数式や記号を用いた記述も敢えて行った。第三章のリソースの依存性マトリックスの概念やその波及効果の追跡手順、第四章のリスク評価等の解説である。これらは実務者にとってすべてを理解する必要はなく、併記された事例や定性的な説明、コラムなどを参照し、必要な範囲で手続きや方法論のイメージアップにお使いいただくことを期待する。

本書の内容は、2014年度に国土交通省港湾局が設置した「港湾におけるBCP策定ガイドライン検討委員会」における検討結果及び2012年度に京都大学防災研究所に設置された産官学共同研究部門（港湾物流BCP研究分野）における研究成果に基づく。特に、防災研究所における研究成果は、共同研究部門代表研究者の多々納裕一教授のご指導によるものである他、熊谷兼太郎准教授からも示唆を頂いた。

また、本書の執筆に当たっては、国土交通省港湾局、東北地方整備局及び近畿地方整備局の港湾空港部その他関係機関や作業に携わったコンサルタントから多くの資料の提供を受けた。

特に、港湾BCPガイドラインの解説・解釈に関する記述については、海岸・防災課のアドバイスを頂戴した他、第一章の執筆にあたっては、横浜国立大学統合的海洋教育・研究センターの宮本卓次郎教授、及び国土技術政策総合研究所（国総研）港湾研究部の安倍智久室長のこれまでの研究成果によるところが大きい。宮本教授にはコラムへのご寄稿もいただいた。

本書の中核となる第三章及び第四章の記述内容は2014年〜2015年にかけて著者らが学会誌や英文ジャーナルに投稿した論文によるものである。議論に加わり連名者となっていただいた阪神国際港湾株式会社の篠原正治理事、前JICAチリ専門家の滝野義和氏、チリ国バルパライソ大学のフェリッペ・カセリ氏には多大なご貢献をいただいた。

とりわけ、港湾施設のリスクアセスメント手法の取りまとめに際しては、国総研港湾研究部の宮田正史室長、本多和彦主任研究官並びに国立研究開発法人港湾空港技術研究所海洋情報・津波研究領域 富田孝史領域長その他の方々から様々なご示唆、情報を頂いた。特に富田領域長には、本書の狙いである港湾におけるBCP作成のためのBIA及びRA手法開発のきっかけとなったSATREPSチリプロジェクトのプロジェクトリーダーとして、様々な場面で筆者らの背中を強く押していただいた。

さらに、第六章及び第七章での代替港湾の推計は、国総研港湾研究部にて開発された犠牲量モデルを基礎としており、渡部富博室長には多くのご協力をいただいた。

また第七章における夢洲コンテナターミナルでのケーススタディの実施にあたっては、

同株式会社取締役・事業所長の水城裕文氏及び特別顧問の後藤毅氏の全面的なご協力をいただいたのみならず、ケーススタディの結果の本書への掲載についてもご快諾を頂いた。ケーススタディにおける分析作業では一般財団法人みなと総合研究財団の神野竜之介研究員の協力を得た。

公益社団法人日本港湾協会には、日本の主要な港湾においてBCPの作成やBCMの実行に携わられている関係者の皆様に業務の一助となるような情報とデータをお届けすると言う本書のミッションにご賛同いただき、本書の執筆の最初の段階からともに企画を練り、アドバイスをいただき、最後には発行者になっていただいた。特に同協会港湾政策研究所所長代理の諸星一信氏のあと押しなしには本書は生まれなかった。また本書の執筆における原稿の整理や作図表に関しては、港湾物流BCP研究分野秘書の横尾眞由美さん及び西川洋子さんの手を煩わせた。本書の上梓にあたっては株式会社ウェイツの中井健人さん及び飯田慈子さんの全面的なバックアップを頂いた。特に飯田さんには本書のレイアウト、校正に多大なご苦労を頂いた。

これらのすべてのご指導・ご鞭撻、ご支援、ご協力がなければ本書を刊行することは叶わなかった。発刊にあたって上記の関係者の皆様方に心より感謝する。

小野 憲司
赤倉 康寛
角　浩美

用語集

IDEF0（Integration Definition for Process Modelling）〔第三章4節など〕

業務プロセスの記述・モデル化手法の一つ。米国オクラホマ州空軍基地の研究チームによって開発された。企業、組織の業務プロセスを機能（アクティビティ）という観点から階層化して表記するモデリング手法で、複雑な業務プロセスを単純な箱の図形（仕事カード）と4種類の矢印で体系的に表す。

基幹航路〔第三章3節、第四章4節、第七章4節など〕

本書における基幹航路は、北米・欧州–日本間に就航するフルコンテナ船航路を指す。北米はアメリカ・カナダを、また欧州は東ヨーロッパ諸国を含む。

近海・アジア航路〔第三章3節、第四章4節、第七章4節など〕

本書における近海・アジア航路は、中国、韓国等の東アジア・東南アジア・南アジア—日本間に就航するフルコンテナ船航路を指す。

危機的事象（インシデント）〔第二章2節、第四章1節、3節など〕

企業・組織の事業（特に製品・サービス供給）の中断をもたらす可能性がある自然災害、感染症のまん延（パンデミック）、テロ、ストライキ等の事件、機械故障、大事故などの事象を指す。港湾BCPにおいては、自然災害（地震・津波、台風・高潮）をはじめとした、港湾機能の低下をもたらす危機的な原因となる事象を指す[1)]。

機能継続目標〔第三章3節、第四章4節、第七章4節など〕

重要業務の復旧時に、目標として掲げる製品・サービス提供のレベル、または事業活動のレベルを達成するための必要となるリソースの量と質、機能の水準等。

機能復旧オプション〔第五章など〕

本書では、リソースの予想復旧時間（PRT）が重要機能の目標復旧時間（RTO）を超過している場合に、PRTの値を削減するための、①港湾施設の耐震強化等による物流機能の頑健性強化、②早期復旧体制の事前準備による早期機能回復、③代替港湾機能確保によるリダンダンシーの拡大等の対策を機能復旧オプションと呼んでいる。

港湾BCP協議会〔第二章2節、第六章2節など〕

港湾BCPの策定主体及び港湾BCPに基づくマネジメント活動の実施主体[1)]。

国際標準化機構（ISO：International Organization for Standardization）〔第二章1節など〕

各国の代表的標準化機関からなる国際標準化機関であり、電気、電子技術及び通信分野を除く全産業分野（鉱工業、農業、医薬品等）に関する国際規格の開発・改正を実施[2]。

最大許容停止時間（MTPD：Maximum Tolerable Period of Disruption）〔第二章2節、第三章3節など〕

製品・サービスを提供しない、または事業活動を行わない結果として生じる可能性のある悪影響が許容不能な状態になるまでの時間[3]。

サプライチェーン（Supply Chain［供給網］）〔第一章など〕

供給者から消費者までを結ぶ、開発・調達・製造・配送・販売の一連の業務のつながりのこと。サプライチェーンには、供給業者、メーカー、流通業者（卸売業者）、小売業者、消費者などが関係する[2]。

サプライチェーンマネジメント（SCM：Supply Chain Management）〔第一章など〕

取引先との間の受発注、資材・部品の調達、在庫、生産、製品の配達などを統合的に管理、効率化し、企業収益を高めようとする管理手法[2]。

事業影響度分析（BIA：Business Impact Analysis）〔第三章など〕

事業の中断による、業務上や財務上の影響を確認するプロセスのこと。重要な事業・業務・プロセス及びそれに関連する経営資源を特定し、事業継続に及ぼす経営等への影響を時系列に分析を行う。例えば、①重要な事業の洗い出し、②ビジネスプロセスの分析、③事業継続に当たっての重要な要素（ボトルネック）の特定、④復旧優先順位の決定、⑤目標復旧時間・目標復旧レベルの設定の手順を踏む[2]。

事業継続計画（BCP：Business Continuity Plan）〔第一章3節、第二章など〕

大地震等の自然災害、感染症のまん延、テロ等の事件、大事故、サプライチェーン（供給網）の途絶、突発的な経営環境の変化など不測の事態が発生しても、重要な事業を中断させない、または中断しても可能な限り短い期間で復旧させるための方針、体制、手順等を示した計画のこと[2]。

なお、港湾の事業継続計画（港湾BCP）については、「危機的事象による被害が発生しても、当該港湾の重要機能が最低限維持できるよう、危機的事象の発生後に行う具体的な対応（対応計画）と、平時に行うマネジメント活動（マネジメント計画）等を示した文書のこと」と定義されている[1]。

事業継続マネジメント（BCM：Business Continuity Management）〔第一章3節、第二章など〕

BCP策定や維持・更新、事業継続を実現するための予算・資源の確保、対策の実施、取組を浸透させるための教育・訓練の実施、点検、継続的な改善などを行う平常時からのマネジメント活動のこと。経営レベルの戦略的活動として位置付けられる[2]。

事業継続マネジメントシステム（BCMS：Business Continuity Management System）〔第二章1節、第六章3節など〕

事業継続を実現するためのマネジメントシステムのこと。ここでマネジメントシステムは、経営者が参加し実施されるPDCAサイクルのような経営におけるひとつの標準化された手法と定義される[2]。

重要機能〔第二章2節、第三章など〕

当該港湾において、優先的に機能継続を図る必要がある港湾機能のこと[1]。

需給ギャップ〔第一章3節、第五章3節など〕

港湾BCPにおける需給ギャップの概念は、港湾における貨物取扱需要と輸出入手続き等を含む貨物処理能力の乖離として定義される。

ステークホルダー〔第六章1節など〕

ある決定事項または活動に影響を与え得るか、その影響を受けうるか、またはその影響を受けると認識している個人または組織[3]。

港湾BCPにおいては、港湾のパフォーマンスにビジネス上の関心を持つ者またはその社のビジネスに影響があるか、あると考えている荷主や船社等を指す。

対応計画〔第二章2節、第六章3節など〕

危機的事象の発生後に行う具体的な対応（「初動対応」、「緊急輸送対応」、「機能継続に関する対応」）を示した文書のこと[1]。

DICT（Dream International Container Terminal）〔第三章3節、第四章4節、第七章4節など〕

大阪港夢洲地区に位置する夢島コンテナターミナルまたは同株式会社の略称。

トップマネジメント〔第六章5節など〕

最高位で組織を指揮し、統制する人またはその集団。

注記1：トップマネジメントは、組織内で、権限を委譲し、資源を供給する権力を持っている。

注記2：マネジメントシステムの適用範囲が組織の一部だけを対象とする場合、トップマネジメントとは、その組織の当該の一部を指揮し、統制する人々を指す。

ハザード（Hazard）〔第一章3節など〕

危険の原因となるもの。危険物・障害物。自然災害における地震、津波、洪水等を含む。

PDCAサイクル〔第二章2節、第六章4節など〕

港湾BCPを策定し（Plan）⇒周知・教育・訓練を行い（Do）⇒その結果から問題点や不備を抽出・チェック・検証し（Check）⇒改善や見直しを行う（Act）というBCPの見直し、改善プロセス。PDCAサイクルを重ねることによって、より実効性の高い事業継続が可能となるほか、さまざまなインシデントや状況の変化にも備えることが可能となる。このようなプロセスや運用手法は事業継続マネジメント（BCM）と呼ばれる。

マネジメント計画〔第二章2節、第六章4節など〕

危機的事象の発生後に行う対応が適切に行われるよう、平時において継続的に取り組むマネジメント活動(「事前対策」、「教育・訓練」、「見直し・改善」)を示した文書のこと[1]。

目標復旧時間（RTO：Recovery Time Objective）〔第二章2節、第三章3節など〕

インシデントの発生後、次のことまでに要する時間[4]。

– 製品またはサービスが再開されなければならない、または

– 事業活動が再開されなければならない、または

– 資源が復旧されなければならない。

注記：製品、サービス及び事業活動について、目標復旧時間は、製品・サービスを提供しない、または活動を行わない結果として生じる悪影響が許容できなくなるまでの時間（MTPD）よりも短くなければならない。

目標復旧水準（RLO：Recovery Level Objective）〔第二章2節、第三章3節など〕

重要業務の通常のサービスレベルまたはその低下の許容限界。

予想復旧時間（PRT：Predicted Recovery Time）〔第二章2節、第四章4節、5節など〕

危機的事象の発生による人員・資機材に対する被害（入手可能時間の遅れなども含む）を前提とした「現状で可能な復旧時間」[1]。

予想復旧水準（PRL：Predicted Recovery Level）〔第二章2節、第四章4節、5節など〕

危機的事象の発生による人員・資機材に対する被害等を前提とした「現状で可能な復旧水準」[1]。

リスクアセスメント（Risk Assessment）〔第二章2節、第四章など〕

リスク特定、リスク分析、リスク評価のプロセス全体[4]。

事業中断の原因となる発生事象（インシデント）を洗い出し、それらの発生の可能性と影響度を評価することで優先的に対応すべき発生事象を特定し、当該発生事象により生じるリスクがもたらす被害等の分析・評価を実施すること[2]。

リスク対応計画〔第五章1節、第五章など〕

機能復旧オプションを組み合わせて作成したリスク対応実施のための計画。対策実施のための方針や技術的検討、行程表等を含む。

リスク対応戦略〔第五章など〕

リスク対応計画が目指す軽減策に加えて、重要機能の継続をあきらめる（回避）、保険を掛けたり事業そのものをアウトソーシングする（転嫁）、特段の対策を講じないでそのままにしておく（受容）と言ったより広い見地に立った経営判断を含む戦略。リスク対応計画が実行できないうちにインシデントが発生した場合等の最悪の事態をも念頭に置いた広範な選択肢やクライシスマネジメント、またリスクを事業拡大のチャンスととらえた積極的な経営戦略も含む。

リスクマッピング（Risk Mapping）〔第二章2節、第四章3節など〕

インシデント発生の可能性及び発生した場合の影響度の二軸の図にマッピングをすること[2]。

リスクマネジメント（Risk Management）〔第四章、第五章など〕

リスクについて、組織を指揮統制するための調整された行動[4]。

リスクを予想し、リスクが現実のものになってもその影響を最小限に抑えるように工夫すること。一般的にリスク克服に関するマネジメント、ノウハウ、システム、対策などを意味する[2)]。

リソース（資源）〔第二章2節、第三章3節、第四章4節など〕

組織が業務を運営し、目的を達成するために、必要なときに使用できる状態になければならないすべての資産、人員、技能、情報、テクノロジー（工場及び設備を含む）、土地、供給品及び情報（電子的か否かを問わず）[4)]。

本書では、業務処理資源及び制御資源から構成される直接資源並びに直接資源が依存性を有する間接資源の総称。

リソースの脆弱性分析〔第四章4節、5節など〕

「災害は、危険現象が脆弱性と出会うことで起こる（Disasters occur when hazards meet vulnerability）」といわれる。本書では、重要機能の継続に必要なリソースに関するリスクの特定と分析にあたって、その被害の程度を見積もる過程を脆弱性分析と呼んでいる。

リソースのレジリエンシー評価〔第四章4節、5節など〕

本書のリスクアセスメントでは、リソースの機能復旧や供給の回復に要する時間（＝PRT）を予想することとしており、これをリソースの復元性（レジリエンシー）評価と呼ぶこととしている。

レジリエンシー（Resiliency）〔第三章3節、第四章4節など〕

企業や組織が事業停止をおこしてしまうような事態に直面したときにも、受ける影響の範囲を小さく抑え、通常と同じレベルで製品・サービスを提供し続けられる能力のこと。BS25999では、「インシデントに影響されることに抵抗する組織の能力」と定義。

引用・参考

1）国土交通省港湾局：港湾の事業継続計画策定ガイドライン，平成27年3月27日
2）内閣府防災担当：事業継続ガイドライン 第三版−あらゆる危機的事象を乗り越えるための戦略と対応−，平成25年8月
3）中島一郎，渡辺研司，櫻井三穂子，岡部紳一：ISO22301：2012事業継続マネジメントシステム要求事項の解説（Management System ISO SERIES），一般財団法人日本規格協会，2013年
4）ISO22301：Societal security-Business continuity management systems-Requirements，英和対訳版，2012年6月15日修正版，一般財団法人日本規格協会

付録

Ⅰ. BCP検討のための作業シートテンプレート

A. BIA用作業シートのテンプレート

●作業シート01：重要機能のスクリーニング

作成年月日： 年 月 日
作成者：①部局： ②氏名：

ｽｸﾘｰﾆﾝｸﾞの基準		対象業務の名称と評価					
視点	インパクトまたは脅威						
総得点							
BCPの重要機能としての特定/非特定		特定/非特定	特定/非特定	特定/非特定	特定/非特定	特定/非特定	特定/非特定

影響度：A=高い［2点］，B=普通［1点］，C=低い［0点］）

補足説明）事業を実施する者にとって災害とは、その活動に必要な「リソース（資源）」が失われ、または利用が制約されることを意味する。従って、災害後であっても事業主体が存続していくため、限られたリソースを生産やサービスの提供のための活動にどうふり向けるかがBCPを検討する際には大きな課題となる。このような観点から、BIAの実施の最初のステップとして、事業者が災害後も存続していく上で最も重要な1ないし複数のビジネスを重要機能（コア・ビジネス）として絞り込む必要がある。

本作業シートは、一般の企業BCP作成時によく用いられる重要機能の特定のための様式で、事業を構成する主な業務について、それらの業務が事業主体にとってどのような重要性を持つかを検討するためのものである。一般に「視点」の欄には、将来の発展性や競争力、市場シェア、収益性、損失/賠償、顧客の信頼性等の項目が選ばれる場合が多い。また、「インパクトまたは脅威」の欄では、これらの項目ごとに、業務が停止した場合にどのような負のインパクトが発生するかをあらかじめ設定しておく。これらの「スクリーニングの基準」に従って、それぞれの主要な業務について、負のインパクトの度合いを、A=高い［2点］、B=普通［1点］、C=低い［0点］で採点し表に記入していく。

港湾物流についてのスクリーニング基準としては、以下のようなものが考えられる。

港湾物流における重要機能のスクリーニング基準の例

視点	インパクトまたは脅威
将来の発展性	①港湾貨物量、旅客輸送、その他のターミナルの事業活動に悪影響。 ②国内外におけるターミナルの市場戦略に悪影響。
港湾の競争力	近隣港湾や陸上輸送との競争力を喪失。
市場シェア	港湾貨物取扱いの停止によって出荷の減少や迂回輸送を余儀なくされる荷主企業が国内外で市場競争に敗退、業務縮小。
収益性	ターミナルが扱う収益性の高い顧客や貨物を喪失。
損失/賠償	港湾ｻｰﾋﾞｽ停止に伴う収益減少や荷主への補償・賠償によってターミナルの財務体質が悪化。
顧客の信頼性	船社等利用者の信頼性の喪失。

●作業シート02：業務フロー分析結果

重要機能　（　　　　　　　　　　　）
事業活動数　（　　　　　　　）

作成年月日：　　　年　　月　　日
作成者：①部局：　　　　②氏名：

事業活動番号	業務活動
A1	
A2	

補足説明）本作業シートには、業務フロー分析から得られた一連の業務活動を一覧表示する。

●作業シート 03：業務活動に必要なリソースの抽出

作成年月日：　　年　　月　　日
作成者：①部局：　　②氏名：

番号	事業活動	制御	制御機関	入力	出力	直接資源	
						制御資源	業務処理資源
A1							
A2							

補足説明）本作業シートでは、業務フロー分析によって抽出された、ｉ）業務の処理に直接用いられるリソース（業務処理資源）及びii）制御に用いられる資源（制御資源）を、業務活動毎に直接必要な資源（直接資源）として重複を除いて整理する。

●作業シート 04：業務活動に必要なリソースの分類

作成年月日：　　年　　月　　日
作成者：①部局：　　②氏名：

番号	業務活動	制御	制御機関	入力	出力	直接資源（制御資源及び業務処理資源）				
						外部供給	人的資源	施設・設備	情報・通信	建物・オフィス
A1										
A2										

補足説明）本作業シートでは、作業シート3で抽出された直接資源を、㋐外部供給（OS）、㋑人的資源（HR）、㋒施設・設備（FE）、㋓情報通信（ICT）、㋔建物・オフィス、5分類に仕分ける。資源の分類作業を行うことによって、資源の管理や資源確保上の隘路の発見等の以降の作業が容易となることが期待される。

●作業シート 05：リソース相互の依存関係の抽出

作成年月日：　　　年　　　月　　　日
作成者：①部局：　　　　　②氏名：

資源分類	No.	直接資源	資源管理者	間接資源				
				外部供給	人的資源	施設・設備	情報・通信	建物・オフィス

補足説明）本作業シートでは、資源分類別に整理された直接資源について、これらのリソースが業務活動に有効に利用される上で依存関係を有する他のリソース（依存資源）を、外部供給、人的資源、施設・設備、情報通信、建物・オフィスの5分類に分けて抽出する。依存資源には、他の直接資源のほかに、直接資源以外の資源（間接資源）が含まれる。

●作業シート 06：リソースの相互依存マトリックス

作成年月日：　　　年　　　月　　　日
作成者：①部局：　　　　　②氏名：

資源分類	No.	直接資源及び間接資源	依存資源	OS	OS	OS	HR	HR	…	…	…			
				1	2	3	1	2						
				電力	水道	電話	…	…						
OS	1	電力												
OS	2	水道												
OS	3	電話												
HR	1	…												
HR	2	…												

補足説明）作業シート6では、表の1~3列目に分類別の直接資源及び間接資源を分類別に記入し、4列目には作業シート5において抽出された依存資源をまとめて記入する。また表の5列目以降、1~3行目には1～3列目の資源分類、No.、リソース名を横方向に記入する。表の5列目、4行目から始まるマトリックス部には、3列目のリソースが3行目のリソースに依存関係を有するとき「1」、有しない時は「0」を記入し、直接資源の依存関係マトリックスを作成する。

●作業シート07：重要機能のMTPD並びにRTO及びRLOの決定

作成年月日：	年	月	日
作成者：①部局：		②氏名：	

［対象］

重要機能名	（○○コンテナターミナルの運営）
主な利害関係者	

［港湾機能停止による影響度指標］

港湾機能継続目標（危機）	小（L）	中（M）	大（H）
	(例)影響は無し、または限定的	(例)影響は一時的で、回復可能	(例)影響が長期化、回復困難

［リードタイム］

BCP発動（日）	施設供用準備(日)

No.	港湾機能継続目標（危機）	港湾機能停止による影響度評価							顧客の許容度評価		
		3日以内	1週間以内	2週間以内	1ヶ月以内	2ヶ月以内	3ヶ月以内	半年以内	MTPD（日）	RTO（日）	RLO
1											
2											
3											
4											

補足説明）作業シート7では、MTPDの決定とこれに基づくRTO、RLOの算定を以下の手順で行う。

①［対象］の欄には、重要機能の名称と荷主、船社等の主な利害関係者名を記入し、事業継続の要請がどこから寄せられるかを明らかにしておく。

②［港湾機能停止による影響度指標］の欄では、まず、主要な利害関係者の要請を付度しつつ、重要機能の将来性に最も重要な事項（港湾機能継続目標）を選定した上で、影響度指標を「小」、「中」、「大」と大まかに決定する。

③［リードタイム］の欄では、BCP発動までに要すると考えられる時間及び施設・設備等の機能が回復した後に港湾物流サービスの用に供するまでの時間遅れを記入する。

④港湾機能継続目標毎に、港湾機能停止による影響度評価を行い、影響度が「中」から「大」に変わる時点をMTPDとする。MTPDからリードタイムを差し引いて、RTOを算定する。

⑤港湾機能継続目標毎のRLOは、民間企業のBCPにおいては、しばしば稼働率（%）等のマクロな指標で示されるが、港湾物流においては、それぞれの港湾機能継続目標が対象とする船舶の大きさや荷役形態に応じた具体の施設、機能、サービス等の内容を記入する必要がある。

●作業シート 08：重要機能の詳細RLOの決定

作成年月日：　　年　　月　　日
作成者：①部局：　　　②氏名：

［主要な機能継続目標］

No.	港湾機能継続目標	目標機能復旧時間（RTO：日）	目標機能復旧水準（RLO）
1			

	業務活動区分	業務活動区分別の具体のRLO	機能回復を要求されるリソースの項目／復旧ﾚﾍﾞﾙ				
			外部供給	人的資源	施設・設備	情報・通信	建物・ｵﾌｨｽ
A1							
A2							

補足説明）作業シート８では以下の手順で港湾機能継続目標毎のRLOを達成するための資源を抽出する。

①平常時を念頭に置いて作成した業務フロー図からRLOの達成上必要な業務活動、処理資源、制御以外のものを消去し、港湾機能継続目標毎の業務フロー図を作成する。

②上記①の業務フロー図に基づいて業務活動毎に必要となるリソースを抽出し、資源分類欄にその必要水準（RLO）とともに記入する。

●作業シート 09: 港湾機能継続目標別、分類別リソースの一覧

作成年月日：　　年　　月　　日
作成者：①部局：　　　②氏名：

港湾機能継続目標　No.　(　　　　　)

外部供給資源数：(　　　)		人的資源数：(　　　)		施設・設備資源数：(　　　)	
必要リソース	リソースのRLO	必要リソース	リソースのRLO	必要リソース	リソースのRLO

情報・通信資源数：(　　　)		建物・ｵﾌｨｽ資源数：(　　　)	
必要リソース	リソースのRLO	必要リソース	リソースのRLO

B. リスク評価用作業シートのテンプレート

●作業シート10：リソースの整理（平常時及び港湾機能継続目標別）

作成年月日：　　　年　　　月　　　日
作成者：①部局：　　　　　　②氏名：

			港湾機能継続目標1		港湾機能継続目標2		港湾機能継続目標3	
資源分類	No.	平常時の必要リソース	リソースの要・不要	リソース別の復旧水準	リソースの要・不要	リソース別の復旧水準	リソースの要・不要	リソース別の復旧水準

補足説明）作業シート10では、作業シート5までの作業で抽出・整理した平時の業務遂行に必要とされるリソースと、作業シート8及び9で整理した港湾機能継続目標別リソースを1表上で対比するものである。表の1~3列に並べられた平常時のリソースに対して、4列以下では各港湾機能継続目標別にそのリソースが必要とされるか否かと言う情報と、必要とされる場合にあってはその復旧水準（RLO）を記入する。

●作業シート11：運営リソースの脆弱性評価

作成年月日：　　　年　　　月　　　日
作成者：①部局：　　　　　　②氏名：

			ハザードの内容	港湾運営リスク	
資源分類	No.	平常時の必要リソース		リソースの被害想定	機能喪失／低下の内容

補足説明）作業シート11では、平時の業務遂行に必要とされるリソースについて、リソースに対するBCPが想定するハザードの具体の作用内容と、その結果としてリソースがこうむる可能性のある被害の想定及びそれが業務遂行機能に及ぼす影響を整理する。これらの情報を基に、以降の作業ではそれぞれの資源についてRLOを満たすための復旧時間（予想復旧時間）の見積りを行う。

●作業シート12：機能復旧戦略

作成年月日：　　　年　　月　　日
作成者：①部局：　　　　②氏名：

	港湾機能継続目標			（1～3を記入）				
資源分類	No.	平常時のリソース	機能復旧の要請		機能復旧戦略			
			復旧の要・不要	復旧目標（RLO）	具体の復旧方法案	復旧予想時間（PRT：日）	復旧に要する費用（百万円）	推奨改善策（緊急機能復旧/代替機能復旧）

補足説明）本作業シートでは、作業シート10及び11の情報に基づき、各資源の予想復旧時間をRLO毎に求める。その際、RLO達成のための具体の復旧方法や復旧に要する費用、そのために必要となる事前準備や制度的枠組み等を推奨される改善策として記入しておくと、より円滑で効率的、効果的なBCPの実施が期待できる。本シートは、港湾機能目標毎に作成する必要がある。

●作業シート13：依存性を考慮した予想復旧時間と隘路度の算定

作成年月日：　　　年　　月　　日
作成者：①部局：　　　　②氏名：

資源分類	No.	直接資源及び間接資源	資源の予想復旧時間（PRT）	依存資源														PRT*	機能継続目標：		①1.　2.　3.	
																			標準シナリオ		最悪シナリオ	
																			目標復旧時間（RTO）＝		②	
				④															資源の要不要	ボトルネック率	資源の要不要	ボトルネック率
		③		⑤																		

注）PRT*：他資源への依存性を考慮した予想復旧時間

補足説明）本表は、作業シート6で作成した資源の相互依存マトリックスを用いて、個々のリソースの予想復旧時間（PRT）を依存性を考慮した予想復旧時間（PRT*）に変換し、機能継続目標別のRTOと比較するための作業シートである。具体の作業としては、

（a）①欄の機能継続目標を番号で選定し、②欄に対応するRTOの値を作業シート7から転記する。

（b）③欄及び④欄には、リソースの予想復旧時間（PRT）を記入する。

（c）⑤欄には作業シート6の相互依存マトリックスの値（0または1）と④欄のPRTの積を記入する。

（d）⑤欄の各行の最も大きい値がPRT*である。このPRT*をRTOと比較すると、要求されている目標復旧時間に対する各リソースの復旧に要する時間の比（百分率）を「ボトルネック率」として求める。

●作業シート14：ボトルネック資源の発見とリスク対応策の案の作成

作成年月日：　年　月　日
作成者：①部局：　②氏名：

隘路となる資源	標準シナリオ			最悪のシナリオ			リスク対応策（案）
	PRT	ボトルネック率	PRTの必要削減率	PRT	ボトルネック率	PRTの必要削減率	

補足説明）本表では、作業シート13で求めた「ボトルネック率」が100%を超える資源を抽出・整理し、ボトルネック率を100%以下に引き下げるためのPRTの削減率を求める。リスク対応計画の欄にはそのために取るべき手段を記載する。リスク対応計画は、その実行のための優先順位、予算、体制、スケジュール等を踏まえた事業継続戦略としてBCPに記述される。

Ⅱ. 業務フロー図の作成事例

ここでは、大阪港夢洲コンテナターミナルにおける業務フロー分析結果等を踏まえて、コンテナターミナルの一般的な業務フロー図の作成事例を示す。

本書第三章の図3.4-2に示したように、業務フロー図は、①コンテナ船の入出港・沿岸荷役、②輸入コンテナの蔵置場所への横持ち・保管・輸入手続き・引き渡し、③輸出コンテナの引取り・保管・輸出手続き・岸壁への横持ち、の3区分について作成すると判り易い。また、平時の業務フロー図を作成した後、第三章の表3.3-1に示したような機能継続目標毎に復旧途上における業務フロー図を作成することとしている。これらの業務フロー図を一覧すると下表の12通りとなる。

コンテナターミナルの運営業務区分	平常時	復旧時の機能継続目標		
		①発災時在港コンテナの滞留解消	②近海・ｱｼﾞｱ航路の他港移転防止	③基幹航路の寄港取りやめ防止
コンテナ船の入出港・沿岸荷役	平常時 Aフロー	復旧時 1-Aフロー	復旧時 2-Aフロー	復旧時 3-Aフロー
輸入コンテナの横持ち・保管・輸入手続き・引き渡し	平常時 Bフロー	復旧時 1-Bフロー	復旧時 2-Bフロー	復旧時 3-Bフロー
輸出コンテナの引取り・保管・輸出手続き・横持ち	平常時 Cフロー	復旧時 1-Cフロー	復旧時 2-Cフロー	復旧時 3-Cフロー

1. 平常時の業務フロー

平常時Aフロー

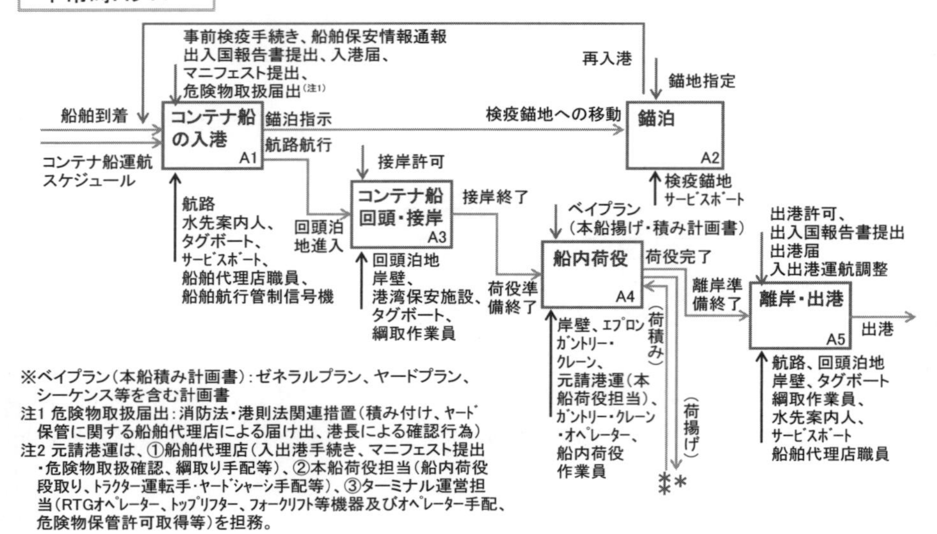

※ベイプラン(本船積み計画書):ゼネラルプラン、ヤードプラン、シーケンス等を含む計画書
注1 危険物取扱届出:消防法・港則法関連措置(積み付け、ﾔｰﾄﾞ保管に関する船舶代理店による届け出、港長による確認行為)
注2 元請港運は、①船舶代理店(入出港手続き、マニフェスト提出・危険物取扱確認、綱取り手配等)、②本船荷役担当(船内荷役段取り、ﾄﾗｸﾀｰ運転手・ﾔｰﾄﾞｼｬｰｼ手配等)、③ターミナル運営担当(RTGｵﾍﾟﾚｰﾀｰ、ﾄｯﾌﾟﾘﾌﾀｰ、ﾌｫｰｸﾘﾌﾄ等機器及びｵﾍﾟﾚｰﾀｰ手配、危険物保管許可取得等)を担務。

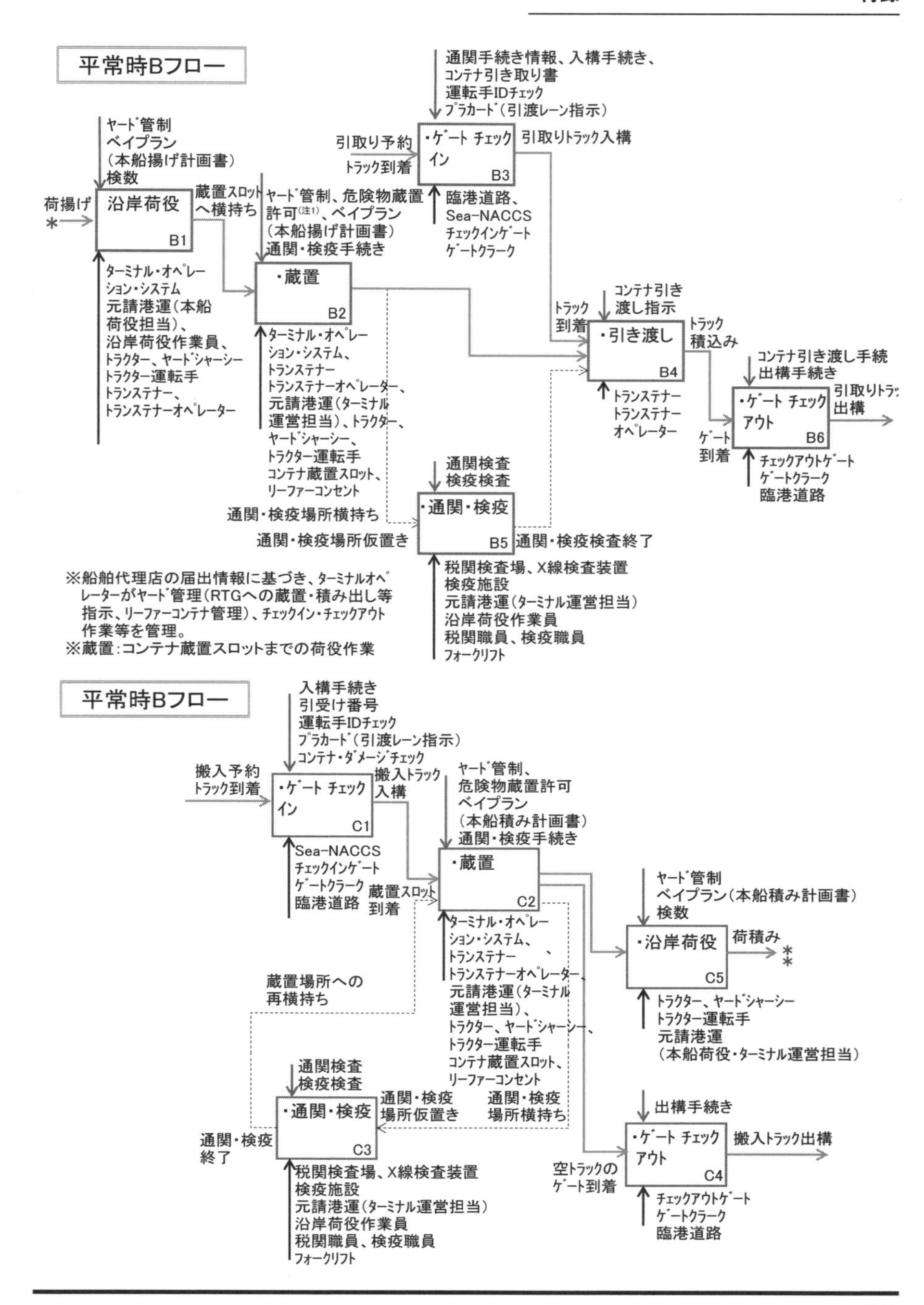
平常時Bフロー
ヤード管制
ベイプラン
(本船揚げ計画書)
検数
荷揚げ
＊
沿岸荷役
B1
蔵置スロットへ横持ち
ターミナル・オペレーション・システム
元請港運(本船荷役担当)、
沿岸荷役作業員、
トラクター、ヤードシャーシー
トラクター運転手
トランステナー、
トランステナーオペレーター
ヤード管制、危険物蔵置許可(注1)、ベイプラン
(本船揚げ計画書)
通関・検疫手続き
・蔵置
B2
ターミナル・オペレーション・システム、
トランステナー
トランステナーオペレーター、
元請港運(ターミナル運営担当)、トラクター、
ヤードシャーシー、
トラクター運転手
コンテナ蔵置スロット、
リーファーコンセント
通関手続き情報、入構手続き、
コンテナ引き取り書
運転手IDチェック
プラカード(引渡レーン指示)
引取り予約
トラック到着
・ゲート チェックイン
B3
引取りトラック入構
臨港道路、
Sea-NACCS
チェックインゲート
ゲートクラーク
コンテナ引き渡し指示
トラック到着
・引き渡し
B4
トラック積込み
トランステナー
トランステナーオペレーター
コンテナ引き渡し手続
出構手続き
・ゲート チェックアウト
B6
引取りトラック出構
ゲート到着
チェックアウトゲート
ゲートクラーク
臨港道路
通関検査
検疫検査
通関・検疫場所横持ち
・通関・検疫
B5
通関・検疫場所仮置き
通関・検疫検査終了
税関検査場、X線検査装置
検疫施設
元請港運(ターミナル運営担当)
沿岸荷役作業員
税関職員、検疫職員
フォークリフト
※船舶代理店の届出情報に基づき、ターミナルオペレーターがヤード管理(RTGへの蔵置・積み出し等指示、リーファーコンテナ管理)、チェックイン・チェックアウト作業等を管理。
※蔵置:コンテナ蔵置スロットまでの荷役作業
平常時Bフロー
入構手続き
引受け番号
運転手IDチェック
プラカード(引渡レーン指示)
コンテナ・ダメージチェック
搬入予約
トラック到着
・ゲート チェックイン
C1
搬入トラック入構
Sea-NACCS
チェックインゲート
ゲートクラーク
臨港道路
蔵置スロット到着
ヤード管制、
危険物蔵置許可
ベイプラン
(本船積み計画書)
通関・検疫手続き
・蔵置
C2
ターミナル・オペレーション・システム、
トランステナー
トランステナーオペレーター、
元請港運(ターミナル運営担当)、
トラクター、ヤードシャーシー、
トラクター運転手
コンテナ蔵置スロット、
リーファーコンセント
ヤード管制
ベイプラン(本船積み計画書)
検数
・沿岸荷役
C5
荷積み
＊＊
トラクター、ヤードシャーシー
トラクター運転手
元請港運
(本船荷役・ターミナル運営担当)
蔵置場所への再横持ち
通関検査
検疫検査
・通関・検疫
C3
通関・検疫場所仮置き
通関・検疫場所横持ち
通関・検疫終了
税関検査場、X線検査装置
検疫施設
元請港運(ターミナル運営担当)
沿岸荷役作業員
税関職員、検疫職員
フォークリフト
出構手続き
・ゲート チェックアウト
C4
搬入トラック出構
空トラックのゲート到着
チェックアウトゲート
ゲートクラーク
臨港道路

2 機能復旧時の業務フロー

2-1. 機能継続目標：発災時在港コンテナの滞留解消

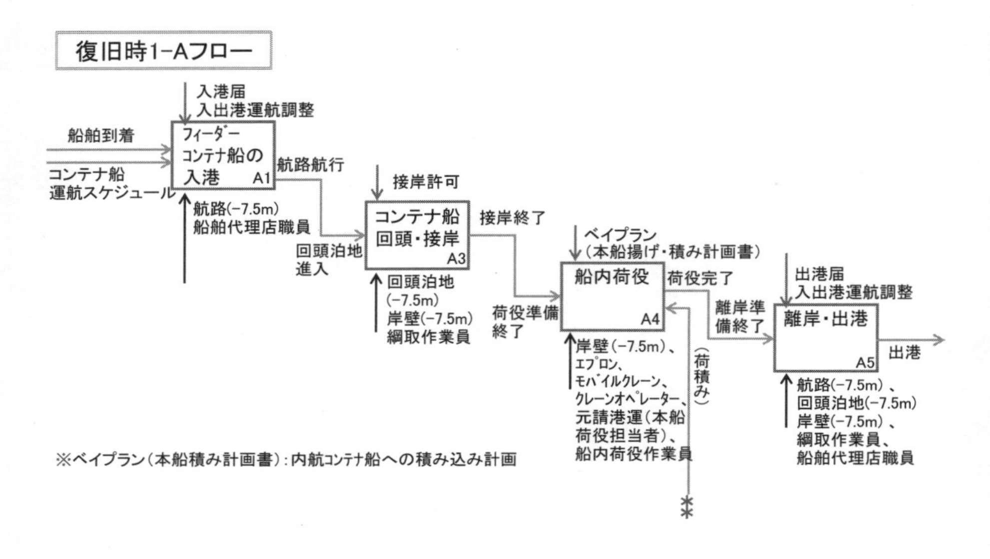

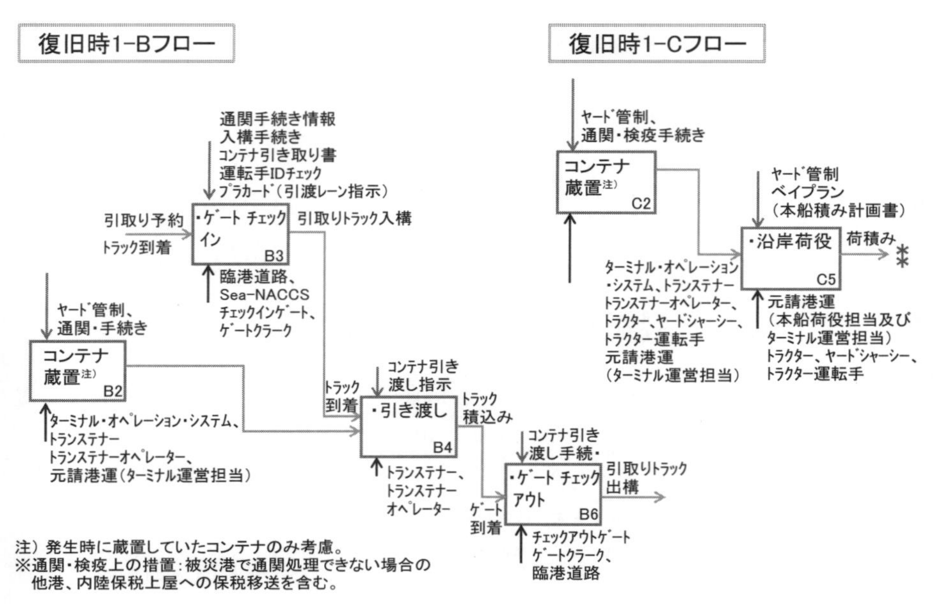

注) 発生時に蔵置していたコンテナのみ考慮。
※通関・検疫上の措置:被災港で通関処理できない場合の他港、内陸保税上屋への保税移送を含む。

2-2. 機能継続目標：近海・アジア航路の他港移転防止

復旧時2-Aフロー

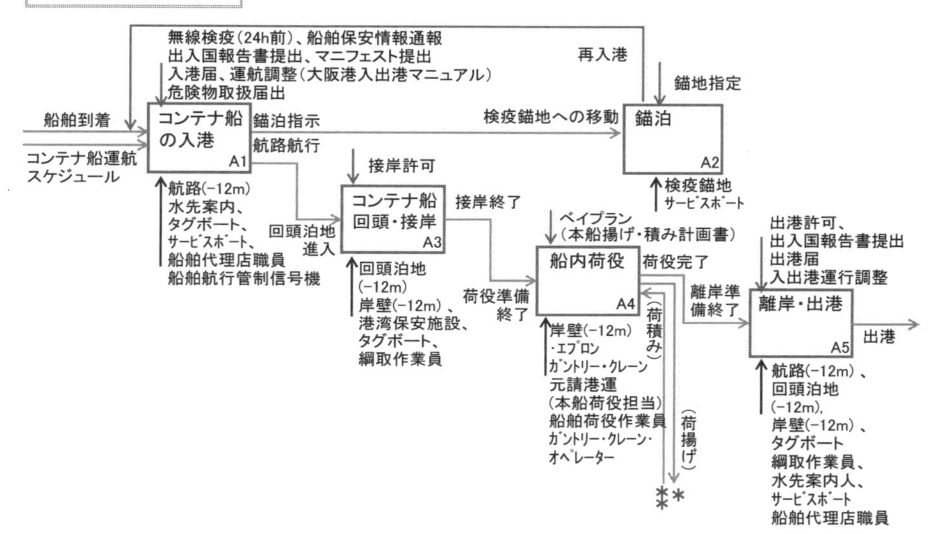

復旧時2-Bフロー

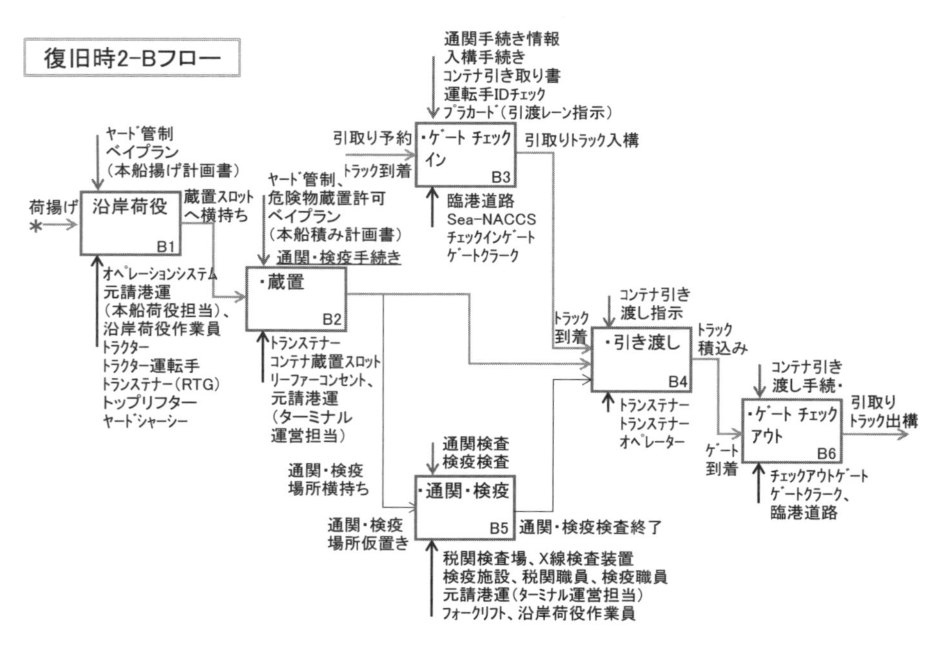

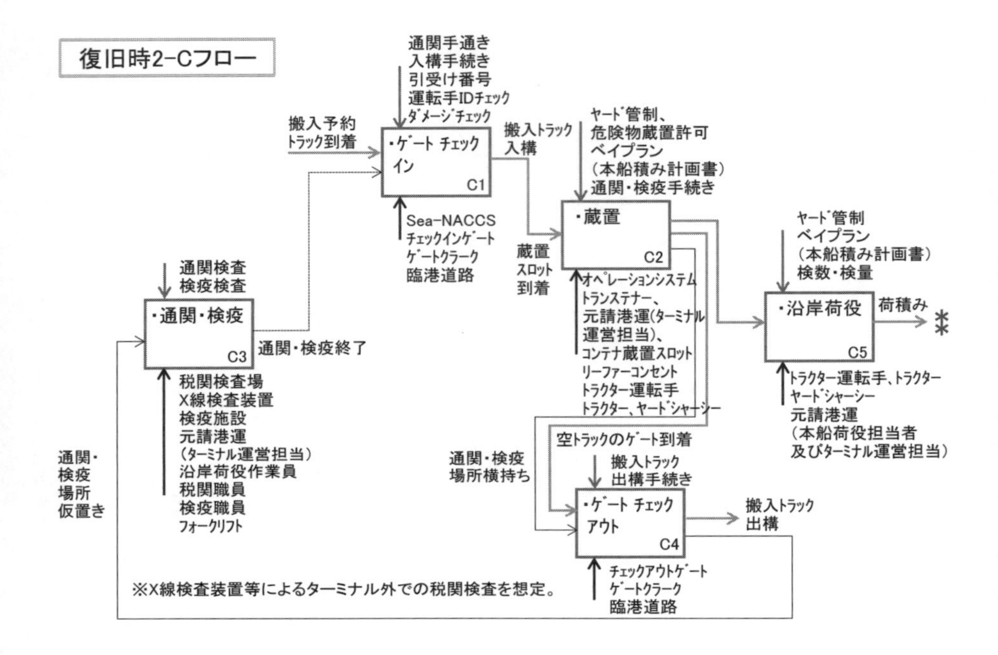

2-3. 機能継続目標：基幹航路の寄港取りやめ防止

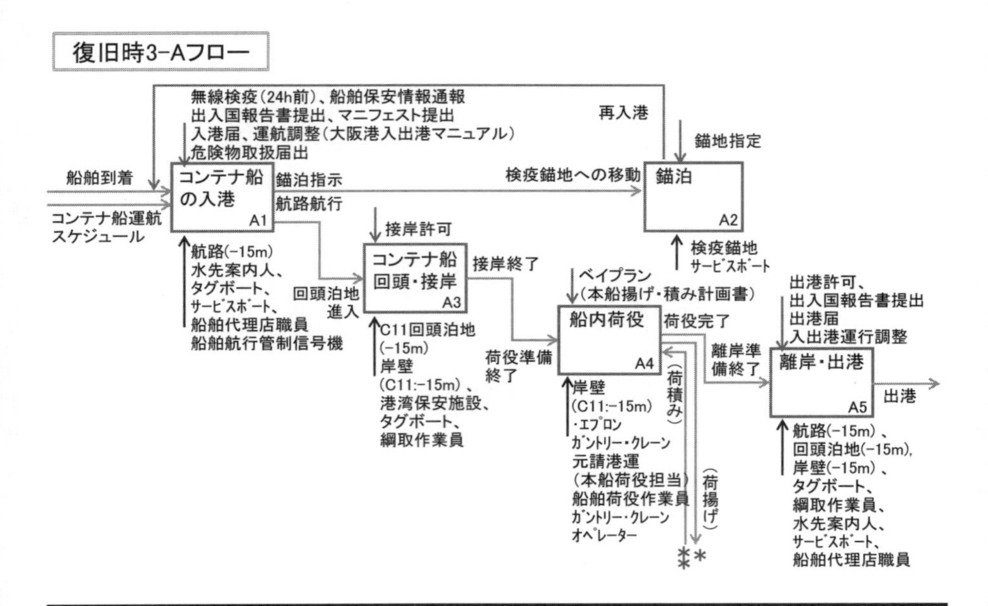

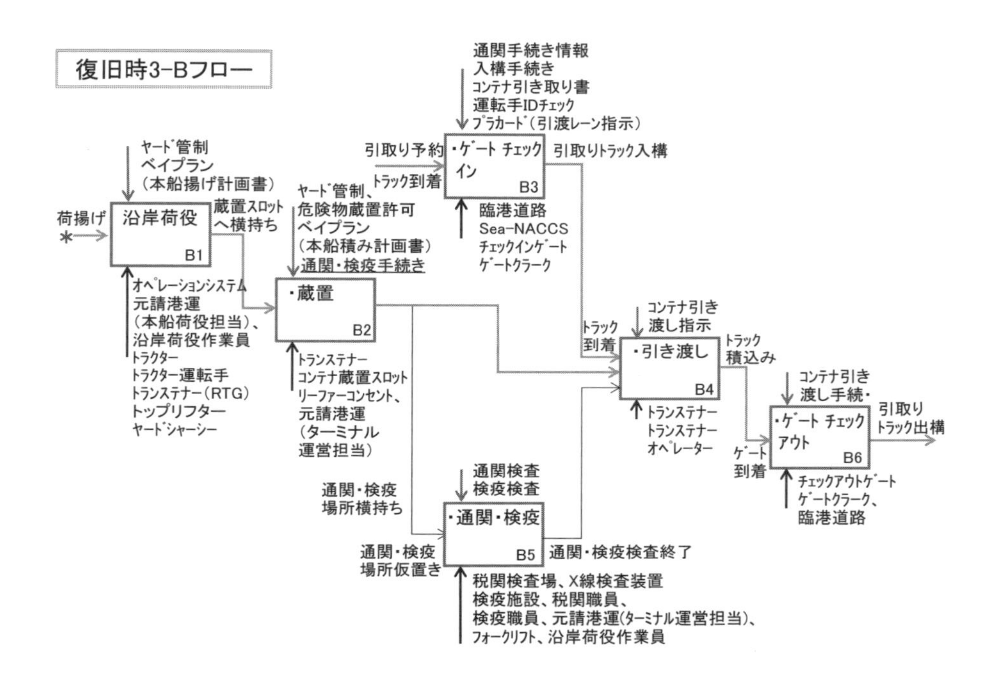
復旧時3-Bフロー
ヤード管制
ベイプラン
(本船揚げ計画書)
荷揚げ
沿岸荷役
B1
蔵置スロット
へ横持ち
オペレーションシステム
元請港運
(本船荷役担当)、
沿岸荷役作業員
トラクター
トラクター運転手
トランステナー(RTG)
トップリフター
ヤードシャーシー
ヤード管制、
危険物蔵置許可
ベイプラン
(本船積み計画書)
通関・検疫手続き
・蔵置
B2
トランステナー
コンテナ蔵置スロット
リーファーコンセント、
元請港運
(ターミナル
運営担当)
通関手続き情報
入構手続き
コンテナ引き取り書
運転手IDチェック
プラカード(引渡レーン指示)
引取り予約
トラック到着
・ゲート チェック
イン
B3
引取りトラック入構
臨港道路
Sea-NACCS
チェックインゲート
ゲートクラーク
トラック
到着
コンテナ引き
渡し指示
・引き渡し
B4
トラック
積込み
トランステナー
トランステナー
オペレーター
コンテナ引き
渡し手続・
・ゲート チェック
アウト
B6
引取り
トラック出構
ゲート
到着
チェックアウトゲート
ゲートクラーク、
臨港道路
通関検査
検疫検査
通関・検疫
場所横持ち
・通関・検疫
B5
通関・検疫
場所仮置き
通関・検疫検査終了
税関検査場、X線検査装置
検疫施設、税関職員、
検疫職員、元請港運(ターミナル運営担当)、
フォークリフト、沿岸荷役作業員

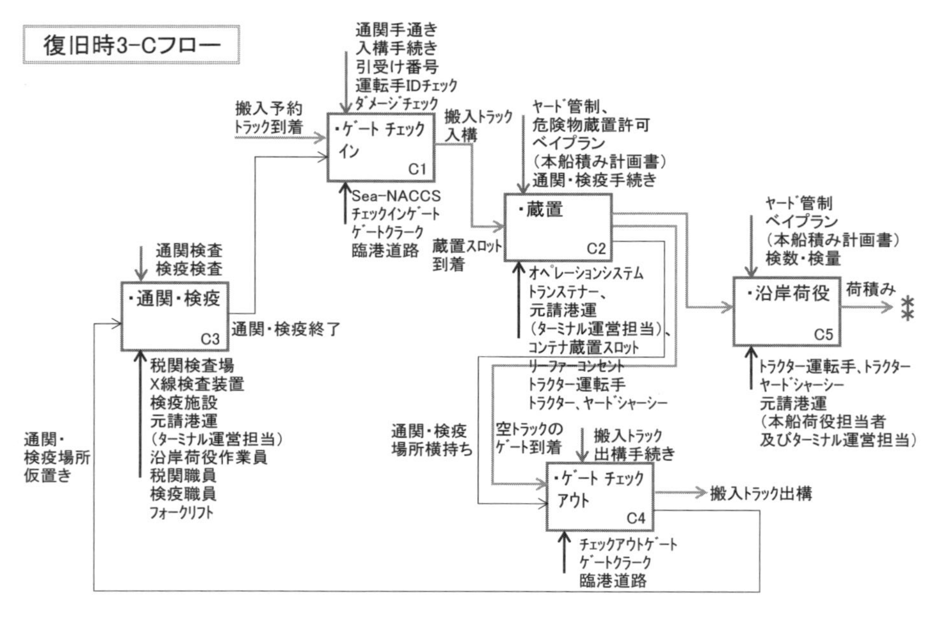
復旧時3-Cフロー
通関手通き
入構手続き
引受け番号
運転手IDチェック
ダメージチェック
搬入予約
トラック到着
・ゲート チェック
イン
C1
搬入トラック
入構
Sea-NACCS
チェックインゲート
ゲートクラーク
臨港道路
ヤード管制、
危険物蔵置許可
ベイプラン
(本船積み計画書)
通関・検疫手続き
・蔵置
C2
蔵置スロット
到着
オペレーションシステム
トランステナー、
元請港運
(ターミナル運営担当)、
コンテナ蔵置スロット
リーファーコンセント
トラクター運転手
トラクター、ヤードシャーシー
ヤード管制
ベイプラン
(本船積み計画書)
検数・検量
・沿岸荷役
C5
荷積み
トラクター運転手、トラクター
ヤードシャーシー
元請港運
(本船荷役担当者
及びターミナル運営担当)
通関検査
検疫検査
・通関・検疫
C3
通関・検疫終了
税関検査場
X線検査装置
検疫施設
元請港運
(ターミナル運営担当)
沿岸荷役作業員
税関職員
検疫職員
フォークリフト
通関・
検疫場所
仮置き
通関・検疫
場所横持ち
空トラックの
ゲート到着
搬入トラック
出構手続き
・ゲート チェック
アウト
C4
搬入トラック出構
チェックアウトゲート
ゲートクラーク
臨港道路

Ⅲ. 資源抽出時に有用なその他のデータ

1. 典型的な業務処理資源

分　類	リソース名称	分　類	リソース名称
外部供給	電力	施設・設備（続き）	ﾄﾗｸﾀｰﾍｯﾄﾞ
	通信		ﾔｰﾄﾞ・ｼｬｰｼｰ
	水道		ﾄﾗﾝｽﾃﾅｰ（RTG）
	燃料油		ｺﾝﾃﾅ蔵置ｽﾛｯﾄ
	ガス		ﾘｰﾌｧｰｺﾝｾﾝﾄ
人的資源	税関職員		ﾄﾗﾝｽﾃﾅｰ
	検疫職員		ﾄｯﾌﾟﾘﾌﾀｰ
	入管職員		ﾌｫｰｸﾘﾌﾄ
	港湾管理者職員		ﾘｰﾁｽﾀｯｶｰ
	海上保安部職員		税関検査施設
	水先案内人		検疫検査施設
	検数・検量人		ﾁｪｯｸｲﾝｹﾞｰﾄ
	元請港運職員		ﾁｪｯｸｱｳﾄｹﾞｰﾄ
	船舶代理店職員		臨港道路（トンネル・橋）
	元請港運（本船荷役担当）		港湾保安施設
	元請港運（ターミナル運営担当）		船舶航行管制信号機
	綱取作業員	情報・通信ｼｽﾃﾑ	SeaNACCS ｼｽﾃﾑ
	船内荷役作業員		港湾入出港手続きｼｽﾃﾑ
	沿岸荷役作業員		ﾀｰﾐﾅﾙｵﾍﾟﾚｰｼｮﾝｼｽﾃﾑ
	ｶﾞﾝﾄﾘｰｸﾚｰﾝｵﾍﾟﾚｰﾀｰ		港湾保安管理ｼｽﾃﾑ
	ﾄﾗﾝｽﾃﾅｰｵﾍﾟﾚｰﾀｰ		ﾎﾟｰﾄﾗｼﾞｵ
	ﾄﾗｸﾀｰ運転手	建物・ｵﾌｨｽ	税関事務所
	ｹﾞｰﾄｸﾗｰｸ		入国管理事務所
	ﾀｰﾐﾅﾙｵﾍﾟﾚｰｼｮﾝｾﾝﾀｰ職員		検疫事務所
	航行管理ｾﾝﾀｰ職員		埠頭管理事務所
施設・設備	航路		港長事務所
	検疫錨地		航行管制所
	回頭泊地		ﾀｰﾐﾅﾙｵﾍﾟﾚｰｼｮﾝﾙｰﾑ
	ﾀｸﾞﾎﾞｰﾄ		水先人会事務所
	ｻｰﾋﾞｽﾎﾞｰﾄ		検数・検量事務所
	岸壁		元請港運現場事務所
	ｴﾌﾟﾛﾝ		船舶代理店事務所
	ｺﾝﾃﾅｶﾞﾝﾄﾘｰｸﾚｰﾝ		ﾏﾘﾝﾊｳｽ

2. 典型的な制御と制御機関

区 分	制 御	制御機関
船舶入出港関係	入港届	港湾管理者、港長、税関、入管、検疫
	出港届	港湾管理者、港長
	錨地指定	港長
	船舶保安情報通報	港長
	入出港運航調整	航行管制ｾﾝﾀｰ
	接岸許可	港湾管理者、港長
	ベイプラン作成	ﾀｰﾐﾅﾙｵﾍﾟﾚｰﾀｰ
	ヤード管制	ﾀｰﾐﾅﾙｵﾍﾟﾚｰﾀｰ
	出入国報告書提出	入管
貨物取扱輸出入関係	検数・検量	検数・検量事業者
	出港許可	税関
	事前検疫手続き	検疫
	マニフェスト提出	税関
	危険物取扱届出	港長
	通関手続き（検査）	税関
	検疫手続き（検査）	検疫
	通関手続き情報	船舶代理店
	船積み・卸し指示	ﾀｰﾐﾅﾙｵﾍﾟﾚｰﾀｰ
	蔵置・払い出し指示	ﾀｰﾐﾅﾙｵﾍﾟﾚｰﾀｰ
	危険物貯蔵許可	港湾管理者
	ﾄﾗｯｸ入出構手続き	ﾀｰﾐﾅﾙｵﾍﾟﾚｰﾀｰ
	貨物引き渡し/引き取り手続き	ﾀｰﾐﾅﾙｵﾍﾟﾚｰﾀｰ
	人の出入り管理	ﾀｰﾐﾅﾙｵﾍﾟﾚｰﾀｰ
	貨物ｽﾃｲﾀｽ情報管理・伝達	ﾀｰﾐﾅﾙｵﾍﾟﾚｰﾀｰ
	ﾔｰﾄﾞ管制	ﾀｰﾐﾅﾙｵﾍﾟﾚｰﾀｰ
	ｺﾝﾃﾅﾀﾞﾒｰｼﾞﾁｪｯｸ	ﾀｰﾐﾅﾙｵﾍﾟﾚｰﾀｰ

3. 典型的な制御資源

制御機関		制御に必要なリソース一覧				
区分	機関名	人的資源	施設	情報ｼｽﾃﾑ	ｵﾌｨｽ機能	その他
官署	税関	税関職員	税関検査施設	SeaNACCSｼｽﾃﾑ	税関事務所	
	検疫	検疫職員	検疫検査施設	港湾入出港手続きｼｽﾃﾑ	検疫事務所	
	入管	入管職員		港湾入出港手続きｼｽﾃﾑ	入国管理事務所	
	港湾管理者	港湾管理者職員		港湾入出港手続きｼｽﾃﾑ	埠頭管理事務所	
	港長	海上保安部職員		港湾入出港手続きｼｽﾃﾑ	港長事務所	
	航行管制ｾﾝﾀｰ	航行管理ｾﾝﾀｰ職員	船舶航行管制信号機		航行管制所	
埠頭運営事業者	ﾀｰﾐﾅﾙｵﾍﾟﾚｰﾀｰ	ﾀｰﾐﾅﾙｵﾍﾟﾚｰｼｮﾝｾﾝﾀｰ職員		ﾀｰﾐﾅﾙｵﾍﾟﾚｰｼｮﾝｼｽﾃﾑ	ﾀｰﾐﾅﾙｵﾍﾟﾚｰｼｮﾝﾙｰﾑ	
	水先案内人	水先案内人	ｻｰﾋﾞｽﾎﾟｰﾄ		水先人会事務所	
	検数・検量事業者	検数・検量人			検数・検量人事務所	
	元請港運	元請港運職員		ﾀｰﾐﾅﾙｵﾍﾟﾚｰｼｮﾝｼｽﾃﾑ	元請港運現場事務所	
	船舶代理店	船舶代理店職員		港湾入出港手続きｼｽﾃﾑ	船舶代理店事務所	
	元請港運（本船荷役担当）	元請港運本船荷役担当者		ﾀｰﾐﾅﾙｵﾍﾟﾚｰｼｮﾝｼｽﾃﾑ	元請港運現場事務所	
	元請港運（ﾀｰﾐﾅﾙ運営担当）	元請港運ﾀｰﾐﾅﾙ運営担当者		ﾀｰﾐﾅﾙｵﾍﾟﾚｰｼｮﾝｼｽﾃﾑ	元請港運現場事務所	

Ⅳ. 災害時図上訓練DIGの実施例

大阪湾港湾機能継続計画推進協議会（大阪湾BCP推進協議会）の活動の一環として近畿地方整備局は、2014年度に、堺泉北港に設置された基幹的広域防災拠点の運用方法の検証に主眼を置いた災害時図上訓練DIGを実施した。

1. 訓練の概要

（1）目的

・堺２区基幹的広域防災拠点の運用方法の具体化

・各関係者間の連携強化

・大阪湾BCP（案）、同活動指針（案）の改善

写真4.1　近畿圏臨海防災センター支援施設棟

（2）実施時期、時間

2014年12月1日（月）14:00～17:00

（3）実施場所

近畿圏臨海防災センター　支援施設棟3F（写真4.1参照）

（4）訓練方式

南海トラフの巨大地震の発生を想定して、基幹的広域防災拠点における初動対応を大阪湾BCP推進協議会の関係者による災害図上訓練DIGの形式で実施。

（5）訓練参加者

訓練に参加した大阪湾BCP推進協議会の主なメンバーは、表4.1に示すとおり。

表4.1　訓練参加機関

分類	組織名
国の機関	第五管区海上保安部交通部
	国土交通省 近畿運輸局
	国土交通省 近畿地方整備局
民間団体	大阪港運協会
	日本内航海運組合総連合会
	（株）東洋信号通信社
	（一社）大阪府トラック協会
	（一社）兵庫県トラック協会
港湾管理者	大阪府港湾局
	兵庫県県土整備部
	和歌山県県土整備部
	大阪市港湾局
	神戸市みなと総局

（6）訓練の流れ

時間割	訓練次第
14:00～14:05	1. 開会挨拶 近畿地方整備局港湾空港部 港湾空港防災・危機管理課長
14:05～14:20	2. 図上訓練 2.1 オリエンテーション 参加者紹介 訓練内容説明
14:20～15:10	2.2 発災・初動対応 2.3 緊急物資輸送船来航状況付与 ⇔討議
15:10～15:20	休憩
15:20～16:20	2.4 緊急物資輸送船着 着岸・荷役開始 緊急物資の配送開始 状況付与⇔討議 討議結果発表
16:20～16:30	○休憩
16:30～16:50	○反省会
16:50～17:00	3. 閉会挨拶 近畿地方整備局港湾空港部事業 継続計画官

写真4.2　開会挨拶

写真4.3　オリエンテーション

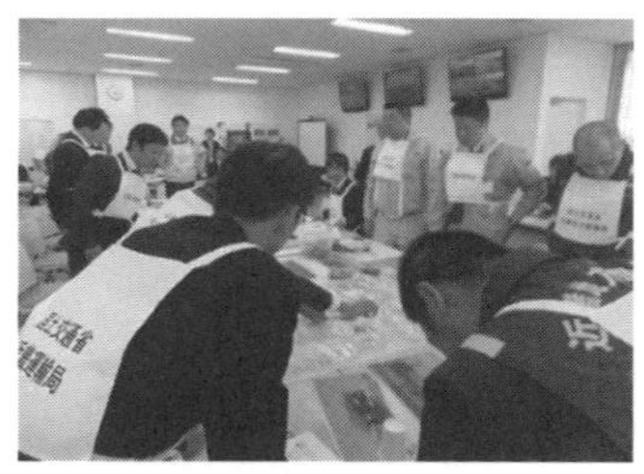

写真4.4　地図上での作業船団、ガット船模型の配置

写真4.5　堺2区基幹的広域防災拠点の状況説明

写真4.6　緊急物資の荷役、荷捌き等の説明

写真4.7　防災拠点における物資の配置の説明

(7) 海上の設営

災害時図上訓練を行った会場で、中央に訓練参加者テーブルを置き、テーブル上に地図や模型等を置くとともに、周囲に状況付与用のホワイトボードやTVモニターを配置した。

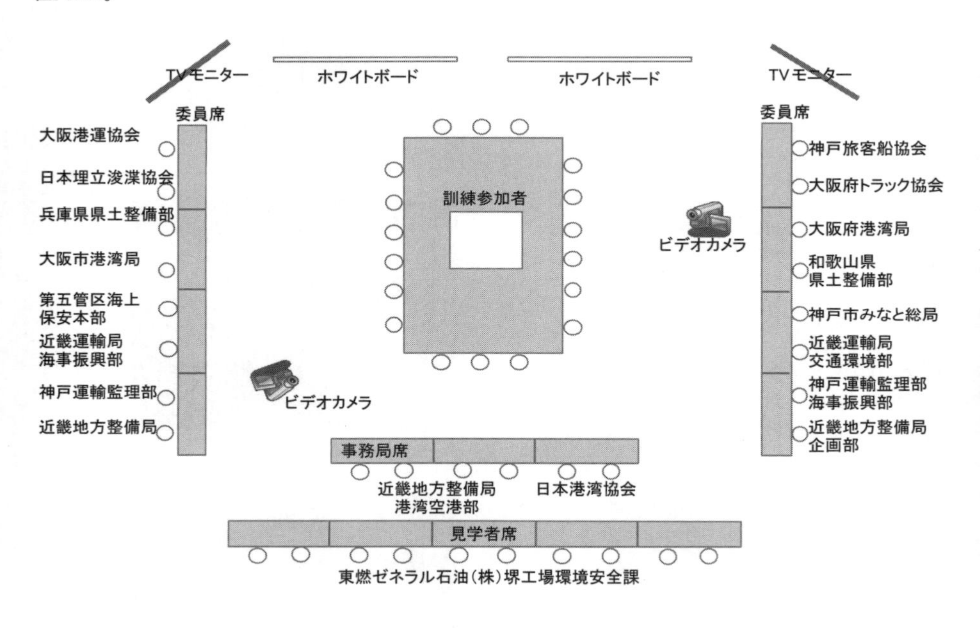

図4.1　会場レイアウト(全体)

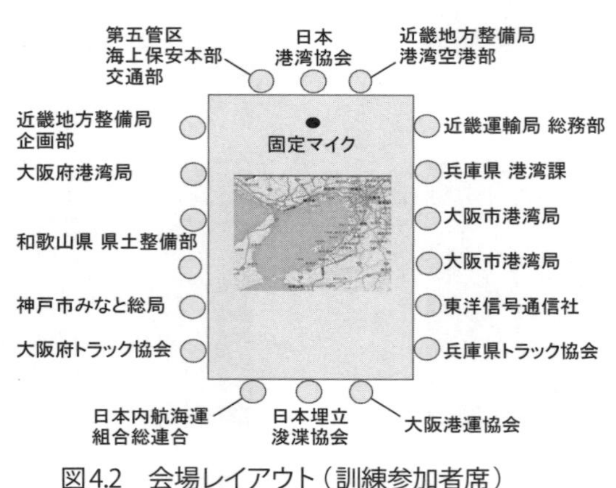

図4.2　会場レイアウト(訓練参加者席)

2. 訓練実施方法

災害時図上訓練においては、ファシリテーターによる発生した事象の状況付与と議題の提起を行い、それらに基づいて訓練参加者による討議を繰り返し行った。

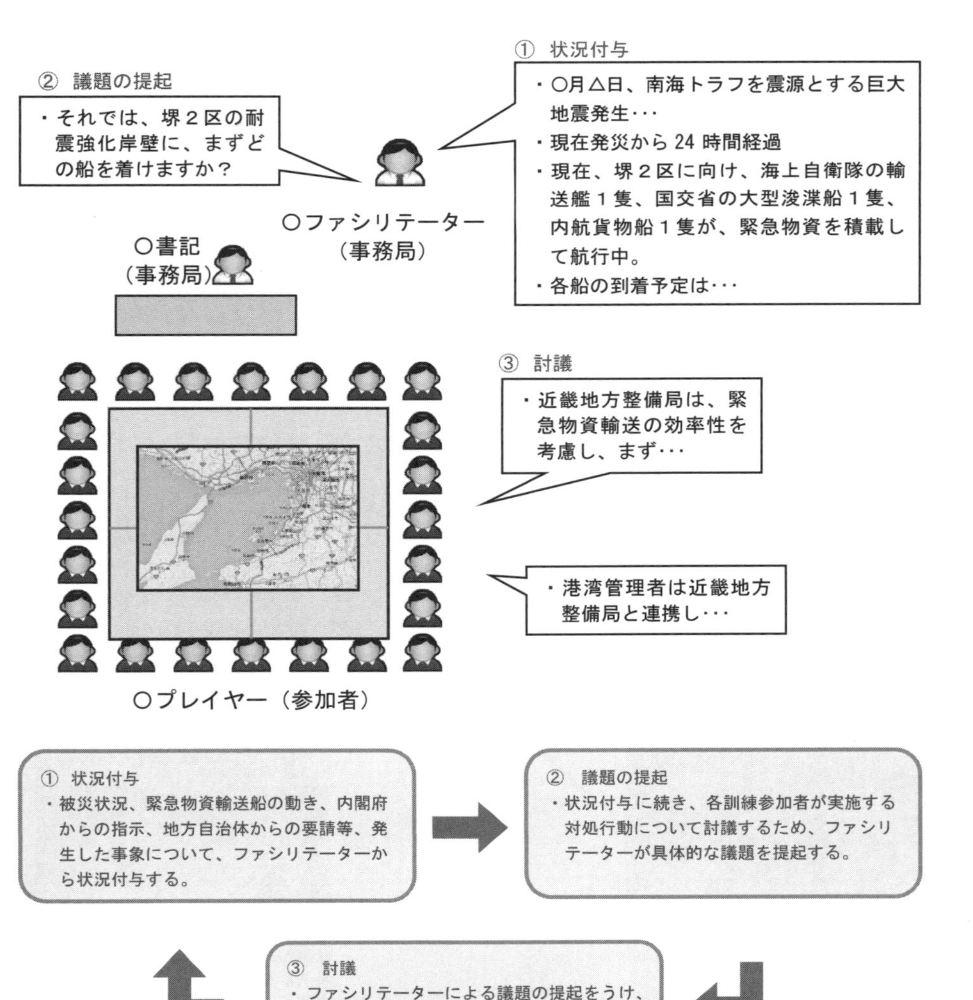

図4.3　訓練の進行の流れ

3. 訓練用アイテム

訓練会場では、状況付与等を行うモニター画面、大阪湾BCPの連絡体制図等を掲示したホワイトボード、そして席上に堺2区基幹的広域防災拠点現況施設配置図、港湾計画図等を準備。

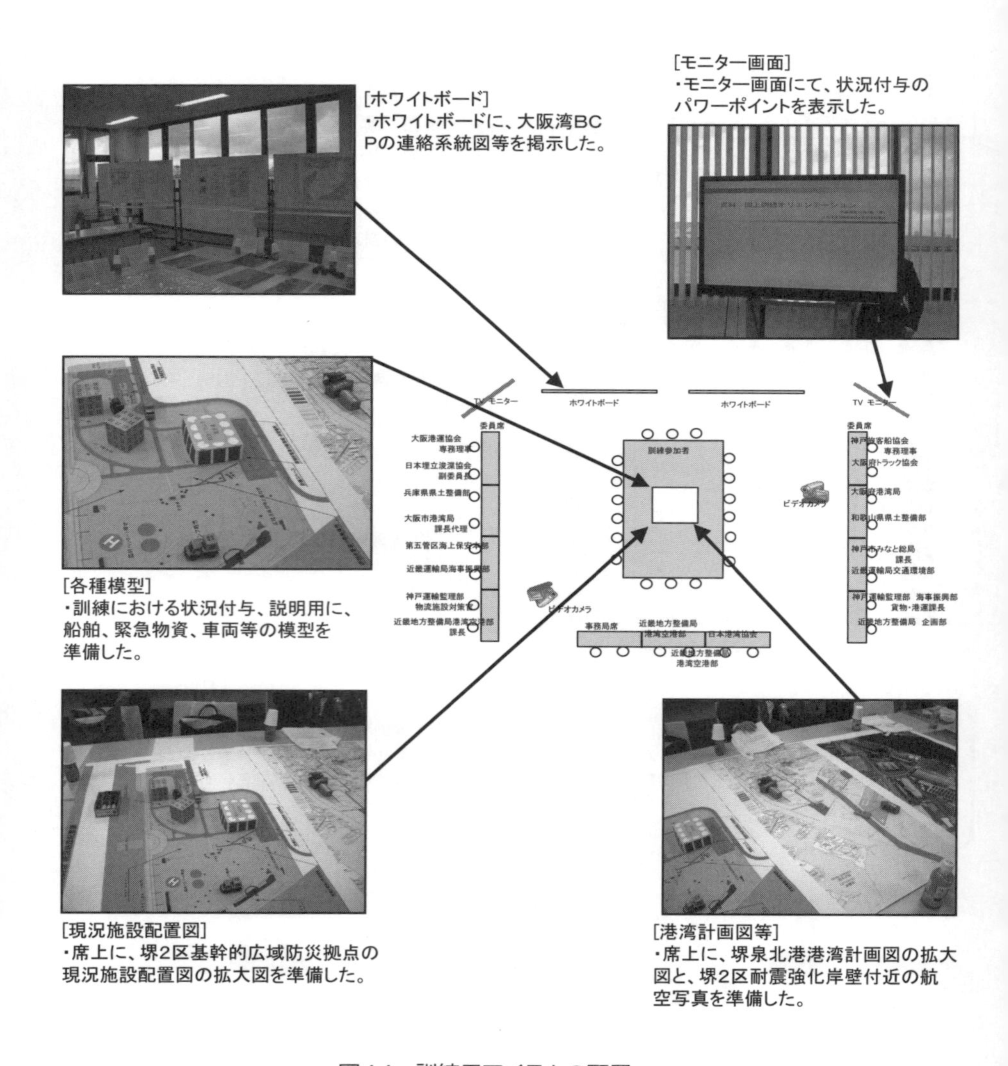

図4.4　訓練用アイテムの配置

4. 訓練シナリオ

以下に用いられた訓練シナリオを示す。訓練シナリオは本書第六章において記載した対応計画に沿ったものとなっていなければならないが、換言すると、訓練シナリオを作成し、訓練を通じて課題や問題点を抽出し、改善することによって、より詳細で、実効性の高い対応計画を作成することが出来ると言えよう。

時間想定	状況付与
発災当日 12月1日08:00	状況付与1-① →近畿地方で震度6弱の地震発生！ →兵庫県から大阪府、和歌山県の大阪湾沿岸において、高さ4m～5mの津波発生。 →兵庫県から大阪府、和歌山県の大阪湾沿岸において、1～2m程度の浸水、陥没、液状化等が発生している模様。
12月1日09:00	状況付与1-② →断続的に余震が発生。 →各所で停電が発生。 →電話、携帯電話、FAXは通信制限により利用不可。（優先電話、インターネットは利用可能。） ●発災当日 12月1日 0800 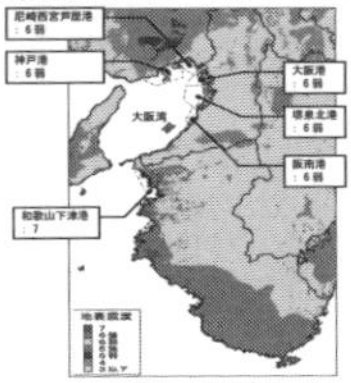 ○震度分布 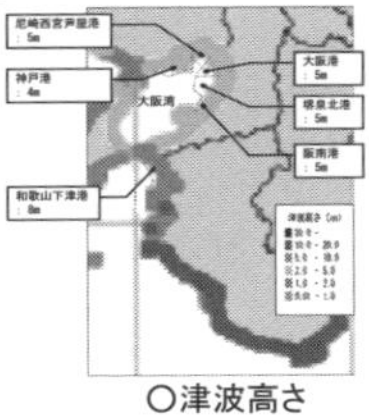　○津波高さ 状況付与1-③ →大阪湾内各港において、耐震強化岸壁の被災は軽微だが、がれき、小型船舶、自動車等が多数漂流。 →電力、通信はほぼ復旧。 →上水道は、大阪府、兵庫県で5割、和歌山県で8割が断水。 →大阪湾岸道路は通行可能であるが、各港の臨港道路は、一部被災。 ●発災当日 12月1日 0900 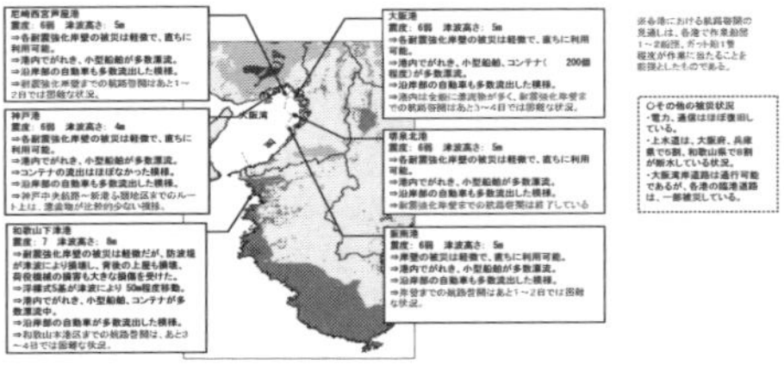 ○がれき等漂流の状況

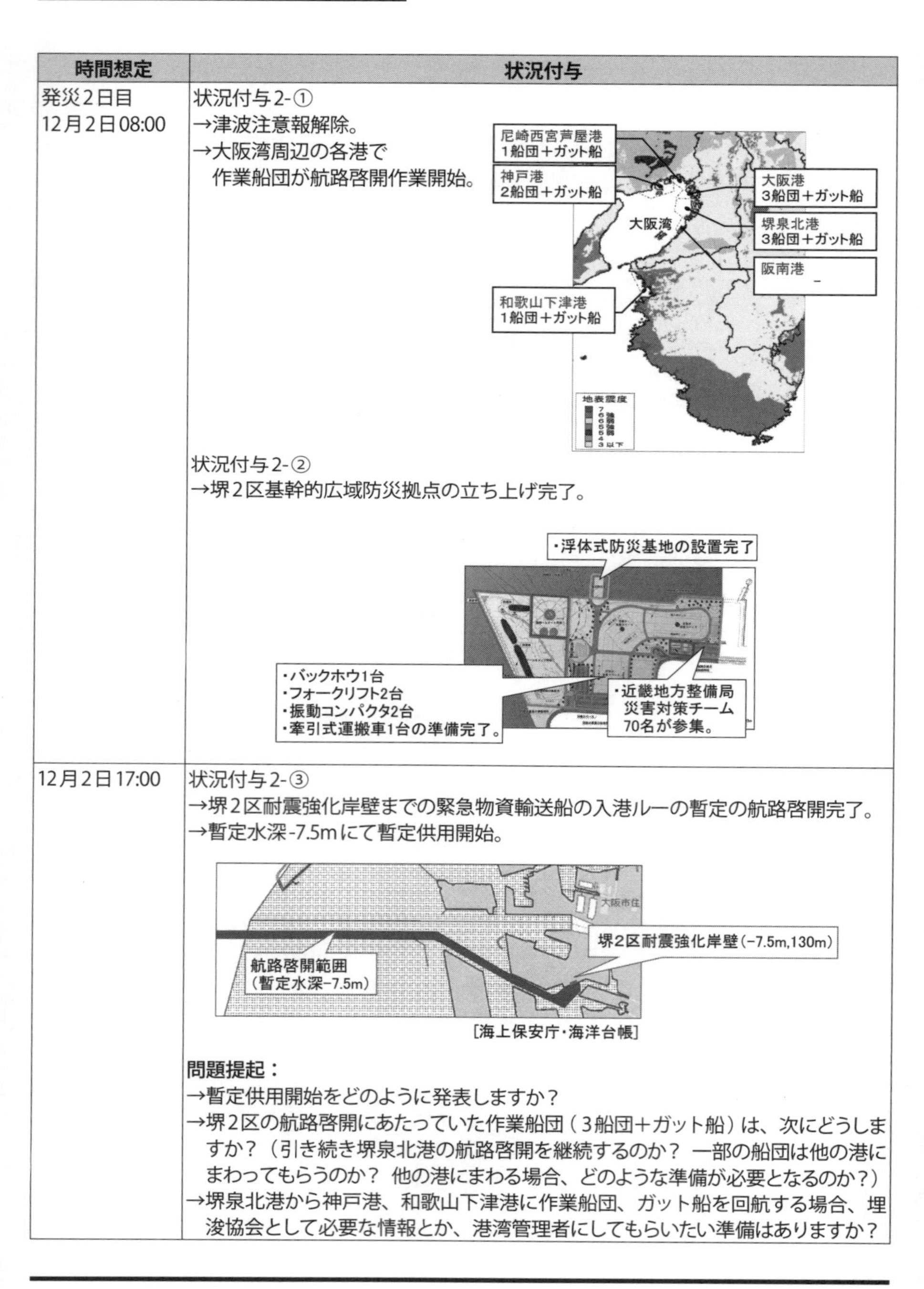

時間想定	状況付与
発災2日目 12月2日08:00	状況付与2-① →津波注意報解除。 →大阪湾周辺の各港で 作業船団が航路啓開作業開始。 尼崎西宮芦屋港 1船団＋ガット船 神戸港 2船団＋ガット船 大阪港 3船団＋ガット船 大阪湾 堺泉北港 3船団＋ガット船 阪南港 － 和歌山下津港 1船団＋ガット船 地表震度 状況付与2-② →堺2区基幹的広域防災拠点の立ち上げ完了。 ・浮体式防災基地の設置完了 ・バックホウ1台 ・フォークリフト2台 ・振動コンパクタ2台 ・牽引式運搬車1台の準備完了。 ・近畿地方整備局 災害対策チーム 70名が参集。
12月2日17:00	状況付与2-③ →堺2区耐震強化岸壁までの緊急物資輸送船の入港ルーの暫定の航路啓開完了。 →暫定水深-7.5mにて暫定供用開始。 大阪市住 堺2区耐震強化岸壁（−7.5m,130m） 航路啓開範囲 （暫定水深−7.5m） ［海上保安庁・海洋台帳］ **問題提起：** →暫定供用開始をどのように発表しますか？ →堺2区の航路啓開にあたっていた作業船団（3船団＋ガット船）は、次にどうしますか？（引き続き堺泉北港の航路啓開を継続するのか？ 一部の船団は他の港にまわってもらうのか？ 他の港にまわる場合、どのような準備が必要となるのか？） →堺泉北港から神戸港、和歌山下津港に作業船団、ガット船を回航する場合、埋浚協会として必要な情報とか、港湾管理者にしてもらいたい準備はありますか？

時間想定	状況付与
発災3日目 12月3日06:00	状況付与3-① →緊急物資輸送船3隻が、堺2区の20〜30海里手前におり、あと3〜4時間で堺2区に到達するとの連絡がポートラジオに入った。 **問題提起：** →ポートラジオが受けた緊急物資輸送船からの連絡は、どの関係者まで伝達されますか？  状況付与3-② →到着予定の3隻の緊急物資輸送船の主要目について、状況付与。 **緊急物資輸送船①** ○輸送艦おおすみ ・全長178m ・現在の喫水6m ・満載排水トン数13,000トン ・バウスラスタあり **緊急物資輸送船②** ○大型浚渫兼油回収船清龍丸 ・全長104m ・現在の喫水5.6m ・総トン数4,792トン ・バウスラスタ、シリング舵あり  **緊急物資輸送船③** ○499型内航貨物船 ・全長76m ・現在の喫水5.8m ・総トン数499トン ・バウスラスタあり  →到着予定の3隻の緊急物資輸送船が積載している緊急物資の品目・量について状況付与。 **緊急物資輸送船①** ○輸送艦おおすみ ［積載している緊急物資］ ・飲料水3,000ℓ ・アルファ米5,000食 ・サバイバルフーズ7,000食 ・毛布2,000枚 ・ドラム缶入り軽油70本 ［荷姿］ ・パレット貨物（軽油除く） （本船のクレーンで荷役可能） **緊急物資輸送船②** ○大型浚渫兼油回収船清龍丸 ［積載している緊急物資］ ・飲料水1,000ℓ ・ビスケット2,000食 ・ブルーシート1,000枚 ・カイロ3,000パック ・毛布500枚 ・紙おむつ5,000枚 ［荷姿］ ・ダンボール 緊急物資輸送船③ **○499型内航貨物船** ［積載している緊急物資］ ・飲料水2,000ℓ ・缶詰3,000食 ・カップラーメン4,000食 ・アルファ米2,000食 ・粉ミルク100kg ［荷姿］ ・ボックスパレット （荷役には陸上のクレーンが必要） →大阪府災害対策本部より近畿地方整備局に、応急復旧作業等にあたる重機の軽油が不足しているため、軽油の補給を急いでほしいとの連絡が入った。 **問題提起：** →どの船を先に着岸させますか？ →入港第1船以外は、どこで待機させますか？

<table>
<tr><th>時間想定</th><th>状況付与</th></tr>
<tr><td>12月3日09:00</td><td>状況付与3-③
→風が風速8m/sと強くなり、499型内航貨物船の着岸にはタグボート1隻の支援が必要なので、手配してもらいたいとの連絡がポートラジオに入った。
問題提起：
→タグボートの手配は、どのようにしますか？</td></tr>
<tr><td>12月3日10:00</td><td>状況付与3-④
→第五管区海上保安本部に、「堺泉北港沖に拡散した油のようなものを発見」との通報が入った。
→「油の性状は重油のようである」との続報が入った。
問題提起：
→第五管区海上保安本部では、どのような対応を実施しますか？ 
油の拡散範囲
（堺泉北港の沖合約4km，拡散範囲の広さ約400m²）</td></tr>
<tr><td>12月3日12:00</td><td>状況付与3-⑤
→堺2区の耐震強化岸壁に、緊急物資輸送船の第1船が着岸。
→荷役は輸送艦のクレーンで実施するが、エプロン上での荷捌き以降は陸上側でやってもらいたいとのこと。
問題提起：
→揚荷した緊急物資の取り扱いは、どのようにしますか？（荷捌きから集積場所への保管までの各種活動の流れ、各種活動の実施体制はどうなるのか？）
→ドラム缶入りの軽油は、どのように取り扱いますか？
（基幹的広域防災拠点のどこに保管するのか？ 防火対策はどのようにするのか？）</td></tr>
<tr><td>12月3日15:00</td><td>状況付与3-⑥
→大阪府災害対策本部、兵庫県災害対策本部、和歌山県災害対策本部より、緊急物資提供の要請があった。

○大阪府災害対策本部のリクエスト
［大阪城公園向け］
・飲料水4,000ℓ
・食料10,000食程度
・毛布10,000枚
［大阪府南部広域防災拠点向け］
・飲料水2,000ℓ
・食料6,000食程度
・毛布5,000枚

○兵庫県災害対策本部のリクエスト
［御崎公園向け］
・飲料水3,000ℓ
・食料8,000食程度
・毛布5,000枚
［西宮阪神南広域防災拠点向け］
・飲料水2,000ℓ
・食料4,000食程度
・毛布2,000枚
・紙おむつ4,000枚

○和歌山県災害対策本部のリクエスト
［コスモパーク加太向け］
・飲料水1,000ℓ
・食料3,000食程度
・毛布1,000枚

<table>
<tr><th>種別</th><th>量</th><th>種別</th><th>量</th><th>種別</th><th>量</th></tr>
<tr><td>飲料水</td><td>6,000 L</td><td>サバイバルフーズ</td><td>7,000食</td><td>カイロ</td><td>3,000パック</td></tr>
<tr><td>缶詰</td><td>3,000食</td><td>ビスケット</td><td>2,000食</td><td>毛布</td><td>2,500枚</td></tr>
<tr><td>カップラーメン</td><td>4,000食</td><td>粉ミルク</td><td>100kg</td><td>紙おむつ</td><td>5,000枚</td></tr>
<tr><td>アルファ米</td><td>7,000食</td><td>ブルーシート</td><td>1,000枚</td><td>ドラム缶入り軽油</td><td>70本</td></tr>
</table></td></tr>
</table>

時間想定	状況付与
12月3日15:00 続き	→現在、阪神高速道路4号、5号線の一部区間が、点検のため通行止め。 →国道2号線、国道43号線等の幹線道路では、大渋滞が発生している。 **問題提起：** →大阪府と兵庫県、和歌山県への緊急物資の輸送量は、どのように調整しますか？ →堺2区からの緊急物資の陸上配送は、どのような体制で実施しますか？
発災4日目 12月4日08:00	状況付与4-① →各港の耐震強化岸壁までの航路啓開が終了、または間 もなく終了する見込みなので、堺2区から各港耐震強化岸壁への緊急物資の海上輸送も実施することとなった。 ［大阪湾内］　［和歌山下津港］ ○各港の耐震強化岸壁位置と航路啓開範囲 **問題提起：** →各港湾管理者は、緊急物資の受け取り拠点立ち上げのために、何を実施しますか？ →堺2区と各港間の海上輸送の船舶は、どのように調達しますか？

監修・編・著者

池田 龍彦（いけだ たつひこ）
1971年　早稲田大学理工学部土木工学科卒業
1977年　スタンフォード大学大学院工学研究科修了
現　在　放送大学神奈川学習センター所長 特任教授

小野 憲司（おの けんじ）
1980年　京都大学大学院工学研究科修了
現　在　京都大学防災研究所社会防災研究部門特定教授

赤倉 康寛（あかくら やすひろ）
1995年　東北大学大学院工学研究科修了
2012年　京都大学防災研究所社会防災研究部門特定准教授
現　在　国土交通省国土技術政策総合研究所港湾研究部
（関東地方整備局横浜港湾空港技術調査事務所長）

角 浩美（かど ひろみ）
1985年　北海道大学大学院工学研究科修了
2013年　公益社団法人日本港湾協会港湾政策研究所所長代理
現　在　東京都港湾局計画調整担当部長

大規模災害時の港湾機能継続マネジメント
～ BCP 作成の理論と実践～

2016 年 1 月 15 日　初版第 1 刷

監　修　池田龍彦
編　著　小野憲司
著　者　赤倉康寛、角浩美
発　行　公益社団法人日本港湾協会
発　売　株式会社ウェイツ
〒 160-0006 東京都新宿区舟町 11 番地 松川ビル 2 階
電話　03-3351-1874　FAX　03-3351-1974
http://www.wayts.net/
装　幀　赤穂由美子（ウェイツ）
レイアウト　飯田慈子（ウェイツ）
印　刷　シナノパブリッシングプレス

乱丁・落丁本はお取り替えいたします。
恐れ入りますが直接小社までお送り下さい。

ISBN978-4-904979-24-2　C0051